扩展Skyline查询处理技术研究

Research on Expanding Skyline Query Processing Technology

李小勇 朱浩洋 任开军 刘 军 朱俊星 著

电子科技大学出版社
·成都·

图书在版编目(CIP)数据

扩展 Skyline 查询处理技术研究 / 李小勇等著. —成都：电子科技大学出版社，2024.8
ISBN 978-7-5647-9498-9

Ⅰ.①扩… Ⅱ.①李… Ⅲ.①地理信息系统-数据库系统-研究 Ⅳ.①P208

中国版本图书馆 CIP 数据核字(2022)第 154103 号

扩展 Skyline 查询处理技术研究
KUOZHAN Skyline CHAXUN CHULI JISHU YANJIU
李小勇　朱浩洋　任开军　刘　军　朱俊星　著

策划编辑　卢　莉　高小红
责任编辑　兰　凯
责任校对　卢　莉
责任印制　梁　硕

出版发行　电子科技大学出版社
　　　　　成都市一环路东一段 159 号电子信息产业大厦九楼　邮编　610051
主　　页　www.uestcp.com.cn
服务电话　028-83203399
邮购电话　028-83201495

印　　刷　成都市火炬印务有限公司
成品尺寸　170mm×240mm
印　　张　13
字　　数　200 千字
版　　次　2024 年 8 月第 1 版
印　　次　2024 年 8 月第 1 次印刷
书　　号　ISBN 978-7-5647-9498-9
定　　价　69.80 元

版权所有,侵权必究

前言 PREFACE

  Skyline查询作为数据管理领域的一项关键应用，在多标准优化决策、推荐系统、地理信息系统、环境监控系统、大数据处理系统等众多应用中发挥着重要作用。当前，学术界对传统Skyline查询处理技术的研究与应用已经较为成熟，然而在大数据分析与管理背景下，如何有效利用日益丰富的计算与存储资源，提高Skyline查询的效率和查询的实用性，已成为当前数据库领域研究的前沿与热点。特别要说明的是，传统Skyline查询定义，由于其存在返回结果过多、结果形式单一、单点处理瓶颈等问题，导致其实用性较差，近年来越来越多的学者开始研究扩展Skyline查询处理技术。本书重点聚焦大数据背景下的扩展Skyline查询处理问题，分别面向大规模静态数据集和动态数据流开展相关技术研究工作。

  针对静态数据集上的查询，第一，重点研究解决已有方法难以处理不确定偏好关系的Skyline查询问题，提出了一种基于前缀多层吸收的并行不确定偏好Skyline查询方法，不仅从理论上分析了采用容斥原理来表达基于不确定偏好Skyline概率的可行性，并且采用基于前缀多层吸收策略的并行动态添加和删除更新机制，极大地提高了查询处理效率；第二，针对已有方法无法高效处理大规模数据集下Skyline团组查询问题，提出了一种基于层次划分的并行Skyline团组查询方法，通过并行计算数据集中元组的Skyline分层，以及基于分层策略的数据结构和高效并行计算Skyline团组的剪枝算法，极大地提高了查询处理效率；第三，针对已有方法在Skyline团组计算效率与返回结果过多导致查询实用性不足的问题，提出了一种基于位图索引的Skyline团组Top-k支配查询方法，不仅在国际上首先提出了Skyline团组上的Top-k查询相关定义，并位图索引和位图压缩等技术，显著提升了查询处理的性能。

针对动态数据流上的查询，第一，重点解决已有查询方法因难以同时支持多个不同尺寸窗口查询而导致实用性不足且查询效率不高的问题，提出了一种基于区间树刺探的并行 n-of-N Skyline 查询方法，通过采用一种滑动窗口划分策略将全局滑动窗口划分为多个局部窗口，从而将不确定数据流的集中式查询处理过程并行化，并利用区间编码策略将不确定数据流的 n-of-N Skyline 查询转化为刺探查询，极大地提升了并行查询效率；第二，针对已有查询方法因查询结果集合过大而导致实用性不足且查询效率不高的问题，提出了一种基于支配能力索引的并行 k-支配 Skyline 查询方法，在基于窗口划分策略实现并行处理的基础上，通过引入 k-支配能力索引结构，极大地提升了并行查询处理效率。

在本书校稿过程中，谭家明、林家润、吴松、曹睿馨、徐伟峰和陈信宇付出了辛勤的劳动，也提出了宝贵的意见，极大地提升了书稿的质量，使本书能够更加完善地呈现给读者。在此，我向他们表示最诚挚的感谢！

目 录

第1章　绪论 ………………………………………………………………… 1
  1.1　研究背景与意义 …………………………………………………… 1
  1.2　Skyline 查询概述 …………………………………………………… 4
    1.2.1　Skyline 查询的定义 ………………………………………… 6
    1.2.2　Skyline 查询的问题 ………………………………………… 7
    1.2.3　Skyline 查询的应用 ………………………………………… 8
  1.3　不确定数据流概述 ………………………………………………… 8
    1.3.1　不确定数据流的应用 ……………………………………… 8
    1.3.2　不确定数据流的模型 ……………………………………… 10
    1.3.3　不确定数据流的查询 ……………………………………… 10
  1.4　不确定数据流的 Skyline 查询 …………………………………… 11
    1.4.1　不确定数据流的 Skyline 查询的应用 …………………… 11
    1.4.2　不确定数据流的 Skyline 查询的定义 …………………… 12
    1.4.3　不确定数据流的 Skyline 查询的挑战 …………………… 12
  1.5　Skyline 查询的挑战 ………………………………………………… 14
  1.6　主要研究内容 ……………………………………………………… 17
  1.7　组织结构 …………………………………………………………… 20

第 2 章 相关研究 ································ 22
2.1 基于不确定偏好关系的 Skyline 查询的研究 ················ 22
2.1.1 基于不确定数据的 Skyline 查询的研究 ············ 22
2.1.2 基于不完全数据的 Skyline 查询研究 ············· 23
2.1.3 基于不确定偏好关系的 Skyline 查询研究 ·········· 23
2.1.4 基于数据流环境下的 Skyline 查询研究 ············ 24
2.2 并行与分布式 Skyline 查询研究 ····················· 24
2.2.1 基于垂直划分的 Skyline 查询研究 ··············· 24
2.2.2 基于水平划分的 Skyline 查询研究 ··············· 25
2.2.3 基于角度划分的 Skyline 查询研究 ··············· 25
2.3 并行 Skyline 查询研究 ························· 26
2.3.1 基于并行模型的并行 Skyline 查询方法研究 ········· 26
2.3.2 基于空间划分的并行 Skyline 查询方法研究 ········· 27
2.4 基于 Skyline 团组的 Top-k 支配查询研究 ················ 27
2.4.1 Skyline 团组查询研究 ······················ 27
2.4.2 Top-k 支配查询研究 ······················· 28
2.4.3 其他排序方法研究 ························ 29
2.5 数据流 Skyline 的查询研究 ······················· 29
2.5.1 确定性数据流的 Skyline 查询研究 ··············· 29
2.5.2 不确定数据流的 Skyline 查询研究 ··············· 30
2.6 n-of-N Skyline 查询研究 ························ 31
2.6.1 确定性 n-of-N Skyline 查询研究 ················ 31
2.6.2 不确定 n-of-N Skyline 查询研究 ················ 32
2.7 k-支配 Skyline 查询研究 ························ 33
2.7.1 数据集的 k-支配 Skyline 查询 ················· 33
2.7.2 数据流的 k-支配 Skyline 查询 ················· 34
2.8 本章小结 ································· 34

第 3 章 基于不确定偏好的 Skyline 查询 ···················· 35
3.1 引言 ···································· 35

3.2	问题定义	37
3.3	基于前缀的 k 层吸收技术	39
	3.3.1 算法的理论基础	39
	3.3.2 算法理论基础的不完整性	44
	3.3.3 算法正确性的完整证明	45
3.4	Skyline 概率计算	49
	3.4.1 Parallel-sky 算法	49
	3.4.2 不相交集合概率计算	51
	3.4.3 时间复杂度分析	55
3.5	动态算法	55
	3.5.1 添加算法	55
	3.5.2 删除算法	56
3.6	Parallel-all 算法	59
3.7	实验	60
	3.7.1 Parallel-sky 算法性能分析	61
	3.7.2 添加与删除算法的性能分析	65
3.8	本章小结	69

第 4 章 Skyline 团组的并行计算方法 70

4.1	引言	70
4.2	问题定义	72
4.3	计算 Skyline 层次	75
	4.3.1 并行计算方法	75
	4.3.2 基于元组的分割和排序	76
	4.3.3 Skyline 层次的数据结构	77
	4.3.4 与已知的 Skyline 层次相比较	78
	4.3.5 与同一分块中的元组比较	80
	4.3.6 更新全局 Skyline 层次	81
	4.3.7 实例分析	82
	4.3.8 时间复杂度分析	82

4.3.9 并行算法总结 ································· 83
4.4 查找 Skyline 团组 ································· 83
4.4.1 构建 cell ··································· 83
4.4.2 并行计算 Skyline 团组 ······················ 84
4.4.3 时间复杂度分析 ···························· 87
4.5 实验 ··· 87
4.5.1 总体性能分析 ······························ 88
4.5.2 计算 Skyline 层次性能分析 ················· 89
4.5.3 计算 Skyline 团组性能分析 ················· 92
4.6 本章小节 ·· 96

第 5 章 基于 Skyline 团组的 Top-k 支配查询 ········ 97
5.1 引言 ··· 97
5.2 问题定义 ·· 99
5.3 Skyline 团组上的 TKD 查询 ···················· 102
5.3.1 基于排列的 Skyline 团组 ··················· 102
5.3.2 基于 SUM 函数的 Skyline 团组 ············ 106
5.3.3 基于 MAX 函数的 Skyline 团组 ············ 111
5.3.4 时间复杂度分析 ··························· 114
5.3.5 基于 MIN 函数的 Skyline 团组 ············ 115
5.4 位图索引方法 ··································· 117
5.4.1 计算团组的分数 ··························· 117
5.4.2 位图索引压缩 ····························· 120
5.5 实验分析 ·· 121
5.5.1 Skyline 团组的输出大小 ··················· 121
5.5.2 位图索引压缩比例 ························ 122
5.5.3 不同 Skyline 团组定义下的实验分析 ······· 122
5.5.4 不同数据分布情况下的实验分析 ·········· 126
5.6 本章小节 ·· 129

第6章 基于区间树刺探的并行 n-of-N Skyline 查询方法 ………… 130
6.1 基本概念与问题描述 ………… 130
6.1.1 基本概念 ………… 130
6.1.2 问题描述 ………… 134
6.2 并行不确定 n-of-N 查询模型设计 ………… 135
6.2.1 并行 n-of-N 查询框架 ………… 135
6.2.2 窗口划分与流数据映射策略 ………… 136
6.2.3 查询区间编码策略 ………… 138
6.2.4 基于迭代的处理过程 ………… 140
6.3 并行不确定 n-of-N 查询算法设计 ………… 141
6.3.1 窗口划分算法与流数据映射算法 ………… 141
6.3.2 并行不确定 n-of-NSkyline 查询处理算法 ………… 143
6.3.3 查询区间计算算法 ………… 144
6.3.4 候选集合更新算法 ………… 145
6.3.5 刺探查询算法 ………… 147
6.4 实验结果与分析 ………… 147
6.4.1 实验环境设置 ………… 147
6.4.2 全局窗口长度对性能的影响 ………… 149
6.4.3 窗口滑动粒度对性能的影响 ………… 150
6.4.4 流数据的维度对性能的影响 ………… 151
6.4.5 计算节点数目对性能的影响 ………… 152
6.4.6 不同概率阈值对性能的影响 ………… 152
6.4.7 不同查询范围对性能的影响 ………… 153
6.5 本章小结 ………… 154

第7章 基于支配能力索引的并行 k-支配 Skyline 查询方法 ………… 155
7.1 基本概念与问题描述 ………… 155
7.1.1 基本概念 ………… 155
7.1.2 问题描述 ………… 157

7.2 并行不确定 k-支配查询模型设计 ························ 158
7.2.1 并行 k-支配查询框架 ···························· 158
7.2.2 基于窗口划分的流数据映射策略 ················· 160
7.2.3 基于支配能力索引结构的查询优化 ·············· 161
7.2.4 并行迭代查询处理过程 ························· 164

7.3 并行不确定 k-支配查询算法设计 ······················· 165
7.3.1 基于窗口划分的流数据映射算法 ················· 165
7.3.2 并行不确定 k-支配查询处理算法 ··············· 166
7.3.3 流数据 k-支配关系测试算法 ···················· 167
7.3.4 局部滑动窗口更新算法 ························· 168

7.4 实验结果与分析 ·· 169
7.4.1 实验环境设置 ···································· 169
7.4.2 查询规模对查询性能的影响 ····················· 169
7.4.3 滑动粒度对查询性能的影响 ····················· 170
7.4.4 数据维度对查询性能的影响 ····················· 171
7.4.5 任务数目对查询性能的影响 ····················· 172
7.4.6 概率阈值对查询性能的影响 ····················· 173
7.4.7 维度范围对查询性能的影响 ····················· 173

7.5 本章小结 ·· 174

第8章 结束语 ··· 175

8.1 工作总结 ·· 175
8.1.1 研究内容和创新点 ································ 175
8.1.2 主要贡献 ··· 177

8.2 研究展望 ·· 178

参考文献 ·· 180

第 1 章

绪　论

1.1　研究背景与意义

　　生活在信息时代的很多人都能够根据自身的需求从接触到的大量信息中选出对自身有用的信息。但是，在很多情况下，用户真正所需要的信息被隐藏在大量和快速变化的信息当中。因此，如何设计出一种信息处理方法为众多的应用场景挑选出最有用的信息成为数据库、数据挖掘和信息检索领域的一个研究热点。自从 Börzsonyi 等人在 2001 年的 IEEE International Conference on Data Engineering（ICDE）上将 Skyline 操作的概念引入数据库领域，Skyline 查询受到了数据库领域的广泛关注。Skyline 查询被广泛应用于决策系统，用来发现一个数据集中的高价值信息。这些高价值信息是通过查询出数据集中属性组合最优的数据元组来识别的。Skyline 查询的操作是从数据集中找出不被其他数据元组所支配的数据元组，因此 Skyline 查询能够极大地化简原数据集，只保留下最有意义和价值的数据元组。十多年来，数据库领域的研究者对 Skyline 查询展开了深入的研究和探索。这些研究成果被广泛应用于多目标优化决策应用、推荐系统、数据挖掘、数据清洗等领域。

　　随着信息化时代的来临和网络技术的飞速发展，在气象海洋监测应用、无线传感器网络、基于位置的服务和金融数据分析等应用中，逐渐涌现出了一种特殊的数据流类型，即不确定数据流。不确定数据流是指数据以概率方式存在的动态数据流，其产生与数据流应用的发展密不可分。不确定数据流产生的具体原因众多：首先，是数据本身的随机性和不完整性使得其难以直接准确表达；其次，是测量设备精度的限制使得数据不精确；再次，是在信

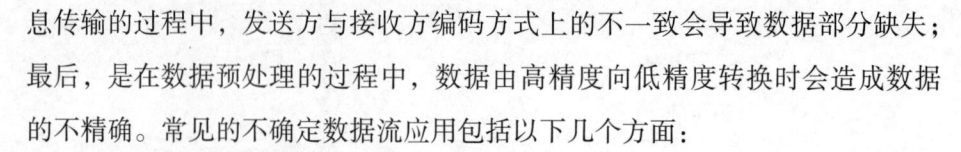

息传输的过程中，发送方与接收方编码方式上的不一致会导致数据部分缺失；最后，是在数据预处理的过程中，数据由高精度向低精度转换时会造成数据的不精确。常见的不确定数据流应用包括以下几个方面：

● 气象海洋监测数据

气象海洋监测数据主要包括环境温度、环境湿度、风速、风向、气压、降雨量、地温、土壤湿度以及太阳直接辐射等诸多要素，由于气候本身具有不确定因素，且在气象海洋数据采集过程中测量设备精度的限制，使得气象海洋监测数据具有一定的不确定性。此外，气象海洋监测数据随着时间的推移以流的形式源源不断产生，这就使得气象海洋监测数据成为一种不确定数据流。通过对气象海洋监测数据进行实时处理分析，可以获取其中的热点信息并展开实时预警。

● 无线传感器网络

目前，无线传感器网络已广泛应用于安全监控、智能交通、智能家居、环境监测以及医疗监护等中。在无线传感器网络中，每时每刻会感应出大量温度、湿度、位置等标量数据以及视频、音频、图像等多媒体信息，然而受到传感器精度限制、感应环境干扰、数据信息传输延时等外在因素的影响，使得这些实时不间断产生的传感器数据过渡为一种不确定数据流。通过对上述传感器数据进行高效分析处理，可以提取其中的关键信息从而指导人们的日常生活。

● 基于位置的服务

基于位置的服务广泛存在于车队管理、道路辅助与导航、人员跟踪以及移动黄页等需要动态地理位置信息的众多现实应用中。在基于位置的服务中，移动物体的位置信息以流的形式实时不间断产生；同时，位置信息受实时感应装置精度限制、北斗以及GPS（全球定位系统）等定位技术的制约，使得信息数据存在一定的概率性并成为一种不确定数据流。通过对动态更新的位置信息数据进行实时高效分析和处理，可以为用户提供更加精确和具有决策作用的实时定位服务。

不确定数据流普遍存在于各种现实应用中，已深刻影响着人们生活的方方面面。通过有效地进行不确定数据流分析，可以为用户提供更感兴趣和更有决策支持作用的信息服务；同时，由于不确定数据流应用作为大数据应用的一个重要方面，使得高效分析并处理不确定数据流具有极其重要的现实意义。

Skyline查询又称为"Pareto最优查询"，通常被译为轮廓查询，是一个典型的偏好查询和多目标优化问题。给定一个d维空间上的点集D，Skyline查询即为在D中选取一个子集，该子集中的所有点均不被D中其他的点所支配。这里特别指出，对于两个d维空间上的点u和v，u支配v（记为$u<v$）当且仅当u的每一维属性均不比v差，且至少存在一个维度属性使得u优于v。表1.1给出了一个三维空间$S=\{s_1,s_2,s_3\}$上的数据集$\{a,b\}$及其相应属性值。不失一般性，本例中假定以小为优。对于点a和b，由于D中不存在支配它们的点，所以a和b分别为一个Skyline查询结果；对于点c和d，由于$a<c$且$a<d$，所以c和d均不是Skyline查询的结果。因此，数据集D上的Skyline查询结果为k。

表1.1　Skyline查询实例

点	维度		
	s_1	s_2	s_3
a	1	2	1
b	3	1	2
c	2	4	3
d	4	3	4

自从将Skyline查询引入至不确定数据流后，该类查询方法在气象勘测、金融数据分析、无线传感器网络，以及Web信息系统等众多应用中发挥着重要作用，目前已受到人们的广泛关注。然而，传统的不确定数据流Skyline查询方法主要采用滑动窗口模型，而该模型的查询窗口大小固定，这就使得其难以满足用户对不同查询范围的要求。不同于基于全窗口模型的Skyline查询，基于n-of-N流模型的Skyline查询能够同时对不同查询范围的流数据进行查询，有效地提高了查询的灵活性。同时，在对高维数据集进行查询时，一

个对象支配另一个对象的可能性随着数据集维数的增加而逐渐降低，这导致传统的 Skyline 查询结果的规模太大而无法提供给用户有意义的信息。k-支配 Skyline 查询通过在 d 个维度属性中选取 k 个维度属性来重新定义"支配"概念，来提高数据对象之间形成"k-支配"关系的可能性，从而使得查询结果对用户更有意义。与传统的 Skyline 查询不同，不确定数据流的 n-of-N Skyline 查询和 k-支配 Skyline 查询不仅需要测试流数据元组间的支配关系，而且需要计算它们成为 Skyline 结果的概率值，这就使得 Skyline 计算需要强大的计算处理能力。然而，基于集中式环境的 Skyline 查询方法难以甚至无法满足上述查询计算的需求，因而迫切需要研究一种并行处理方法来提高不确定数据流上 Skyline 查询的效率。

1.2　Skyline 查询概述

Skyline 查询假设用户对数据元组的每个属性值都有偏好。比如，比起高山来，A 用户更喜欢海洋；相比于登山，B 用户更喜欢在一个海岛上度假。这些偏好关系表明了用户感兴趣的数据元组。利用这些偏好关系可以从数据集中剔除不被用户感兴趣的数据元组。这样剩下的数据元组是能够满足用户所有偏好的数据元组，这些元组的集合被称为 Skyline 集合或者 Pareto 优化集合。

近几年来，Skyline 查询因为能够从多维度数据集中有效选取用户感兴趣的数据元组从而成为数据库领域的一个研究热点。Skyline 查询被广泛应用于解决多目标优化决策问题中。这些问题通常不能够使用一个预先定义的累积函数来计算出最优的数据元组，而是需要通过用户的偏好关系选择出最优的数据元组。Skyline 查询典型的应用是从一个很大的数据集中根据一系列的用户偏好挑选出用户最感兴趣的数据元组。Skyline 查询由于简单的模型和能够根据用户的偏好关系进行多目标决策的能力被广泛应用于各类场景当中。

我们通过一个房屋购买的例子来介绍 Skyline 查询的典型应用场景。我们假设用户偏好价格便宜且离地铁站近的房子。在这个例子当中，一个数据元组代表一套房屋，每个数据元组有两个属性：价格和距离。用户需要平衡价格和距离两个属性来选取自己最感兴趣的房屋。

表 1.2 包含了 11 个房屋的待售信息。表中的每一行代表一个房屋。用户根据这些信息挑选出最感兴趣的房屋。为了便于解释 Skyline 查询，对于每一个房屋我们只考虑两个属性（维度）：一个属性是房屋的价格，另一个属性是房屋到地铁站的距离。在这个例子中，我们的标准是最小化房屋的价格和到地铁站的距离。

表 1.2 房屋数据集

房屋	房屋的价格/千元	房屋到地铁站的距离/m
H_1	100	1 500
H_2	1 400	500
H_3	700	600
H_4	1 300	1 000
H_5	900	1 300
H_6	1 600	100
H_7	400	300
H_8	200	1 200
H_9	1 000	200
H_{10}	500	1 400
H_{11}	500	900

图 1.1 显示了表 1.1 中房屋的 Skyline 集合。H_2、H_3、H_4、H_5、H_{10} 和 H_{11} 不属于 Skyline 集合，因为至少存在一个房屋在价格或者距离上优于上述房屋。H_1、H_6、H_7、H_8 和 H_9 包含了用户最感兴趣的房屋，它们属于 Skyline 集合。将所有 Skyline 点连线，这条连线是所有 Skyline 点支配范围的边界线。我们定义点 P 支配点 Q，当且仅当点 P 在所有维度都不比点 Q 差，而且至少存在一个维度比点 Q 好。在 Skyline 点支配范围内的点都能找到一个 Skyline 点支配它。比如，H_8 在价格和距离两方面都优于 H_{10}。Skyline 集合包含了不被其他点所支配点的集合。Skyline 可以应用在多个维度的查询上。比如，一个买家对房屋的价格、距离和面积感兴趣。

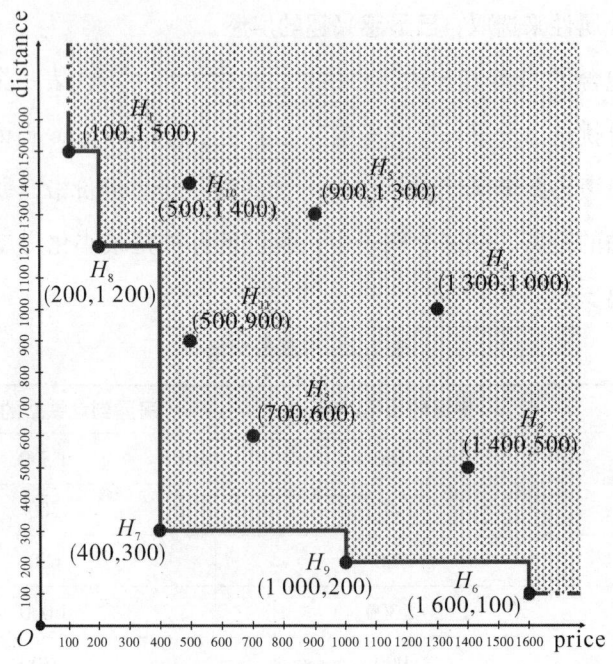

图 1.1　房屋数据集的 Skyline

这样的 Skyline 查询就涉及三个维度。Skyline 的主要思想是根据用户对数据元组所有属性的偏好关系找出用户感兴趣的数据元组供用户选择。

1.2.1　Skyline 查询的定义

数据库领域中的 Skyline 查询与计算几何学中的 Maximal Vector 和运筹学中的 Pareto Optimal 集合问题是等价的。在 Skyline 查询中最重要的定义是数据元组之间的支配关系。假设在一个数据集 D 中有 n 个 d 维数据元组。Q^i 代表了数据集中的第 i 个数据元组 Q^i，$Q^i = (Q^i_1, Q^i_2, \cdots, Q^i_d)$。假设用户偏好属性中数值较小的值，那么 Q^i 支配 Q^j，定义为 $Q^i < Q^j$。

定义 1.1　$(Q^i < Q^j)$ 当且仅当对于任意的 λ，$Q^i_\lambda \leq Q^j_\lambda$ 并且至少存在一个 λ 使得 $Q^i_\lambda < Q^j_\lambda (1 \leq \lambda \leq d)$。

根据定义 1.1，我们可以发现 < 具有传递性。如图 1.2 所示，$p < r$ 并且 $r < t$，那么 $p < t$。传递性被广泛应用于 Skyline 查询算法中，它被用来减少点与点之间的支配测试，提高算法效率。

点与点之间的支配关系相对应的是点与点之间的不可比关系。如果 $p \not< r$ 并且 $r \not< p$，那么 p 与 r 之间是不可比的。如果一个点属于 Skyline 集合，那么

它与 Skyline 集合的其他点之间一定是不可比的。不可比性也被广泛应用于提高 Skyline 查询算法的效率。例如，在图 1.3 中分块 2 和分块 3 之间是不可比的，所以分块 2 中的点不会支配分块 3 中的点，反之亦然。所以在 Skyline 查询中我们可以省略分块 2 与分块 3 之间点的支配测试。

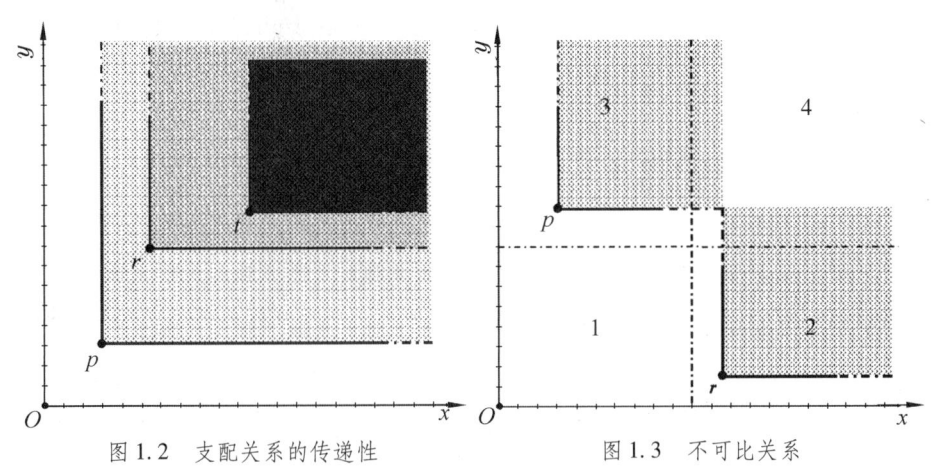

图 1.2　支配关系的传递性　　　　图 1.3　不可比关系

定义 1.2　（Skyline）如果点 $Q \in D$ 是一个 Skyline 点，当且仅当 $\nexists P \in D$ 使得 $P < Q$。

Skyline 查询被广泛应用于多目标优化决策问题，尤其是当多个目标出现相互矛盾的时候。在上述房屋购买例子中，离地铁站近的房屋通常比较贵，所以对于用户的偏好来说房屋的价格与距离是相互矛盾的。Skyline 查询广泛应用于此类应用当中。根据 Skyline 的定义，用户最感兴趣的数据元组一定包含于数据集的 Skyline 集合当中。所以用户只需要在 Skyline 集合中根据自己的喜好再做出更加精细的选择。Skyline 查询能够极大地减轻用户决策过程中的负担。

1.2.2　Skyline 查询的问题

很多与 Skyline 查询有关或者相似的问题都在数据库领域被提出并被广泛研究。

（1）Top-k 查询，Top-k 查询按照一个特定的偏好函数从一个数据集中选取最好的 k 个数据元组。与 Skyline 查询不同的是 Top-k 查询的结果随着编号函数的不同而改变，而且 Top-k 查询的结果不一定是 Skyline 查询结果的一部分。当前有很多研究关注于在 Skyline 集合中按照一定的方式选取最有代表性的 k

个数据元组。

(2)k-NN(最近邻)查询，k-NN 查询按照距离找出与给定点最邻近的 k 个数据元组。与 Skyline 查询相比较，k-NN 查询是根据相似性而不是根据支配关系来查询数据元组。

(3)Convex Hull 与 Skyline 查询不同的是 Convex Hull 更加关注于 Skyline 所支配的范围，而不是独立的 Skyline 点。

1.2.3　Skyline 查询的应用

Skyline 查询被广泛应用于推荐系统、多目标决策系统和数据挖掘等领域。比如，Skyline 查询可以被旅行社用来查询价格便宜且离海岸线近的酒店或者用来招聘对工资要求不高的好的导游。Skyline 查询可以帮助市场分析师找到用户都满意的商品，或者定位一个街区中最好的商铺位置。Skyline 查询还被应用于在经济学领域协助微观经济数据分析。同时，Skyline 查询还被应用在数据流环境中，比如证券交易系统。Skyline 查询还在基于地理信息位置的系统(LBS)中被广泛应用。在地理信息位置系统中，Skyline 查询被用来寻找到达距离目的地的最短路径或者找到一个离众多旅游景点最近的点。Skyline 查询的另一个应用场景是分布式查询优化。比如，在一个云计算的架构系统中，Skyline 查询被用于计算网络服务的 QoS(quality of service)。Skyline 查询还被应用于查询数据元组的属性的子集，用来查询用户所关注维度上的 Skyline 集合。

Skyline 查询还被应用于计算机安全特别是与隐私相关的问题。在 Metric Space 计算 Skyline 被广泛应用于生物信息学中解答 DNA 搜索问题。Skyline 查询还被应用于各种不同类型数据的应用中。比如，Incomplete Data 和 Uncertain Data。

1.3　不确定数据流概述

1.3.1　不确定数据流的应用

随着计算机技术的高速发展和网络服务的便捷使用，不确定数据从基于位置的服务(location based service，LBS)、环境监测、无线射频识别(radio frequency identification，RFID)网络、网上购物(online shopping)和金融数据分析(financial data analysis)等诸多应用中逐渐涌现出来,这些应用同时也被称为不确定性应用。不确定数据是指以概率方式存在的一类数据的总称,其不确定性产生的具体原因众多,简而言之主要有下述四个方面:(1)数据本身的随机性和不完整性使其难以准确表达,从而需要使用概率统计的方法进行数据获取;(2)在信息采集的过程中,测量设备精度的限制使得数据不精确;(3)在信息传输的过程中,发送方与接收方编码方式上的不一致会导致数据的部分缺失而造成数据的不精确;(4)在数据预处理的过程中,数据由高精度向低精度转换时会造成数据的不精确。由于不确定数据往往以流的形式持续不间断地产生,这就使得不确定性应用逐渐过渡为不确定数据流应用。例如,在网上购物应用中,顾客对商品满意度的反馈评分使得商品数据具有一定的不确定性,这就使得网上购物应用成为一种不确定性应用；此外,随着商品属性信息的持续动态更新,该应用也过渡为一种不确定数据流应用。

目前,不确定数据流已普遍存在于众多现实应用中,其中最为常见的应用有以下几种。

- 环境监测

在环境监测应用中,大量监测设备每时每刻源源不断感应出大量监测数据,由于测量精度的限制,且在数据收集、传输过程中易受人工操作的影响而导致流数据不精确。

- 基于位置的服务

服务提供商需要不断实时地获取移动物体的位置信息,这些信息往往以流的形式不断产生；同时,位置信息受移动设备、北斗和GPS等定位技术的影响而存在一定的不精确性。通过对位置信息的实时高效分析和处理,可以方便地进行车辆管理以及车辆与货物跟踪。

- 金融股市交易

股市交易所、证券公司需要实时不间断地获取股票交易信息,这些信息以数据流的形式不断产生,由于数据可能带有不确定性,及时有效地分析与挖掘不确定数据流中的有效信息,对于金融交易有着巨大的指导作用。

- Web 应用

在互联网时代下，Web 使用日志、网站点击信息等均符合不确定数据流的模式特征。通过对 Web 信息实时监控和分析，可以为用户推送兴趣较高的网络内容，从而提供便利的个性化服务。

1.3.2 不确定数据流的模型

不确定数据流是一种实时更新的不确定数据集，其可表示为$\{\cdots,e_{i-1},e_i,e_{i+1},\cdots\}$，其中$e_i$表示第$i$个到达的不确定流数据。根据不同的时序范围，不确定数据流的模型包括以下三种：界标模型(landmark model)、滑动窗口模型(sliding window model)和快照模型(snapshot model)。假设t_n为当前的时间戳，t_s和t_e代表两个已知的时间戳，界标模型主要是对从t_s到t_n范围内的不确定流数据即$\{e_{t_s},\cdots,e_{t_{n-1}},e_{t_n}\}$进行查询处理，由于$t_s$保持不变，$t_n$随着时间的变化而逐渐增大，所以界标模型的查询范围随着数据的实时更新而逐渐扩大；滑动窗口模型主要是对最新到达的$|W|$个不确定流数据即$\{e_{\max\{t_n-|w|+1,0\}},\cdots,e_{t_{n-1}},e_{t_n}\}$进行查询处理，其中$|W|$为滑动窗口$W$的长度，滑动窗口中的不确定流数据会随着不确定数据流的实时更新而不断变化，由于滑动窗口的长度固定不变，所以滑动窗口模型的查询范围不会发生变化；快照模型则将查询限制在从t_s到t_e之间的不确定流数据即$\{e_{t_s},\cdots,e_{t_{e-1}},e_{t_e}\}$，由于$t_s$和$t_e$均保持不变，所以快照模型的查询范围是固定不变的。目前，绝大多数的不确定数据流查询研究都采用基于计数的滑动窗口模型，假设滑动窗口W的长度为$|W|$，则对最新到达的e个不确定流数据对象进行查询处理，从而获得用户需要的查询结果。

1.3.3 不确定数据流的查询

与传统的静态不确定数据集相比，不确定数据流主要包括四个特点：(1)流数据动态性即不确定流数据连续实时到达；(2)流数据快速处理以响应用户的实时性要求；(3)流数据单遍扫描即数据一经处理不能被再次取出处理；(4)流数据连续查询即连续不断地更新流数据并返回查询结果。

根据不确定数据流的上述特点，将不确定数据流上的查询主要划分为一次查询和连续查询。一次查询为当一个查询提交后，查询系统根据当前流数据集合给出查询的结果并终止查询；连续查询为查询系统持续不间断地返回查询结果，直到用户撤销该查询时才终止查询。

一般情况下，连续查询主要包括立即执行方式和周期执行方式。当不确定数据流上每个新的流数据到达时，均执行一次查询，则称这样的执行方式为立即执行方式；在固定的时间间隔后执行一次查询，称这样的执行方式为周期执行方式。在实际查询过程中，滑动窗口的滑动方式随着连续查询的执行方式而相应变化。当采用立即执行的连续查询时，滑动窗口以流数据元组为单位进行滑动，即滑动窗口随着新流数据元组的到来而向前滑动，计算查询结果；当采用周期执行的连续查询时，滑动窗口以固定个数的流数据元组或固定的时间间隔为单位向前滑动，计算查询结果。

1.4　不确定数据流的 Skyline 查询

1.4.1　不确定数据流的 Skyline 查询的应用

随着计算机技术的不断发展进步，特别是信息技术的飞速发展，不确定数据流的应用在现实生活中广泛出现，不确定数据流的查询和处理技术受到广泛关注并且正在快速发展。然而受到实时性、不确定性、单遍扫描以及连续性等不确定数据流特点的影响，使得传统静态数据集上的查询方法难以直接应用到数据流查询，因此研究不确定数据流查询与分析的相关技术十分迫切并且意义重大。作为多目标决策和偏好查询的重要方法，Skyline 查询是不确定数据流上的一种重要查询操作，在气象海洋领域、金融领域、互联网领域以及无线传感器网络等众多实际应用中发挥着重大作用。

1. 气象海洋领域应用

例如在极端天气监控应用中，气象雷达实时不间断地采集大量气象数据，通过对上述信息数据进行 Skyline 查询高效处理，能够预测台风、暴雨以及沙尘暴等恶劣天气情况。在海洋环境监控应用中，海洋浮标持续不断地收集海况数据，使用 Skyline 查询对这些数据进行高效分析，能够实时监控海洋环境的各种异常情况。

2. 金融领域应用

随着金融交易的进行，会动态产生海量的股票信息，如股票和基金价格。通过不确定数据流上 Skyline 查询技术对股票交易信息进行查询处理，可以为客户提供实时的决策帮助，从而拥有更合理的选择。

3. 互联网领域应用

在互联网环境中，Web 日志信息、邮箱日志信息以及网站点击量等实时更新的数据均符合不确定数据流的模式特征。对这些动态更新的日志信息数据进行 Skyline 查询分析，可以及时地发现并规避网络中存在的异常问题。通过对网站点击量的 Skyline 分析处理，能够根据用户的喜好为其提供现阶段比较关心的内容。

4. 无线传感器网络应用

例如，在化学污染测定传感器应用中，传感器每时每刻对采集到的信息进行更新。针对这些信息数据进行 Skyline 查询分析处理，能够获取其中的热点信息，达到实时监测的目的。

1.4.2 不确定数据流的 Skyline 查询的定义

不确定数据流是一种动态更新的数据集，目前绝大部分不确定数据流上的 Skyline 查询研究均采用滑动窗口模型。记 DS 为整个不确定数据流，DS_N 为最近到达的 N 个流数据元组，则根据滑动窗口模型的定义，DS_N 中的流数据均属于滑动窗口 W。对于 DS_N 中的不确定流数据元组 e，其成为一个 Skyline 查询结果的概率为 $P_{sky}(e) = P(e) \times \prod_{e' \in DS_N, e' < e}(1 - P(e'))$，其中 $P(e)$ 为流数据元组 e 的存在概率。给定一个概率阈值 q，则不确定数据流 DS_N 上的 Skyline 查询可以定义为：计算一个 DS_N 的子集 $SKY_{N,q}$，使该子集中所有流数据元组成为 Skyline 查询结果的概率均大于等于概率阈值 q，即 $SKY_{N,q} = \{e \in DS_N \mid P_{sky} \geq q\}$。

1.4.3 不确定数据流的 Skyline 查询的挑战

近年来，数据流上的 Skyline 查询在诸多现实应用中已经得到了广泛的关注并涌现出了大量的研究成果。然而，由于流数据不确定性的影响，使得不确定数据流 Skyline 查询在定义、索引和计算方面与确定性数据流上的 Skyline 查询存在显著差异。当前，不确定数据流的 Skyline 查询存在以下两个方面的显著特征。

（1）查询计算的复杂性：不同于确定性数据的 Skyline 查询，不确定数据流的 Skyline 查询不仅需要测试流数据元组之间的支配关系，而且需要计算流数据元组成为 Skyline 查询结果的概率。因此，不确定数据流的 Skyline 查询复杂性更高，使得其对查询系统的计算处理能力有着更高要求。

（2）查询需求的多样性：在实际应用中，用户的关注点可能是不同查询范围的查询结果，而非单一固定查询范围的查询结果；同时，随着流数据维度的增高，用户只关注某些维度属性的查询结果而非全维度属性的查询结果，以获得更有决策支持作用的信息。因此，不确定数据流上的 Skyline 查询需求呈现出多样性变化。

随着云计算、大数据处理及高性能计算技术的快速发展，并行 Skyline 查询处理能够有效降低系统的查询处理时间，目前已成为一种研究趋势并产出了不少研究结果。这些并行 Skyline 查询方法的主要思想在于：首先，将整个数据集划分为多个子数据集；其次，各个计算节点对相应的子数据集进行 Skyline 查询处理；最后，管理节点对各个计算节点的计算结果进行归并处理。然而，与传统的确定性 Skyline 查询相比，不确定 Skyline 查询的计算不满足可加性，这就使得上述专门设计用于静态确定性数据集上的并行 Skyline 查询方法对不确定数据流无法适用。概而言之，不确定数据流的 Skyline 查询面临着下面两个方面的挑战：

（1）不确定数据流的并行 Skyline 查询模型问题：

由于不确定数据流 Skyline 查询所固有的计算复杂性，导致其不仅需要测试流数据元组之间的支配关系，而且需要计算流数据元组成为 Skyline 查询结果的概率值，这就对查询系统的计算处理能力提出了较高要求。此外，由于不确定数据流应用中的流数据往往高速连续到达，使得必须高效地对这些信息数据进行查询处理从而实时返回查询结果。基于上述事实，传统集中式查询处理方法难以满足高速增长的不确定数据流查询计算需求。在云计算和大数据的时代背景下，各种并行处理模型被相继提出，典型的有 MapReduce、HOP(hadoop online prototype)、Hadoop++ 和 Twister 等。然而，上述处理模型主要是对静态数据集进行并行查询处理，难以甚至无法支持动态数据流的 Skyline 查询处理。因而，如何设计一种有效的并行 Skyline 查询模型以支持不确定数据流的高效查询，成为一种亟待解决的问题。

（2）不确定数据流的新型 Skyline 查询处理问题：

传统的不确定数据流 Skyline 查询方法主要采用滑动窗口模型，而该模型的查询窗口大小固定，这就使得其难以满足用户对不同查询范围的要求。此外，在对高维不确定数据流进行查询时，一个对象支配另一个对象的可能性随着流数据维数的增加而逐渐降低，这导致传统的 Skyline 查询结果的规模太大而无法提供给用户有意义的信息。上述事实表明，传统 Skyline 查询定义在实用性方面存在诸多不足，难以满足用户不断扩大的查询需求。因而，如何设计新型查询定义下的查询处理方法以支持用户多样性变化的查询需求，是目前需要解决的关键问题。

1.5 Skyline 查询的挑战

在大数据的背景下，用户查询的目的、需求和发起查询的环境趋于多样化。传统的 Skyline 单点查询已经不能够满足当前用户的查询需求。例如，在很多应用中用户对于数据元组的属性值的偏好关系是不同的，特别是有分类信息数据存在的情况下。比如，音乐爱好者 A 更喜欢莫扎特节奏轻快的舞曲，而爱好者 B 更喜欢贝多芬的田园交响乐。同一个用户在不同环境下也会改变自己的偏好，比如游客在炎热的夏天更喜欢沙滩边的海景房，而在寒冷的冬天更喜欢温暖的带壁炉的房间。传统的 Skyline 单点查询只能回答偏好关系确定的查询，因此扩展传统的 Skyline 查询使其能够回答基于不确定偏好的查询能够极大地增强 Skyline 查询的应用性。

在大数据的潮流中，相比于单点查询越来越多的应用关注于数据组合。比如在股票推荐系统中，每只股票都有收益率和风险。如何组合多只股票使得整体收益率最高而风险最低成为当前的一个研究热点。又比如在当前非常流行的网上体育竞技游戏，玩家需要选择运动员构建自己的队伍。以 NBA 为例，每个运动员都被一个数据元组所表示。这个数据元组的属性包括得分、篮板、助攻等。玩家需要组合不同的队员构建出一支队伍参加网上竞技，这支队伍从整体上看不能被其他队伍所支配。其他的数据组合应用还包括如何挑选软件开发团队、项目评审专家组等。传统的 Skyline 单点查询只能查询不被其他元组所支配的单点元组，所以不足以回答元组组合的查询。因此，扩展 Skyline 单点查询到 Skyline 团组查询能够极大扩展 Skyline 查询的应用范围。

Skyline 查询作为数据库查询领域中一项关键应用，有着极其广泛的应用范围。因此，扩展传统的 Skyline 单点查询是目前数据库领域的研究热点。扩展后的 Skyline 单点查询能够满足大数据查询中出现的新的查询需求，并且具有巨大的实用价值。本书的主要研究内容是基于不确定偏好关系的 Skyline 查询和 Skyline 团组查询。

1. Skyline 单点查询研究

目前，Skyline 查询算法根据是否使用索引分为两大类：基于索引的算法和不基于索引的算法。基于索引的算法通常能够取得更好的性能但是有额外的开销，比如高维数据上的 R-trees 索引的开销就非常大。

不基于索引的算法具有更广泛的适用性。不基于索引的算法包括：①BNL(block nested loop)算法，BNL 是第一个 Skyline 算法。BNL 将数据集中的元组两两比较从而计算出数据集的 Skyline。②D&C(divide and conqueror)算法针对 BNL 算法中数据集可能溢出内存的问题将数据集切分为能放进内存的不相交子集。D&C 算法通过计算每个子集的 Skyline，然后再计算整个数据集的 Skyline。③SFS(sort-filter-skyline)算法是 BNL 算法的改进版。SFS 算法通过将数据集中的元组按照一个单调函数进行排序减少计算 Skyline 过程中的支配测试。④LESS(linear elimination sort for skyline)算法是 SFS 算法的优化版本。LESS 通过熵函数对数据集中的元组进行排序。这样能把支配能力大的元组排序在前，从而减少支配测试。SaLSa(sort and limit skyline algorithm)算法是 SFS 和 LESS 算法的改进版，SaLSa 算法能够在不完全扫描整个数据集的情况下计算出数据集的 Skyline。

基于索引的算法包括 Bitmap 算法、NN 算法、BBS 算法等。①Bitmap 算法把所有数据元组编码构建成一个位图索引，然后利用位运算来快速进行支配测试。②NN(nearest neighbor)算法使用R-tree索引结构极大地减少了不必要的支配测试。③BBS算法是NN算法改进版，与NN算法需要多次访问R-tree相比，BBS算法只需要遍历R-tree一遍。现阶段传统的Skyline单点查询已经被广泛研究，各种改进版本算法的性能已经得到了大幅度提高，其中包含大量的技术可以应用在拓展Skyline查询中。

2. 基于不确定偏好查询研究

在很多真实的生活情况下，用户的偏好关系不能够被定义成严格的偏序关系。但是学术界对不确定偏好的研究才刚刚起步。Sacharidis等是第一篇论文研究基于不确定偏好的Skyline查询的论文。然而他们提出的算法假设数据元组之间支配关系的独立性，这在文献[22]中被证明不能应用于基于不确定偏好关系的Skyline查询当中。ZHANG Q等提出了第一个算法来计算基于不确定偏好的Skyline概率。这个算法采用容斥原理来计算概率，因此这个算法的时间复杂度是指数级别的。为了提高算法性能，他们提出了一个底层吸收算法来剪枝冗余的计算项。PUUARI A K等人发现文献[22]的底层吸收算法不足以剪枝所有的冗余计算项，他们拓展了文献[22]的算法使之能够吸收所有的冗余计算项。但是他们的论文存在两方面问题。第一，他们没能够证明他们算法的正确性；第二，由于算法在最坏情况下依然是指数级别的时间复杂度，所以在计算大数据集上的Skyline概率时依然需要大量的时间。

为了解决当前基于不确定偏好的Skyline查询问题面临的两大问题：

(1)我们详细研究了吸收算法的技术细节，然后给出了完整的算法正确性的证明；

(2)针对大数据集上算法需要大量运行时间的问题，我们设计了高效的并行算法来减少算法的运行时间。

3. Skyline团组查询研究

传统的Skyline单点查询不足以回答需要分析一组点的查询，在日常生活中有很多应用需要分析一组点的构成的团组，并且这些团组不被其他大小相等的团组所支配。这些团组被称为Skyline团组。与传统Skyline单点查询相比较，计算Skyline团组非常复杂。这是因为一个Skyline团组可能包含Skyline

元组，也可以包含 non-Skyline 元组，一个数据集中所有的元组都有可能构成 Skyline 团组。因此，总共有 C_n^k 个团组，其中 n 为数据集大小，k 为团组大小。计算 Skyline 团组的暴力算法是将所有备选团组两两进行支配测试，所以需要 $(C_n^k)^2$ 次比较。这比计算传统 Skyline 单点的 n^2 次比较计算量要大得多。当前的 Skyline 团组算法都是串行算法，在计算大数据集上的 Skyline 团组时候需要大量的时间。除了 Skyline 团组巨大的计算量之外，与传统 Skyline 单点相比较，Skyline 团组的输出也非常大，常常可以到达百万级别。Skyline 团组巨大的输出非常不方便用户做出选择。目前，没有相关研究解决如何从 Skyline 团组的输出中选出 k 个最有代表的团组。

针对当前 Skyline 团组查询面临的两大问题，我们首先设计了高效的并行 Skyline 团组算法来减少 Skyline 团组的计算时间；针对 Skyline 团组的输出问题，我们设计了 Top-k 算法来帮助用户选择最好的 k 个 Skyline 团组。

1.6 主要研究内容

传统的 Skyline 单点查询不足以满足大数据时代下用户的查询需求，扩展 Skyline 查询成为当前数据库领域的研究热点。本书针对 Skyline 查询的两大扩展方向展开研究，系统研究了基于不确定偏好的 Skyline 查询和 Skyline 团组查询。本书的相关研究成果扩展了 Skyline 应用范围并且为基于不确定偏好的 Skyline 查询和 Skyline 团组查询转化为实际应用提供了基础。此外，目前不确定数据流已广泛存在于环境监测、基于位置的服务、金融股市交易以及 Web 信息等众多实际应用中。作为多目标决策的重要方法，不确定数据流的 Skyline 查询近年来受到人们的广泛关注。随着并行处理模型的发展和不确定数据流应用的普及，不确定数据流的并行 Skyline 查询成为当前学术界一种研究趋势。

对于不确定数据流的并行 Skyline 查询，不确定 Skyline 查询操作的不可加性要求能够以较低的通信开销进行实时查询处理。然而，已有的不确定数据流并行 Skyline 查询方法在查询过程中各计算节点之间需要交换大量的流数据元组，这就导致查询的通信开销较大。此外，不确定数据流的 Skyline 查询固有的查询计算复杂性和查询需求多样性，导致传统的集中式 Skyline 查询方法难以甚至不能满足不断扩大的查询需求。因此，研究高效的不确定数据流并行 Skyline 查询方法成为当前的一种研究趋势。另外，针对不确定数据流上的并行 Skyline 查询问题，重点围绕不确定数据流的并行 n-of-N Skyline 查询和并行 k-支配 Skyline 查询两个方面的问题开展研究工作。本书的主要工作和创新点如下所述。

1. 基于不确定偏好 Skyline 查询的并行算法

我们首先分析了基于前缀的 k 层吸收算法相关定理的不完整性，然后给出了基于前缀的 k 层吸收算法正确性的完整证明。这个证明为计算基于不确定偏好关系的 Skyline 概率奠定了理论基础。我们设计了一种新颖的划分方式将算法中指数级别的计算项划分为不相交集合，然后设计了一个高效的并行算法计算基于不确定偏好关系的 Skyline 概率。据我们的了解，这是第一个计算基于不确定偏好 Skyline 概率的并行算法。与串行算法相比较，我们并行算法的运行时间基本上随着并行进程数的翻倍而减半。我们还设计了元组添加和删除算法来处理数据集中有元组加入和删除的情况，因此我们的并行算法可以应用在数据流环境当中。

2. Skyline 团组查询的并行算法

我们为 Skyline layers 这个全局共享变量设计了一个新颖的数据结构，通过这个数据结构我们能高效更新 Skyline layers。我们设计了一个高效的并行算法计算 Skyline layers。通过我们设计的数据结构，当使用 t 条并行线程时，我们的并行算法能比串行算法快超过 t 倍。基于 Skyline layers 我们设计了一个高效的并行算法计算 Skyline 团组。据我们的了解，这是第一个计算 Skyline 团组的并行算法。大量的实验结果表明我们的并行算法运行时间基本上随着并行线程的增加而线性减少，这验证了我们并行算法的高效性。

3. Skyline 团组查询的 Top-k 算法

我们首先将 Top-k 支配查询引入 Skyline 团组。根据我们掌握的信息，我们是第一个提出对 Skyline 团组进行 Top-k 支配查询的。我们为 Top-k 支配 Skyline 团组查询设计了高效的剪枝技术。通过这些剪枝技术，我们可以在不生成所有 Skyline 团组的情况下计算出 Top-k 支配团组。我们还设计了一个高效的基于位图的索引算法来对 Skyline 团组计算分数。为了减少位图索引的开销,我们使用了位图压缩技术,能将位图索引的开销压缩为原来大小的 10^{-5} 左右。大量的实验结果表明我们的算法的运行速度比暴力算法快 100 倍左右。

4. 基于区间树刺探的并行 n-of-N Skyline 查询方法

已有基于全窗口模型的并行 Skyline 查询方法,由于其只支持对最近 N 个流数据元组进行 Skyline 查询处理而导致难以满足不同查询范围的同时查询要求。为了有效提高不确定数据流上 Skyline 查询的灵活性和处理效率,本书提出了一种基于区间树刺探的并行 n-of-N Skyline 查询方法 PnNS(parallel n-of-N skyline queries over uncertain data streams)。

在 PnNS 方法中,首先,利用一种滑动窗口划分策略将全局滑动窗口划分为多个局部滑动窗口,从而将不确定数据流的集中式查询处理过程并行化。其次,通过一种查询区间编码策略将不确定数据流的 n-of-N Skyline 查询转化为刺探查询,从而提高查询的效率。同时,为进一步优化查询处理的过程,一方面,通过一种流数据映射策略将最新到达的流数据元组映射至相应的局部窗口,以最大程度实现计算节点之间的负载均衡;另一方面,基于空间索引结构 R 树组织不确定流数据元组,以减少流数据之间支配关系的测试开销。大量合成流数据和真实流数据下的实验结果表明,和已有方法相比,PnNS 方法在保证查询结果正确性的基础上,有效地提高了 Skyline 查询处理的灵活性和效率。

5. 基于支配能力索引的并行 k-支配 Skyline 查询方法

在对高维数据流进行查询时,一个流数据元组支配另一个流数据元组的可能性随着流数据维数的增加而逐渐降低,这导致传统的不确定数据流 Skyline 查询结果的规模太大而无法提供给用户有意义的信息。为了在高维不确定数据流中高效地查询出更重要和更有意义的 Skyline 结果,本书提出了一种基于支配能力索引的并行 k-支配 Skyline 查询方法 PkDS(parallel k-dominant skyline queries over uncertain data streams)。

在 PkDS 方法中,首先,定义了不确定数据流的 k-支配 Skyline 查询问题;其次,基于滑动窗口划分的流数据映射策略,将最新到达的流数据元组映射至相应的计算节点,有效地实现了不确定数据流的 k-支配 Skyline 查询的并行化。特别地，采用基于流数据元组 k-支配能力的索引结构对流数据元组进行高效组织管理，极大地减少了滑动窗口中流数据元组之间的 k-支配关系测试次数，进一步提高了并行不确定 k-支配 Skyline 查询的效率。大量合成流数据和真实流数据上的实验结果表明，PkDS 方法能够将高维数据的 Skyline 查询结果缩小至具有更好决策支持的范围，并且在保证查询结果正确性的基础上，极大地提高了查询处理效率。

1.7 组织结构

本书由八部分组成。

第 1 章为绪论。首先，概述了本书的研究背景与研究意义；其次，重点介绍了不确定数据流以及不确定数据流的 Skyline 查询的应用和相关定义，并分析了不确定数据流的 Skyline 查询面临的挑战；最后，阐述了本书的主要工作和组织结构。

第 2 章概括描述了本书工作所涉及的并行 Skyline 查询、数据流 Skyline 查询、n-of-N Skyline 查询和 k-支配 Skyline 查询的已有研究成果和相关研究现状。

第 3 章提出了基于不确定偏好关系的 Skyline 相关算法。首先，介绍了当前工作中存在的不足和基于不确定偏好关系的 Skyline 查询面临的问题；其次，提出了一个新颖的计算基于不确定偏好关系 Skyline 概率的并行算法；最后，我们将这个并行算法扩展到动态数据集，使得我们的算法能够运用在数据流等动态环境下。

第 4 章提出了基于多核处理器的 Skyline 团组并行计算算法。首先，提出了针对 Skyline 层次的并行计算方法，并且为全局共享的 Skyline 层次设计了一个易于更新的数据结构；其次，提出了基于 Skyline 层次计算 Skyline 团组的并行计算方法。实验结果表明我们的算法并行扩展性良好，能够适用于高并发的环境。

第 5 章提出了针对 Skyline 团组进行 Top-k 支配查询的算法。针对 Skyline 团组输出过大的问题，借鉴 Top-k 支配查询的思想，我们首先提出了针对

Skyline 团组进行 Top-k 支配查询的问题。设计了高效的剪枝技术使得我们在不用生成所有 Skyline 团组的情况下就返回所有的 Top-k 支配 Skyline 团组。还在算法中融合了位图索引和位图压缩技术，极大地减少了我们算法的空间开销。

第 6 章针对已有基于全窗口模型的查询方法因难以同时支持多个不同尺寸窗口查询而导致实用性不足且查询效率不高的问题，提出了一种基于区间树刺探的并行 n-of-N Skyline 查询方法 PnNS，并通过大量的实验测试评估和分析了 PnNS 方法的性能。

第 7 章针对已有查询方法因查询结果集合过大而导致实用性不足且查询效率不高的问题，提出了一种基于支配能力索引的并行 k-支配 Skyline 查询方法 PkDS，并通过大量的实验测试评估和分析了 PkDS 方法的性能。

第 8 章对本书工作进行总结并展望未来的工作。

第 2 章

相 关 研 究

　　Skyline 查询作为多目标决策和偏好查询的重要方法，在金融领域、互联网领域以及无线传感器网络等众多实际应用中发挥着重大作用。由于本书主要围绕不确定数据流的并行 n-of-N Skyline 查询和并行 k-支配 Skyline 查询展开研究工作，与之密切关联的研究主要包括并行 Skyline 查询、数据流 Skyline 查询、n-of-N Skyline 查询和 k-支配 Skyline 查询四个方面。因此，本章主要从上述四个方面展开论述，分别介绍其在国内、国外的相关研究工作现状。

2.1 基于不确定偏好关系的 Skyline 查询的研究

2.1.1 基于不确定数据的 Skyline 查询的研究

　　Pei 等人第一个研究了基于不确定数据的 Skyline 查询问题。在他们的研究中，一个多维元组被一个集合在一定概率分布下的实例代表。因此，元组之间的支配关系变得不确定。所以，每一个元组都有概率 $p \in [0,1]$ 成为 Skyline 元组。很自然的，我们可以通过设置一个阈值 $\tau(0<\tau<1)$ 并且查询成为 Skyline 概率大于 $\tau(0<\tau<1)$ 的元组，这样传统的 Skyline 查询就扩展为概率 Skyline 查询。大量的研究工作关注于如何高效地计算概率 Skyline 及其衍生问题。

　　当前的有关不确定数据的研究工作都基于一个相同的假设：一个元组实例与其他元组的实例是相互独立的。因此，他们利用实例相互独立的假设计算一个元组成为 Skyline 的概率。接着，他们利用确定偏好关系的支配传递性来减少支配测试。然而，在不确定偏好关系中，元组之间的独立关系被证明是错误的。更进一步，由于我们属性值之间不存在严格的偏序关系，支配关系的传递性在不确定关系中被证明是不正确的,所以基于不确定数据中提出的相关查询技术不能被应用于不确定偏好关系当中。

2.1.2 基于不完全数据的 Skyline 查询研究

另一个与数据相关的 Skyline 查询是研究工作假设数据是不完整的。其中不完整数据指的是,元组在一些维度上没有属性值。大多数研究工作假设在所有维度上的数据不完整性并且假设支配关系具有传递性。然而,事实上支配关系的传递性在不确定数据上并不总是成立。一个不具有传递性的支配关系会导致环形的支配关系。因为支配关系传递性的缺失,也会导致剪枝技术和索引技术的失效。文献[48]研究了基于众包的 Skyline 查询。基于众包的技术能够在查询的过程中从其他的数据源补充元组缺失的属性值。

与不确定数据一样,基于不完整数据的相关查询技术也不能直接应用于基于不确定偏好关系的查询上。事实上,不确定数据、不完整数据与不确定偏好关系的研究工作是相互独立的。

2.1.3 基于不确定偏好关系的 Skyline 查询研究

据我们所知,只有很少的工作关注基于不确定偏好关系的 Skyline 查询。SACHARIDIS 等人是第一个研究这个问题的。然而,他们假设元组之间的支配关系是相互独立的,这个假设在文献[22]中被证明是不正确的。文献[22]中第一个提出了基于不确定偏好关系确定计算下一个元组成为 Skyline 的概率。由于这个算法是基于容斥原理,所以它的时间复杂度是指数级别的。为了加快计算过程,他们提出了一个预处理步骤来减少幂集中的计算项。PUJARI A K 等人发现文献[22]中提出的底层吸收技术不足以剪枝所有的冗余计算项,他们将底层吸收技术扩展为基于前缀的 k 层吸收技术。基于文献[23],在文献[49]中提出了一个算法计算所有概率大于阈值的元组。文献[49]只是计算 i 的一个下确界,其中 $O \in D$,所以他们不需要计算准确的 Skyline 概率。因此,文献[49]中提出的算法是一个近似计算算法,因此文献[49]与我们的研究工作是正交的。

2.1.4 基于数据流环境下的 Skyline 查询研究

文献[11]提出了在线应用场景中需要频繁更新数据的场景，并提出了更新算法。文献[50]提出了基于 n-of-N 模型和 (n_1, n_2)-of-N 模型的 Skyline 查询。为了计算持续的 Skyline，文献[51]提出了用区间树来判断一个元组是否包含在最感兴趣的 n 个元组内。文献[44]也研究了基于数据流的 Skyline 查询。他们使用滑动窗口模型研究数据流。文献[52]研究了基于时间模型和基于计数模型的滑动窗口模型。文献[53]使用时间区间的方法研究了持续 Skyline 查询。文献[54]研究了基于关键词匹配的 Skyline 查询。文献[55]研究了基于不确定数据流的分布并行 Skyline 查询。

综上所述，上述研究工作都是关注于确定偏好关系下的数据流或者动态环境下的 Skyline 查询。这些工作都利用支配关系的传递性减少计算量。因为在不确定偏好场景下，支配关系的传递性是不成立的，所以上述工作中提出的相关技术不能应用在基于不确定偏好关系的数据流 Skyline 查询。

2.2 并行与分布式 Skyline 查询研究

并行与分布式 Skyline 查询在众多应用中被广泛使用。很多并行与分布式 Skyline 查询使用了现代计算平台加快查询速度。这些现代平台包括多核处理器结构、GPUs 以及分布式处理平台。

2.2.1 基于垂直划分的 Skyline 查询研究

文献[64]是第一个研究分布式环境下的 Skyline 查询的，提出了基础分布式 Skyline 查询算法(BDS)和改进分布式 Skyline 查询算法(IDS)，这两个算法是基于文献[30,65]提出的相关技术。文献[66]基于上述工作提出了渐进式分布 Skyline 查询算法。该方法使用 R 树索引结构和一种新的基于线性回归的方法，来快速有效地判断一个数据对象是否属于 Skyline 集合。最近的关于数据垂直划分的工作是文献[67]，其中假设数据集被垂直划分且存储在不同的服务器上，每一个服务器存储一个维度的数据。这种 Skyline 查询是去中心化的，它们的目标是减少服务器之间的通信开销。

2.2.2 基于水平划分的 Skyline 查询研究

文献[68]关注于移动设备上的 Skyline 计算，比如热点网络（MANETs）。在这个应用场景中，数据被存储在一些轻量级的移动设备中，每个设备只能和相邻的设备进行通信。文献[69]研究了子空间上的 Skyline 查询问题，他们提出了 SKYPEER 架构。文献[70]中扩展了文献[69]的工作，并且提出了 SKYPEER+算法。文献[71]研究了分布式概率 Skyline 计算。文献[72,73]为并行 Skyline 计算提出了基于过滤的 PaD Skyline 算法，假设水平划分的数据集没有重叠，并且所有的服务器都能够相互通信。文献[74]提出了渐进分布式基于反馈的分布式 Skyline 算法（FDS）。文献[75]提出了渐进并行与分布式 Skyline 计算方法（DSL）。这个方法能够计算一个给定区域的 Skyline 集合。文献[76]提出了基于 BATON 结构的 Skyline 空间分割方法（SSP）。该方法基于 BATON 平衡树的区域分割方法，通过 Z-Curve 策略将多维空间映射为一维空间，并将其赋予树形覆盖网中的节点，同时采用平面分割与合并以及抽样检验方法解决负载均衡问题。文献[78]提出了一个基于分布式哈希表的数据划分结构 CAN。该方法利用 CAN 虚拟平面分割区域，对区域动态编码以减少支配测试次数，并采用动态区域复制方法来提高负载均衡性能。

2.2.3 基于角度划分的 Skyline 查询研究

文献[79]提出了基于超球面坐标系加快 Skyline 查询的角度划分方法。这个方法将笛卡尔空间转化为超球面空间并且使用角坐标划分数据空间。然而，如文献[80]指出，这个坐标系不能方便地使用 Skyline 性质。而且不能快速回答基于最小化和最大化偏好关系的 Skyline 查询。最后，基于角度划分的 Skyline 查询不能高效回答文献[9]中提出的 Skyline 衍生问题，因为需要使用笛卡尔空间的属性。

综上所述，绝大多数并行与分布式 Skyline 查询利用支配关系的传递性来减少支配测试。因此，这些并行与分布式处理技术不能使用在基于不确定偏好关系的 Skyline 查询。我们是第一个研究基于不确定偏好关系 Skyline 并行查询的。并且据我们所知，我们也是第一个研究 Skyline 团组并行查询的。当前的并行与分布式 Skyline 查询技术不能直接应用于 Skyline 团组的并行计算。我们设计了一个共享的已更新的数据结构，使之在并行阶段线程能够任意读取共享结构中的信息，并且在串行阶段能够快速更新共享结构。通过这个并行结构我们的并行算法达到了非常高的线程扩展性。

2.3　并行 Skyline 查询研究

并行 Skyline 查询是为解决传统的集中式查询在处理高维化和动态化数据时难以达到用户要求的问题而提出的一类查询方法。随着现实需求的不断扩大，并行查询将成为人们关注的重点并引领该领域的研究趋势。通常情况下，该类查询主要包括基于并行模型的并行 Skyline 查询和基于空间划分的并行 Skyline 查询。

2.3.1　基于并行模型的并行 Skyline 查询方法研究

基于并行模型的并行 Skyline 查询方法，主要采用 Map Reduce、MP 和 GMP 等已有的并行计算模型进行数据查询处理。张波良等人实现了基于 Map Reduce 模型的三种并行 Skyline 查询方法，并通过实验验证了所提出方法的有效性和高效性。此外，PARK 等人提出了基于 Map Reduce 的预剪枝策略和数据划分技术以处理并行 Skyline 查询及其变体，极大提高了并行 Skyline 查询的效率。针对 MP 和 GMP 模型，AFRATI 等人设计了一种并行 Skyline 查询处理方法，有效地实现了查询计算的负载均衡，通过大量的理论证明了所提出方法的有效性。国防科技大学的李小勇等人提出了 CMS（centralized mapping strategy）、AMS（alternate mapping strategy）、DMS（distributed mapping strategy）和 APS（angle-based partitioning mapping strategy）四种流数据映射策略来实现 Skyline 查询的并行处理。与此同时，针对大规模滑动窗口的数据查询问题，李小勇等人提出了四种与之对应的并行查询模型，即集中式并行查询模型 CPM（centralized parallel query model）、轮转式并行查询模型 APM（alternate parallel query model）、分布并行查询模型 DPM（distributed parallel query model）

和角划分并行查询模型 PPM（angle-based partitioning parallel query model），显著提高了基于滑动窗口模型的并行 Skyline 查询处理的效率。

此外，LIN 等人基于 Map Reduce 并行计算框架设计并实现了三种并行 Skyline 查询算法，即 MRGS、MRIGS 和 MRIGS-P，大量的实验表明 MRIGS-P 算法具有最好的 Skyline 查询性能。文献[71]提出了一种处理 Skyline 查询的并行算法 SKY-MR$^+$，该算法使用基于四叉树的直方图进行空间划分，并通过数据元组的支配能力对非 Skyline 点进行高效剪枝，有效降低了 Skyline 查询处理的开销。之后，ZHANG 等人提出了一种高效的两阶段 MapReduce 处理方法，该方法利用数据过滤技术和角划分技术提高并行 Skyline 查询的效率。

2.3.2 基于空间划分的并行 Skyline 查询方法研究

基于空间划分的并行 Skyline 查询方法，主要使用空间划分技术来优化分布并行 Skyline 查询的处理过程。VLACHOU 等人提出了一种角空间划分方法，该方法通过超球面坐标实现多维数据点的转换，极大提高了并行 Skyline 查询计算的效率。此外，KOHLER 等人提出了一种使用超平面映射对多维数据集划分进行优化的方法，实验结果表明所设计方法显著提高了并行 Skyline 查询处理的性能。

针对已有查询方法的子空间均衡划分问题，ZHANG 等人提出了一种基于空间划分的 Skyline 计算开销评估模型，并设计实现了一种利用均衡划分策略计算 Skyline 集合的方法 VMP，大量实验结果表明 VMP 方法能够高效地进行并行 Skyline 查询处理。

2.4 基于 Skyline 团组的 Top-k 支配查询研究

2.4.1 Skyline 团组查询研究

Skyline 团组查询是为了解决传统 Skyline 单点查询不能分析一组点的查询需求而提出的。与 Skyline 团组查询最紧密相关的工作是文献[24~26，40，41，81]。文献[24~26，40，41，81]研究了基于聚合函数的 Skyline 团组。

尽管有很多聚合函数可以用来计算代表元组,但是它们主要关注三种在应用中常用的函数 SUM、MIN 和 MAX。有时候,我们很难挑选出一个最合适的聚合函数,所以代表元组在一定程度上也不能充分代表团组。为了解决这个问题,LIU 等人扩展了传统的 Skyline 单点定义到团组内元组排列定义。我们发现无论是基于聚合函数还是基于元组排列的团组定义,Skyline 团组的输出都是非常大的,这是 Skyline 团组运算符应用的一个潜在威胁。

在上述工作中,与我们的研究最相关的工作是文献[81]。在文献[81]中,Skyline 团组是按照聚合函数定义的。他们将 Skyline 团组按照一个预先定义好的属性偏好进行排序。比如,$A = \{a_1, a_2, \cdots, a_d\}$ 是一个属性集合,其中 a_i 比 a_j 更受到用户重视。假设两个元组 Q 和 Q' 分别代表两个团组 G 和 G'。G 比 G' 排序更高,当且仅当 (1) $Q_{a_1} > Q'_{a_1}$ 或者 (2) $Q_{a_i} = Q'_{a_i}$,对于 $i = 1, 2, \cdots, j (j < d)$ 并且 $Q_{a_{j+1}} > Q'_{a_{j+1}}$。显然,文献[81]中定义的排序方法不能应用于基于排列的 Skyline 团组。所以文献[81]中提出的问题和我们的研究工作有着本质的不同。

2.4.2 Top-k 支配查询研究

自从 PAPADIAS 等人第一次研究了在完整数据集上进行基于 Skyline 查询的 Top-k 支配查询后,很多改进算法、TKD 查询的衍生问题都被广泛研究。随着不确定和不完整数据在大量应用中产生,高效的基于不确定数据和不完整数据的 TKD 查询受到了数据库领域研究人员的广泛关注。文献[90~92]研究了基于不确定数据的概率 TKD 查询。文献[93]研究了基于不完整数据的 TKD 查询。

在上述研究工作中,与我们研究工作最相关的工作是文献[35,84,90,92,93]。文献[84]提出了 Top-k Skyline 代表元组查询,其目标是计算一个由 k 个 Skyline 元组组成的集合,使得被这 k 个 Skyline 团组所支配的元组数目最大。显然,这与我们研究的问题有着本质的不同,因为一个 Skyline 团组中可以包含非 Skyline 元组,所以文献[84]中提出的相关技术不能应用于我们的研究工作。

文献[35,90,92,93]将元组按照分数进行排序,然后返回分数最高的 k

个元组。显然，文献[35，90，92，93]也和我们研究的问题有本质的不同。因为文献[35，90，92，93]只关注独立的元组，而我们关注的是团组。所以，文献[35，90，92，93]只需要记录每个元组所支配元组的数目，不需要考虑一个元组可能被多个元组所支配的情况。因此，文献[35，90，92，93]中所提出的相关技术也不能应用在我们研究的问题。因为我们关注的是基于团组的 TKD 查询，所以当前的 TKD 算法都不能应用于解决我们研究的问题。

2.4.3　其他排序方法研究

除了 Top-k 支配查询方法，还有很多其他的排序查询方法。文献[94，95]研究了反转 k 排序查询。文献[96]研究了用一个分数计算函数抽取 Top-k。文献[97]提出了查询优化策略以最小化查询开销同时最大化命中 Top-k 查询结果。文献[98~100]研究了代表 Skyline。他们发现 Top-k 支配查询返回的结果相似（靠近原点的元组）。因此，他们通过距离函数或者多样性来挑选代表 Skyline。

综上所述，上述文献都是关注于如何寻找包含 k 个元组的一个团组。这 k 个元组是根据预先定义的标准选择的，能够最大程度代表整个数据集。然而，我们的工作关注于查询 k 个团组。因此，上述论文中提出的相关技术不能应用于解决我们研究的问题。因为一个 Skyline 团组可以包含 Skyline 元组和非 Skyline 团组，所以团组中的元组并不相似，特别是在排列定义、MAX 和 MIN 函数定义下的 Skyline 团组。因此，文献[98~100]中所讨论的限制不会出现在 Skyline 团组当中。

2.5　数据流 Skyline 的查询研究

2.5.1　确定性数据流的 Skyline 查询研究

由于数据流所固有的实时性、连续性、快速性和不允许重复扫描等特点，所以数据流 Skyline 查询通常采用滑动窗口模型进行查询处理。TAO 等人提出了基于滑动窗口模型的 Lazy 和 Eager 方法，并设计实现了持续监控到达的流数据对象和递增地维护 Skyline 结果的算法。对于滑动窗口中的流数据元组对象，根据数据流 Skyline 的诸多特性对其提前进行剪枝处理，从而降低 Skyline 查询的空间和时间开销。

之后，MORSE 等人提出了一种基于时间的滑动窗口模型上的数据流 Skyline 查询方法——Look Out。该方法利用空间索引结构 R 树来存储滑动窗口内活跃的流数据，同时根据最佳优先搜索策略(best-first search strategy)对不可能成为 Skyline 的流数据元组进行提前剪枝处理。此外，研究中还指出相对于采用空间索引结构 R 树的 Skyline 查询方法，采用四叉树索引结构的 Skyline 查询处理效率更高。

针对已有集中式确定性数据流 Skyline 查询方法效率低下的问题，DEZMATTEIS 等人提出了一种基于多核架构的确定性数据流并行 Skyline 查询方法。首先，该研究提出了一种基于 Skyline 影响时间概念的并行 Eager 算法；其次，该研究提出了一个优化规约阶段的负载均衡策略，从而实现接近最优的加速比；最后，该研究通过大量实验测试评估分析了所设计方法的有效性和高效性。

针对已有 Skyline 群组查询方法仅支持对静态数据集进行处理的问题，GUO 等人提出了一种确定性数据流上的 Skyline 群组查询方法。该方法使用哈希表、支配关系图以及矩阵等数据结构来存储流数据支配信息并递增地更新查询结果，大量合成流数据下的实验结果表明所设计方法能够有效解决确定性数据流上的 Skyline 群组查询问题。

2.5.2 不确定数据流的 Skyline 查询研究

自从 PEI 等人将 Skyline 查询引入不确定数据之后，近年来不确定数据流的 Skyline 查询在数据库领域已受到人们的广泛关注，并涌现出了大量的研究成果。YANG 等人提出了一种不确定数据流的动态 Skyline 查询方法 UDS (uncertain dynamic skyline query)。该方法使用高效的预剪枝策略来减少 Skyline 查询处理的查询空间，显著提高了不确定数据流 Skyline 查询的效率。HE 等人提出了三种获取区间上 Skyline 查询结果的有效预剪枝技术和计算不确定流数据 Skyline 概率的方法，大量实验结果表明所提出的方法是高效的且可扩展的。

特别地，SAAD 等人提出了一个不确定数据流的 Skyline 查询框架 SkyQUD，极大提高了不确定流数据 Skyline 概率的计算效率。PAN 等人设计了一个处理连续概率 Skyline 查询的新奇方法，并提出了通过删除无效事件和对象减少查询空间的预剪枝策略，降低了不确定数据流 Skyline 查询的空间和时间开销。此外，ZHENG 等人提出了诸多渐进高效的不确定数据流 Skyline 查询处理算法，比如用来减少可能世界数量的算法 LHSA、CHSA 以及用来提高用户指定精度 Skyline 查询处理效率的算法 2PMA 和 S2PMA。

此外，WANG 等人提出了一个 WSNs 上的高效算法 DPPS（distributed precessing of probabilistic skyline query）。该算法将传感器数据划分为候选数据、不相关数据和相关数据，提高了不确定数据流 Skyline 查询的性能。LIU 等人提出了一种高效的 Skyline 查询处理方法 EPSU（efficient probabilistic skyline update），该方法利用 R 树索引结构减少了时间和空间开销。LI 等人定义了区间数据上的分布式 Skyline 查询问题，并提出了两种使用高度优化的反馈框架逐步检索分布式局部站点 Skyline 的有效算法，大量实验结果表明其所设计的算法能够高效处理不确定数据流的 Skyline 查询。

2.6　n-of-N Skyline 查询研究

在众多现实应用中，数据往往以流的形式持续不间断地生成，使得数据流拥有实时性、连续性和单遍扫描等特点，这些都对数据流 Skyline 查询过程中数据结构的更新和维护提出了更高的要求。基于 n-of-N 流模型的 Skyline 查询，是在全窗口模型的基础上，查询不同窗口范围的 Skyline 计算结果。不同于基于全窗口模型的 Skyline 查询，n-of-N Skyline 查询将目光聚焦于不同尺寸的滑动窗口上，关注最近 $n(n \leqslant N)$ 个流数据对象的查询结果。近年来，已有诸多该领域的查询研究成果相继被提出。根据数据流种类的不同，该类查询可分为确定性 n-of-N Skyline 查询和不确定 n-of-N Skyline 查询。

2.6.1　确定性 n-of-N Skyline 查询研究

LIN 等人提出了一种高效的刺探查询方法。该方法定义了 n-of-N Skyline

的查询问题,并围绕这一问题展开了三个方面的研究工作:首先,该研究提出了一种高效的预剪枝技术,将 d 维空间上 n-of-N Skyline 查询的空间开销缩减至 $O(\log^d N)$,有效减少了流数据元组的维护数目;其次,该研究采用新奇的区间编码技术将 n-of-N Skyline 查询计算转化为刺入查询问题,使得 d 维空间上 n-of-N Skyline 查询的时间开销由 $O(\log N + s)$ 减少至 $O(d\log\log N + s)$,其中 s 指 Skyline 结果的数目;最后,该研究采用触发机制来快速处理流数据上的连续 n-of-N Skyline 查询。大量的实验测试结果表明所设计方法可以有效提高查询的效率,并且能够处理速度较快的低维空间(即维度值不超过 5)的数据流 n-of-N Skyline 查询。

2.6.2 不确定 n-of-N Skyline 查询研究

由于不确定流数据固有的概率属性,传统确定性 n-of-N Skyline 查询方法无法直接应用于不确定数据流的 n-of-N Skyline 查询。因此,不确定数据流的 n-of-N Skyline 查询已成为一种研究趋势并产出了不少研究成果。国防科技大学的杨永滔等人提出了一种不确定数据流上的 n-of-N Skyline 查询方法。该方法采用基于 R 树的空间索引结构 RDO 树索引不确定流数据对象,减少了流数据元组支配关系测试的搜索空间;同时利用一种区间编码策略将 n-of-N Skyline 查询转化为区间树上的刺探查询,降低了查询的时间开销。理论分析和实验结果表明,上述算法能够有效处理 n-of-N 流模型上的不确定 q-Skyline 查询。

针对不确定数据流上 n-of-N Skyline 查询的效率问题,ZHANG 等人提出了一种高效地减少流数据维护数目的预剪枝技术,将 d 维空间上 n-of-N Skyline 查询的空间开销缩减至 $O(\log^d N)$;同时采用新颖的编码策略和高效的更新技术进行概率 n-of-N Skyline 查询的计算处理,使得 n-of-N Skyline 查询的时间开销减少至 $O(d\log\log N + s)$,其中 d 指数据维度、s 指 Skyline 结果的数目。大量实验结果表明所设计方法能够有效支持快速不确定数据流上的实时 n-of-N Skyline 查询计算。

2.7 k-支配 Skyline 查询研究

在对高维数据进行查询时，一个数据对象支配另一个数据对象的可能性随着数据空间维度的增加而逐渐降低，这导致传统的 Skyline 查询结果规模太大而无法提供给用户有意义的信息。k-支配 Skyline 查询通过在 d 个维度属性中选取 k 个维度属性来重新定义"支配"概念，来提高数据对象之间形成"k-支配"关系的可能性，从而使得查询结果具有更好的决策支持作用。根据查询对象的不同，k-支配 Skyline 查询通常划分为数据集上的 k-支配 Skyline 查询和数据流上的 k-支配 Skyline 查询。

2.7.1 数据集的 k-支配 Skyline 查询

针对高维空间上 Skyline 查询结果集合过大的问题，CHAN 等人第一次阐述了 k-支配 Skyline 查询的概念并提出了计算 k-支配 Skyline 查询的 One-Scan 算法、Two-Scan 算法和 Sorted Retrieval 算法。One-Scan 算法使用与循环嵌套算法(loop nesting algorithm)相似的思想，只需对数据集进行一次扫描就可得到查询结果。Two-Scan 算法通过对数据集进行两次扫描来降低 k-支配 Skyline 查询计算的空间开销。Sorted Retrieval 算法在 k-支配 Skyline 计算过程中提前处理其他不属于 Skyline 结果的数据点，使得算法拥有了渐进性。大量的实验结果表明所设计算法能够高效处理数据集上的 k-支配 Skyline 查询。

针对已有数据集 k-支配 Skyline 查询算法所存在的不足，印鉴等人提出了一种基于索引的高效 k-支配 Skyline 查询算法。该算法通过建立两个索引表 Ability 和 Possibility，能够最大限度优化数据对象之间的支配关系测试；通过只建立两个索引表且不保留中间查询计算结果，大大降低了 k-支配 Skyline 查询的空间开销。大量的实验结果表明所设计算法在时间效率、空间复杂度和渐进性三个方面均得到了有效的改进。

针对已有集中式 k-支配 Skyline 查询方法效率低下的问题，SIDDIQUE 等人提出了一种大规模分布式环境下空间 k-支配 Skyline 查询处理的计算和维护算法。该算法将数据集划分映射到分布式计算节点上，同时以序列化的形式

保存 k-支配 Skyline 计算的目标。大量实验结果表明所设计算法能够高效处理数据集的 k-支配 Skyline 查询，并且可以应用到不同的数据分布上。

2.7.2　数据流的 k-支配 Skyline 查询

不同于数据集的 k-支配 Skyline 查询方法，数据流上的查询方法需要实时处理 k-支配 Skyline 查询并快速返回查询结果。典型地，廖再飞等人提出了一种滑动窗口模型下的不完全数据流的 k-支配 Skyline 查询算法。首先，该算法将全局滑动窗口划分为不同的桶，并计算桶中流数据元组的候选结果；其次，对所有桶中的候选结果进行计算处理从而得到查询结果；最后，以迭代处理的方式更新候选结果和最终的查询结果。实验结果表明，该算法不仅能够有效处理不完全数据流上的 k-支配 Skyline 查询计算，而且具有较高的查询性能。

针对已有 k-支配 Skyline 查询算法在时间效率和空间复杂性上的不足，MA 等人提出了一种基于双索引的不完全数据流的 k-支配 Skyline 查询算法。该算法通过建立有效的流数据索引来增强高维流数据之间的支配性，极大地降低了数据流上的 k-支配 Skyline 查询的空间开销。大量实验结果表明，与其他数据流上的 k-支配 Skyline 查询算法相比，所设计算法拥有更加出色的处理效率和查询性能。

2.8　本章小结

本章对当前并行 Skyline 查询技术、数据流 Skyline 查询技术、Skyline 团组查询技术，Top-k 支配 Skyline 查询、其他排序 Skyline 查询技术、n-of-N Skyline 查询技术，以及 k-支配 Skyline 查询技术的相关研究现状进行了详细的介绍和总结。特别地，本章对所涉及的 Skyline 查询研究进行了分类，并分析和对比了各类查询方法中比较典型的研究成果。

第 3 章

基于不确定偏好的 Skyline 查询

基于不确定偏好的查询在日常生活中很常见,因为在很多时候我们不能将用户的偏好定义为严格的偏序关系。在本章中我们将研究基于不确定偏好的 Skyline 查询。目前基于不确定偏好的 Skyline 查询最新的算法(Usky-base)尽管在性能上有着重大提升,但是存在两方面问题:(1)理论分析,算法的正确性没有被完整地证明;(2)效率,因为引入了容斥原理来计算 Skyline 概率,所以算法在计算大数据集上的 Skyline 概率时仍然需要大量的时间。为了解决这两方面问题,首先,我们详细分了 Usky-base 算法,并提供了一个完整的算法正确性证明;其次,我们提出了一个并行算法来计算 Skyline 概率;最后,我们扩展了算法,使得我们的算法可以应用在数据流环境下。

3.1 引　　言

Skyline 查询被广泛应用于多目标优化决策问题当中。自从 Skyline 问题被提出来之后,很多技术被开发出来用来加快 Skyline 查询的速度。这些技术包括 B-tree、R-tree、网格和空间填充曲线等。由于大量的应用比如传感器网络、RFID 网络和数据清理和抽取应用中产生了海量的不确定数据,如何高效计算基于不确定数据的 Skyline 成为数据库领域的研究重点。目前大多数有关 Skyline 概率的研究工作都是假设不确定性只存在于数据。基于这个假设数据集中的任何一个数据元组都有一定的概率 $p \in [0,1]$ 成为 Skyline 元组。然而,偏好关系上的不确定性普遍存在于人工智能、个性化系统和决策分析等应用中。

在日常生活中,用户的偏好关系是很难用严格的偏序模型来描述的,特别是在有分类信息的情况下。比如,让我们设想一个挑选餐厅的场景。一般来说,一个餐馆包括很多属性,比如餐厅的食物类型(素食、海鲜、牛排等),

餐厅的菜系(意大利菜、中国菜、日本菜、法国菜等)，餐厅的服务种类(点单、自助餐等)。对于一个用户 A 来说，相比海鲜他更喜欢素食，相比素食他更喜欢牛排，相比牛排他更喜欢海鲜。与数值化的属性比如距离、价格不同，用户的偏好关系在分类属性当中也许会出现环形或者矛盾。因此，分类信息的属性很难被定义成严格的偏序集合。一个可行的解决方案是通过当前的上下文环境或者用户之前的使用记录来确定用户在不同属性值之间的偏好概率。通过计算所有属性之间的偏好概率，我们可以得到一个餐厅相对于其他所有餐厅的偏好概率。一个餐厅的 Skyline 概率指的是没有其他餐厅能比这个餐厅更受到用户喜欢的概率。找出 Skyline 概率高的元组在推荐系统等领域是一件非常有意义的事情。

首先我们通过一个简单的例子来介绍如何计算基于不确定关系的 Skyline 概率。如图 3.1 所示，数据集中包含 3 个二维的数据元组。我们使用"＜"来表示元组和属性值之间的支配关系。比如，$a_1 < a_2$ 表明相对于 a_2，用户更偏好于 a_1。$P(a_1 < a_2)$ 用来表示 a_1 偏好于 a_2 的概率，$P(a_1 \leq a_2)$ 表示 a_1 偏好于或等于 a_2 的概率，我们得到以下公式：

Objects	A	B
O	a_1	b_1
Q^1	a_2	b_1
Q^2	a_2	b_2

$P(a_1 < a_2) = 0.5$
$P(a_2 < a_1) = 0.5$
$P(b_1 < b_2) = 0.5$
$P(b_2 < b_1) = 0.5$

图 3.1　基于不确定偏好关系的二维数据元组示例图

$$P(a_1 \leq a_2) = \begin{cases} 1, & a_1 = a_2 \\ P(a_1 < a_2), & a_1 \neq a_2 \end{cases}$$

在图 3.1 的数据集中我们假设 $a_1 \neq a_2$ 并且 $b_1 \neq b_2$。属性 A 包含的属性值两两之间的偏好概率都是 0.5，属性 B 同理。我们计算元组 O 成为 Skyline 的概率，$P_{sky}(O)$。根据文献[22]的计算方法，上述例子中的 $P_{sky}(O)$ 计算如下：

$$P_{sky}(O) = 1 - P(e_1) - P(e_2) + P(e_1 \cap e_2)$$

我们使用 e_i 表示事件 $Q^i < O$，那么 $P(e_i)$ 表示 e_i 发生的概率。如果我们假设不同维度之间属性值的偏好关系是相互独立的，那么事件的联合发生的概率可以如下计算。

$$P(e_1) = P(a_2 \leq a_1) \times P(b_2 \leq b_1) = 0.5$$

$$P(e_2) = P(a_2 \leq a_1) \times P(b_2 \leq b_1) = 0.25$$
$$P(e_1 \cap e_2) = P(a_2 \leq a_1) \times P(b_2 \leq b_1) = 0.25$$

所以，$P_{sky}(O) = 1 - [0.5] - [0.25] + [0.25] = 0.5$。显而易见，$P_{sky}(O) \neq (1 - P(e_1)) \times (1 - P(e_2)) = 0.375$。因此，在不确定偏好关系的查询中数据元组之间支配关系的独立性是不正确的。

据我们所知，现阶段所有与不确定偏好关系的算法都是串行算法并且都是基于容斥原理来计算 Skyline 概率。因此，当计算一个数据元组的 Skyline 概率的时候计算量都非常大，更不用说计算数据集中的所有数据元组的 Skyline 概率了。这个挑战促使我们设计一个高效的并行算法计算基于不确定偏好的 Skyline 概率。由于我们的问题是计算一个数据元组的 Skyline 概率，输出只有一个概率值。所以我们的问题不是 I/O 密集型问题。从本质上说我们的问题计算密集型需要大量的 CPU 资源。所以我们并行算法的加速比主要决定于并行处理器的数量。因为这个原因，多核处理器非常适合用来并行我们的算法。此外，我们在设计并行算法的时候还需要最小化并行进程之间的通信开销，这是因为进程需要停止计算等待接收消息，所以我们采用了分而治之的策略。我们将工作量划分为相互独立的部分。因此，所有的并行进程在计算过程中不需要和其他进程通信，这大大提升了我们并行算法的加速比。

3.2　问 题 定 义

假设一个数据集 D 由 $n+1$ 个 d 维数据元组组成，O 和 $Q^i(1 \leq i \leq n)$，我们的目标是计算元组 O 在 Skyline 的概率。

以两个分类属性值 a 和 b 为例，我们使用 $a<b$ 指代 a 偏好于 b。a 和 b 之间的基于不确定偏好的概率模型在文献[22]中定义如下：

$$P(a<b) + P(b<a) \leq 1$$

如果 a 等于 b，那么 $P(a \leq b) = P(b \leq a) = 1$。

给定数据集 D 中的两个数据元组 O 和 Q^i，并且 $Q^i \neq O$，Q^i 支配 $O(Q^i < O)$，当且仅当 Q^i 在任何一个维度上偏好于或等于 O 并且至少在一个维度上偏好于 O。我们使用 e_i 标记事件 $Q^i<O$。$O_j(Q^i_j)$ 用来指代在第 j 个维度上的

属性值。事件 e_i 发生的概率是所有属性偏好的联合概率：

$$P(e_i) = P((Q_1^i \leq O_1) \cap \cdots \cap (Q_d^i \leq O_d)) \qquad (3.1)$$

$$P(e_i) = P(\bigcap_{j=1}^{d}(Q_j^i \leq O_j))$$

如果 Q^i 和 $P(a_1 < a_2) = P(a_2 < a_1) = 0.5$ 在所有属性上都相等，那么 Q^i 不能支配 O，因此 Q^i 支配 O 的概率为零。所以我们得到 $P(e_i) = 0$，如果 $Q^i = O$。

因为在不同维度中的属性值偏好关系是相互独立的，这一假设在多维度数据分析中是一个通用的假设，所以我们得到：

$$P(e_i) = P(Q_1^i \leq O_1) \times \cdots \times P(Q_d^i \leq O_d)$$

$$P_{sky}(O) = 1 - [1.5] + [1.25] - [0.6875] + [0.257813]$$
$$- [0.0625] + [0.0078125] = 0.265625 \qquad (3.2)$$

数据元组 O 的 Skyline 概率，被标记为 $P_{sky}(O)$，是元组 O 不被其他元组所支配的概率。$P_{sky}(O)$ 计算方法如下：

$$P_{sky}(O) = P(\bigcap_{i=1}^{n}\overline{e_i}) = 1 - P(\bigcup_{i=1}^{n}e_i) \qquad (3.3)$$

定义 $\Theta = \{Q^1, Q^2, \cdots, Q^n\}$，同时 O 不属于 Θ。2^Θ 代表 Θ 的幂集。I 是一个元组的集合，同时 $I \subseteq \Theta$。E_I 表示 $|I|$ 个事件的交集，我们得到：

$$E_I = \bigcap_{Q^i \in I} e_i$$

通过容斥原理，公式(3.3)可以化简为：

$$P_{sky}(O) = 1 + \sum_{k=1}^{n}(-1)^k \sum_{I \subseteq \Theta, |I|=k} P(E_I) \qquad (3.4)$$

例如在图 3.1 中，元组 O 在 Skyline 中的概率通过下式计算：

$$P_{sky}(O) = 1 - (P(e_1) + P(e_2)) + P(e_1 \cap e_2)$$

对于 $I \subseteq \Theta$，$\text{distinct}(O; I, j)$ 用来表示所有在 I 中的元组在第 $j(1 \leq j \leq d)$ 个维度上与 O 的属性值不相同的集合。

$$\text{distinct}(O; I, j) = \{a \mid a = Q_j^i \text{ for } Q^i \in I \text{ and } a \neq O_j\}$$

考虑所有 d 个维度，我们得到：

$$\text{distinct}(O; I) = \bigcup_{j=1}^{d} \text{distinct}(O; I, j)$$

$P(E_I)$ 可以被化简为：

$$P(E_I) = P(\bigcap_{j=1}^{d} \bigcap_{v \in \text{distinct}(O;I,j)} (v \leq O_j)) \qquad (3.5)$$

基于不同维度之间的偏好关系是相互独立的这一假设，公式（3.5）可以化简为：

$$P(E_l) = \prod_{j=1}^{d} \prod_{v \in \text{distinct}(O;l,j)} P(v \le O_j) \qquad (3.6)$$

通过公式（3.6），我们得到当计算 $P(E_l)$ 和 $P(e_i)$ 时，只有与 O 不同的属性值才被用到。比如在图3.1中，Q^1 和 O 在维度 B 上有着相同的属性值，所以我们只需要考虑在维度 A 上的属性值。因此，$P(e_1) = P(a_2 \le a_1) = 0.5$。更进一步，如果一个数据元组 Q^i 与 O 在所有维度上的值都相等，那么 distinct$(O;\{Q^i\}) = \emptyset$。因此，$P(e_i) = 0$。这和我们之前的声明：当 $Q^i = O$ 时，$P(e_i) = 0$ 是一致的。

另一个需要考虑的特殊例子是用户对两个不同的属性值偏好相同的情况。比如说，用户在所有情况下都对中国餐厅和日本餐厅同样喜爱，那么中国餐厅和日本餐厅就是同等偏好属性值。如果 Q_j^i 和 O_j 是同等偏好属性值，那么在第 j 个维度的偏好关系不会影响 $P(e_i)$ 的值。因此，当 Q^i 和 O_j 是同等偏好的属性值时，我们可以从 distinct$(O;\{Q^i\},j)$ 删除 Q^i。更进一步，如果 Q^i 和 O 在所有维度上都是同等偏好属性值，那么 distinct$(O;\{Q^i\}) = \emptyset$。这就表明了 $Q^i < O$ 的概率为零。这与当 Q^i 在所有维度上都和 $P_{sky}(O)$ 是同等偏好的属性值，那么 Q^i 不能支配 O 的事实是相一致的。

3.3 基于前缀的 k 层吸收技术

3.3.1 算法的理论基础

例3.3.1 假设在数据集 D 中有7个7维数据元组（表3.1），在 A、B、C、D、E、F 和 G 中所有属性值之间的偏好概率都假设为0.5。比如，在属性 A 中的属性值的偏好概率为 $P(a_1 < a_2) = P(a_2 < a_1) = 0.5$。根据公式（3.4）和公式（3.6），$O$ 相对于 $\{Q^1, Q^2, Q^3, Q^4, Q^5, Q^6\}$ 的 $P_{sky}(O)$ 计算如下：

表3.1 数据集 D

Objects	A	B	C	D	E	F	G
O	a_1	b_1	c_1	d_1	e_1	f_1	g_1

续表

Objects	A	B	C	D	E	F	G
Q^1	a_2	b_1	c_1	d_1	e_1	f_2	g_1
Q^2	a_1	b_2	c_2	d_1	e_1	f_1	g_1
Q^3	a_1	b_2	c_1	d_2	e_1	f_1	g_1
Q^4	a_1	b_1	c_1	d_2	e_2	f_1	g_1
Q^5	a_1	b_1	c_1	d_1	e_1	f_2	g_2
Q^6	a_1	b_1	c_1	d_1	e_2	f_1	g_2

$$P_{sky}(O) = 1 - \sum_{i=1}^{6} P(e_i) + \sum_{i,j=1,i<j}^{6} P(e_i \cap e_j)$$
$$- \sum_{6} P(e_i \cap e_j \cap e_k) + \sum_{6} P(e_i \cap e_j \cap e_k \cap e_l) \quad (3.7)$$
$$- \sum_{6} P(e_i \cap e_j \cap e_k \cap e_l \cap e_r)$$
$$+ P(e_1 \cap e_2 \cap e_3 \cap e_4 \cap e_5 \cap e_6)$$

在计算 $P_{sky}(O)$ 的过程中，我们需要计算所有的联合概率 $P(E_I)$。$P(E_I)$ 可以通过公式(3.6)计算得到。比如，如果 $I = \{Q^3, Q^4\}$ 并且 $j = 2$(属性 B)，那么我们可以得到 distinct($O; \{Q^3, Q^4\}, 2) = \{b_2\}$。如果我们考虑所有的维度我们可以得到 distinct($O; \{Q^3, Q^4\}) = \{b_2, d_2, e_2\}$。因此，$P(E_{\{Q^3,Q^4\}})$ 可以通过下式计算：

$$P(E_{\{Q^3,Q^4\}}) = P(e_3 \cap e_4)$$
$$= P(b_2 \leq b_1) \times P(d_2 \leq d_1) \times P(e_2 \leq e_1) = 0.125$$

根据公式(3.4)可得到：

$$P_{sky}(O) = 1 - [1.5] + [1.25] - [0.6875] + [0.257813]$$
$$- [0.0625] + [0.0078125] = 0.265625$$

在应用公式(3.4)计算 $P_{sky}(O)$ 的过程中，我们发现一部分计算项的结果为零。比如：

$0 = [P(e_1 \cap e_6)]$
$- [P(e_1 \cap e_2 \cap e_6) + P(e_1 \cap e_3 \cap e_6) + P(e_1 \cap e_4 \cap e_6) + P(e_1 \cap e_5 \cap e_6)]$
$+ [P(e_1 \cap e_2 \cap e_3 \cap e_6) + P(e_1 \cap e_2 \cap e_4 \cap e_6) + P(e_1 \cap e_2 \cap e_5 \cap e_6)$
$+ P(e_1 \cap e_3 \cap e_4 \cap e_6) + P(e_1 \cap e_3 \cap e_5 \cap e_6) + P(e_1 \cap e_4 \cap e_5 \cap e_6)] \quad (3.8)$
$- [P(e_1 \cap e_2 \cap e_3 \cap e_4 \cap e_6) + P(e_1 \cap e_2 \cap e_3 \cap e_5 \cap e_6)$
$+ P(e_1 \cap e_2 \cap e_4 \cap e_5 \cap e_6) + P(e_1 \cap e_3 \cap e_4 \cap e_5 \cap e_6)]$
$+ P(e_1 \cap e_2 \cap e_3 \cap e_4 \cap e_5 \cap e_6)$

这部分计算项被定义为零贡献集合。

定义 3.1 （晶格）一个幂集的晶格(lattice)表示为$[\alpha, \beta]$，使用"$\subseteq$"作为晶格中元素之间的偏序关系，α和β代表晶格中唯一的下确界和上确界。因此，幂集2^Θ可以表示为$[\varnothing, \Theta]$。更进一步，如果$\alpha \not\subseteq \beta$，那么$[\alpha, \beta]=\varnothing$。

注意到$[\varnothing, \Theta]$中的一个元素对应着公式(3.4)中的一项。比如，$\{Q^1, Q^6\}$对应着$P(E_I)$其中$I=\{Q^1, Q^6\}$。为了方便描述，我们使用编号代替元组来描述$[\varnothing, \Theta]$中的一个元素。比如，$\{1, 6\}$代表$\{Q^1, Q^6\}$、$\{1, 2, 3, 4, 5, 6\}$代表$\{Q^1, Q^2, Q^3, Q^4, Q^5, Q^6\}$。因此，$\{1, 6\}$对应着$P(e_1 \cap e_6)$，$\{1, 2, 3, 4, 5, 6\}$对应着$P(e_1 \cap e_2 \cap e_3 \cap e_4 \cap e_5 \cap e_6)$。为了表达方便，我们不加区分地使用晶格的元组和其对应的计算项。

定义 3.2 （零贡献集合）幂集$[\varnothing, \Theta]$的一个子集被称作相对于O的零贡献集合，当且仅当这个子集中所有的元素按照公式(3.4)计算之后对最终的结果没有贡献。这个子集对应的所有项之和为零。

比如，根据公式(3.8)，可得到$[\{1, 6\}, \{1, 2, 3, 4, 5, 6\}]$是一个零贡献集合。本章中常用符号的归纳总结如表3.2所示。

表 3.2　常用符号含义表

符号	含义
D	d维数据集
d	维度数
O, Q^i	D中$n+1$不同的数据元组
$O_j(Q_j^i)$	$O(Q^i)$在第j个维度上的属性值
Θ	$\Theta=\{Q^1, Q^2, \cdots, Q^n\}$
distinct$(O; S)$	$\bigcup_{j=1}^{d}$distinct$(O; S, j)$
$<$	偏好关系、支配关系
e_i	元组支配事件$Q^i<O$
E_I	事件的交集$\{e_i\}, Q^i \in I$
base level	第一层
Φ	经过底层吸收之后Θ中剩下的元组
label	一个L位长的二进制数

续表

符号	含义
L	一个标签的长度
Tail	Φ 中除了前 L 个数据元组
lattice$_i$	经过吸收之后剩余的标签为 i 的项
bin$_i[Q]$	被 Q 吸收的标签为 i 的项

命题 3.1 对于任意的非空集合 $S \subsetneq \Theta$,如果 distinct$(O;S)$ = distinct$(O;S\cup\{x\})$ 并且 $x \notin S(x \in \Theta)$,那么是一个零贡献集合。

证明:如果 distinct$(O;S)$ = distinct$(O;S\cup\{x\})$,那么对于任意一个 $S \subseteq S'$,我们可以得到 distinct$(O;S')$ = distinct$(O;S'\cup\{x\})$。根据公式(3.4),S' 和 $S'\cup\{x\}$ 的联合概率的符号相反,因此当一起考虑的时候它们的总体贡献为零。在 $[S,\Theta]$ 中的所有元素可以被划分为二元组 S' 和 $S'\cup\{x\}$,在计算 $P_{sky}(O)$ 的过程中晶格 $[S,\Theta]$ 的总体贡献为零。

在例 3.3.1 中,当 $S=\{1,6\}$、$x=Q^5$ 时,我们得到 distinct$(O;\{1,6\})$ = distinct$(O;\{1,6\}\cup\{5\})$ = a_2,e_2,f_2,g_2,那么 $[\{1,6\},\{1,2,3,4,5,6\}]$ 可以被划分为 8 个 S' 和 $S'\cup\{Q^5\}$ 的二元组,如图 3.2 所示。对于每一个二元组我们得到 $P(E_{S'}) + (-1) \times P(E_{S'\cup\{Q^5\}}) = 0$,因此 $[\{1,6\},\{1,2,3,4,5,6\}]$ 是一个零贡献集合。同时我们发现 $[\{1,2,4\},\{1,2,3,4,5,6\}]$、$[\{2,4\},\{1,2,3,4,5,6\}]$ 和 $[\{3,6\},\{1,2,3,4,5,6\}]$ 也是零贡献集合。然而,这些零贡献集合的并集的贡献不为零。因此,我们不能简单将所有的零贡献集合都从幂集 2^Θ 中移除。文献[23]通过研究零贡献集合交集的属性来解决这个问题。

S'	$\{1,6\}$	$\{1,2,6\}$	$\{1,3,6\}$	$\{1,4,6\}$
$S'\cup\{x\}$	$\{1,5,6\}$	$\{1,2,5,6\}$	$\{1,3,5,6\}$	$\{1,4,5,6\}$
S'	$\{1,2,3,6\}$	$\{1,2,4,6\}$	$\{1,3,4,6\}$	$\{1,2,3,4,6\}$
$S'\cup\{x\}$	$\{1,2,3,5,6\}$	$\{1,2,4,5,6\}$	$\{1,3,4,5,6\}$	$\{1,2,3,4,5,6\}$

图 3.2 划分一个零贡献集合为 S' 和 $S'\cup\{x\}$ 组成的二元组

定义 3.3 (退化交集)两个相交的晶格 $[\alpha,\beta]$ 和 $[\alpha',\beta']$ 有退化的交集,当且仅当 $\alpha\cup\alpha' = \beta\cap\beta'$。

简单来说，如果这个交集只有一个元素，那么这个交集就是一个退化交集。m 个晶格的交集 $[\alpha^i, \beta^i]$，$(1 \leq i \leq m)$ 也是一个晶格表示为 $[\cup_i \alpha^i, \cap_i \beta_i]$。当 $\cup_i \alpha^i = \cap_i \beta_i$ 时它是一个退化交集。根据定义 3.3，文献[23]给出了以下结论：

命题 3.2 当一些零贡献集合的交集不是退化交集的时候，这些零贡献集合的并集是零贡献集合。

文献[23]并没有给出这个结论的正规证明。这个结论被解释为因为在非退化交集中有偶数个项，50%的项在偶数层其他的项在奇数层。通过命题 3.1 和相关性质可以推导出来两个零贡献集合的非退化交集也是一个零贡献集合。

为了避免产生退化交集，文献[23]将吸收过程限制于基于前缀的 k 层吸收。

定义 3.4 （基于前缀的 k 层吸收）$S \not\subseteq \Theta$，$S = \{i_1, i_2, \cdots, i_{k-1}\}$（$|S|= k-1$）并且 $i_1 < i_2 < \cdots < i_{k-1}$。假设 Q^x 和 Q^y 的序号 $y, x > i_{k-1}$。如果 $\text{distinct}(O; S \cup \{y\}) = \text{distinct}(O; S \cup \{x, y\})$，那么 Q^x 被 Q^y 在第 k 层基于前缀 S 吸收。

如果 Q^x 吸收在第 k 层基于前缀 S 吸收 Q^y，那么对于 O 的零贡献集合被修改为 $[S \cup \{y\}, S \cup \Theta_S]$，其中 $\Theta_S = \{i_{k-1}+1, i_{k-1}+2, \cdots, n\}$。

比如，由于 $\text{distinct}(O; \{2\} \cup \{4\}) = \text{distinct}(O; \{2\} \cup \{3, 4\})$，我们称 tQ^3 在第 2 层基于前缀 $S = \{2\}$ 吸收 Q^4。于是可得到 $S = \{2\}$、$y = 4$、$x = 3$、$i_{k-1} = 2$ 和 $\Theta_S = \{3, 4, 5, 6\}$。因此，$[\{2, 4\}, \{1, 2, 3, 4, 5, 6\}]$ 被修改为 $[\{2, 4\}, \{2, 3, 4, 5, 6\}]$。明显，$[\{2, 4\}, \{2, 3, 4, 5, 6\}]$ 可以被划分为 4 个 S' 和 $S' \cup \{Q^3\}$ 的二元组，其中 $\{2, 4\} \subseteq S'$。因此 $[\{2, 4\}, \{2, 3, 4, 5, 6\}]$ 是一个零贡献集合。在例 3.3.1 中的零贡献集合可以被修改为 $[\{1, 6\}, \{1, 2, 3, 4, 5, 6\}]$，$[\{1, 2, 4\}, \{1, 2, 3, 4, 5, 6\}]$、$[\{2, 4\}, \{2, 3, 4, 5, 6\}]$ 和 $[\{3, 6\}, \{3, 4, 5, 6\}]$。

文献[23]声称在基于前缀的 k 层吸收过程中退化交集被避免了。因此，它们提出了下面的命题也是文献[23]中的引理 6。

命题 3.3 通过基于前缀的 k 层吸收过程所吸收的零贡献集合不会有退化交集。当 $S \neq S'$ 时晶格 $[S \cup \{y\}, S \cup \Theta_S]$ 和 $[S' \cup \{y'\}, S' \cup \Theta_{S'}]$ 不相交，因

此不会有退化集合。

上述的定义和分析时文献[23]中算法的理论基础。然而，我们发现其中的一些命题是不成立的。所以我们在下一小节中将仔细分析文献[23]这篇文章。

3.3.2 算法理论基础的不完整性

我们通过下述例子来说明命题3.2的不完整性。

例3.3.2 在例3.3.1中，$[\{2,4\},\{1,2,3,4,5,6\}]$和$[\{3,6\},\{1,2,3,4,5,6\}]$是零贡献集合。这两个集合的交集是$[\{2,3,4,6\},\{1,2,3,4,5,6\}]$。很明显，这是一个非退化交集。这个交集中有四个元素，分别是$\{2,3,4,6\}$，$\{1,2,3,4,6\}$，$\{2,3,4,5,6\}$和$\{1,2,3,4,5,6\}$。可得到：

$\text{distinct}(O;\{2,3,4,6\}) = \{b_2, c_2, d_2, e_2, g_2\}$

$\text{distinct}(O;\{1,2,3,4,6\}) = \{a_2, b_2, c_2, d_2, e_2, f_2, g_2\}$

$\text{distinct}(O;\{2,3,4,5,6\}) = \{b_2, c_2, d_2, e_2, f_2, g_2\}$

$\text{distinct}(O;\{1,2,3,4,5,6\}) = \{a_2, b_2, c_2, d_2, e_2, f_2, g_2\}$

根据公式(3.4)，这个交集的贡献是：

$[P(e_2 \cap e_3 \cap e_4 \cap e_6)] - [P(e_1 \cap e_2 \cap e_3 \cap e_4 \cap e_6)$
$+ P(e_2 \cap e_3 \cap e_4 \cap e_5 \cap e_6)] + [P(e_1 \cap e_2 \cap e_3 \cap e_4 \cap e_5 \cap e_6)]$

$= \dfrac{1}{32} - \left(\dfrac{1}{128} + \dfrac{1}{64}\right) + \dfrac{1}{128}$

$= \dfrac{1}{64} \neq 0$

因此，$[\{2,4\},\{1,2,3,4,5,6\}]$和$[\{3,6\},\{1,2,3,4,5,6\}]$的并集不是零贡献集合。

这个反例说明了尽管零贡献集合的交集有偶数个元素，但是它们不能被划分为满足$\text{distinct}(O;S') = \text{distinct}(O;S' \cup \{x\})$的$S'$和$S' \cup \{x\}$的二元组。因此，这个交集的贡献不为零。所以命题3.2是不正确的。

根据定义3.4我们知道零贡献集合是在不同的层上被剪枝的。命题3.3也是文献[23]中的引理6仅仅证明了在同一层中（$|S|=|S'|$）被剪枝的零

贡献集合没有交集。然而，在不同层中($|S| \neq |S'|$)被剪枝的零贡献集合可能不是空集。我们给出的例子如下：

例 3.3.3 在例 3.3.1 中，Q^5 在第 2 层基于前缀 $\{Q^1\}$ 吸收了 Q^6，Q^3 在第 3 层基于前缀 $\{Q^1, Q^2\}$ 吸收了 Q^4，所以 $[\{1, 6\}, \{1, 2, 3, 4, 5, 6\}]$ 和 $[\{1, 2, 4\}, \{1, 2, 3, 4, 5, 6\}]$ 是零贡献集合。显然，$\{Q^1\} \neq \{Q^1, Q^2\}$。然而，$[\{1, 6\}, \{1, 2, 3, 4, 5, 6\}]$ 和 $[\{1, 2, 4\}, \{1, 2, 3, 4, 5, 6\}]$ 的交集是 $[\{1, 2, 4, 6\}, \{1, 2, 3, 4, 5, 6\}]$。显然这个交集不是空集。

在文献[23]中没有证明在不同层中被剪枝的零贡献集合的总贡献为零。

上述讨论表明了在文献[23]中的理论分析不足以证明基于前缀 k 层吸收算法的正确性。我们将在下一小节中给出基于前缀的 k 层吸收算法正确性的完整证明。这个完整的证明并不是显而易见的，相反这个证明是很有技巧性的。

3.3.3　算法正确性的完整证明

对于一个算法来说正确性是最重要的，在这一章中我们给出了基于前缀 k 层吸收算法的一个详细的证明。我们首先通过例 3.3.1 解释了计算项是如何产生和吸收的。

我们使用数据元组的序号来代替这个元组。比如，x 代表 Q^x。由于一个条目对应着一个元组的集合，我们假设一个条目中的元组都是按照元组的序号的升序排列的。比如，$\{1, 2\}$ 和 $\{1, 2, 3\}$ 都是条目。为了配合基于前缀的 k 层吸收算法，我们按照以下规则生成条目：如果一个条目被吸收了，那么相应零贡献集合中的其他条目将不会被产生。我们通过第 k 层的条目生成第 $k+1$ 层的条目：对于任意两个条目 S 和 S' 在第 k 层，如果 $S[1: k-1] = S'[1: k-1]$，那么 $S \cup S'$ 在第 $k+1$ 层被产生。比如，在例 3.3.1 中，$\{1\}$ 和 $\{2\}$ 都在第 1 层，由于 $\{1\}[1: 0] = \{2\}[1: 0] = \varnothing$，那么 $\{1, 2\}$ 在第 2 层被产生；由于 $\{1, 2\}$ 和 $\{1, 3\}$ 在第 2 层，所以 $\{1, 2, 3\}$ 在第 3 层产生。当 x 基于前缀 S 吸收了 y 时，我们将 $S \cup \{y\}$ 插入 bin$[x]$。我们使用 lattice$[i]$ 来指代第 i 层的晶格。

如图3.3所示，例3.3.1中基于前缀的k层吸收算法是如何运行的。由于没有条目在第1层被吸收，所以第1层的条目为\{1\}，\{2\}，\{3\}，\{4\}，\{5\}和\{6\}。于是在第2层生成新的条目。由于Q^6被Q^4在第2层基于前缀\{3\}吸收，所以我们将\{3,6\}插入bin[4]，同时将\{3,6\}从lattice[2]移除。因此，\{3,4,6\}和\{3,5,6\}不会在第3层上产生，\{3,4,5,6\}不会在第4层上产生。所以，在\{3,6\}被吸收后，相应零贡献集合[\{3,6\}，\{3,4,5,6\}]中的其他条目将不会被产生。当在第2层上完成基于前缀的k层吸收之后，\{1,6\}，\{2,4\}，\{3,6\}，和\{\{4,5\}从lattice[2]中移除。接下来，第3层中的条目开始生成。当没有新的条目产生时，我们使用剩余的条目来计算Skyline概率。

12 13 14 15 16 23 24 25 26 34 35 36 45 46 56	lattice[2]
1 2 3 4 5 6	lattice[1]

123 124 125 134 135 145 235 236 256 345	lattice[3]
12 13 14 15 23 25 26 34 35 46 56	lattice[2]
1 2 3 4 5 6	lattice[1]
bin[3]：24 bin[4]：36 bin[5]：16 bin[6]：45	

1235 1345 2356	lattice[4]
123 125 134 135 145 235 236 256 345	lattice[3]
12 13 14 15 23 25 26 34 35 46 56	lattice[2]
1 2 3 4 5 6	lattice[1]
bin[3]：24, 124 bin[4]：36 bin[5]：16 bin[6]：45	

图3.3 基于前缀的k层吸收示意图

引理3.1 如果x基于前缀S在第$k(|S\cup\{x\}|=k)$层被吸收，那么相应零贡献集合$[S\cup\{x\}, S\cup\Theta_S]$中剩余的条目将不会被产生。

证明：由于条目是基于前缀S被吸收的，如果$S\cup\{x\}$被吸收了，那么对于任意条目$S\cup S'(x\in S'$并且$S'\subseteq\Theta_S)$将不会被产生。因此，零贡献集合$[S\cup\{x\}, S\cup\Theta_S]$中剩余的条目将不会被产生。

定义3.5 （被吸收的零贡献集合）一个零贡献集合$[S\cup\{x\}, S\cup\Theta_S]$被称为是被吸收的零贡献集合，当且仅当在基于前缀的$k$层吸收过程中$S_i\cup\{x_i\}\subseteq S_j\cup\{x_i\}\subseteq S_i\cup\Theta_{S_i}$确实被基于前缀$S$吸收了（算法3.3）。

引理 3.2 当在基于前缀的 k 层吸收过程中，x 确实基于前缀 S 吸收了 y，那么 $S\cup\{y\}$ 和 $S\cup\{x\}$ 在同一事件不会都存在于被吸收的零贡献集合里面。

证明： 如果 $S\cup\{x\}$ 或者 $S\cup\{y\}$ 在同一时间属于被吸收的零贡献集合，那么根据引理 3.1 可知，$S\cup\{x\}$ 或者 $S\cup\{y\}$ 将不会产生。因此，在基于前缀的 k 层吸收过程中 x 基于前缀 S 吸收 y 将不会确实发生。

引理 3.3 对于两个集合 S，$S' \not\subseteq \Theta$，$S \not\subseteq S'$ 并且 $S' \not\subseteq S$，如果相应的两个零贡献集合 $[S\cup\{x_j\}, S\cup\Theta_S]$ 和 $[S'\cup\{x_k\}, S'\cup\Theta_{S'}]$ 在基于前缀的 k 层吸收过程中被吸收，那么它们没有交集。

证明： 假设 $S=\{i_1, i_2, \cdots, i_s\}$ 并且 $S'=\{i_1', i_2', \cdots, i_{s'}'\}$。因为 $S \not\subseteq S'$ 并且 $S' \not\subseteq S$，假设元组 $t \in S$，$t \notin S'$ 并且 $t' \in S'$，$t' \notin S$。那么得到 $\{t, t'\} \subseteq S \cup S'$。如果 $\{t, t'\} \subseteq S\cup\Theta_S$，那么 $t' \in \Theta_S$。根据 Θ_S 的定义，可得到 $t' > i_s$。因为 $t' \in S'$，可得到 $i_{s'}' \geq t'$，所以，如果 $\{t, t'\} \subseteq S\cup\Theta_S$，那么 $i_{s'}' > i_s$。更进一步，同理，可以证明：如果 $\{t, t'\} \subseteq S'\cup\Theta_{S'}$，那么 $i_s > i_{s'}'$。因为 $i_{s'}' > i_s$ 和 $i_s > i_{s'}'$ 不会同时发生，所以 $\{t, t'\} \subseteq S\cup\Theta_S$ 和 $\{t, t'\} \subseteq S'\cup\Theta_{S'}$ 也不会同时发生。因此，$\{t, t'\} \not\subseteq (S\cup\Theta_S) \cap (S'\cup\Theta_{S'})$。因为 $\{t, t'\} \subseteq S\cup S' \cup \{x_j, x_k\}$，所以 $[S\cup\{x_j\}, S\cup\Theta_S]$ 和 $[S'\cup\{x_k\}, S'\cup\Theta_{S'}]$ 没有交集。

比如，$[\{3, 6\}, \{3, 4, 5, 6\}]$ 和 $[\{1, 6\}, \{1, 2, 3, 4, 5, 6\}]$ 的交集是一个空集。

引理 3.4 对于任意的 m 个集合 $S_1 \subseteq S_2 \subseteq \cdots \subseteq S_m \not\subseteq \Theta$，如果相对应的 m 个零贡献集合 $[S_i\cup\{x_i\}, S_i\cup\Theta_{S_i}] (1\leq i \leq m)$ 按照 1 到 m 的顺序被吸收，那么它们的交集是一个零贡献集合。

证明： 假设 x_i 被 z_i 基于前缀 S_i 吸收，那么 $z_i \in \Theta_{S_i}$ 并且 $z_i \neq x_i$。上述零贡献集合的交集是 $[\{\bigcup_{i=1}^{m}(S_i\cup\{x_i\})\}, \{\bigcap_{i=1}^{m}(S_i\cup\Theta_{S_i})\}]$。$\bigcup_{i=1}^{m}(S_i\cup\{x_i\})$ 和 $\bigcap_{i=1}^{m}(S_i\cup\Theta_{S_i})$ 有两种关系。

第一种情况是 $\bigcup_{i=1}^{m}(S_i\cup\{x_i\}) \not\subseteq \bigcap_{i=1}^{m}(S_i\cup\Theta_{S_i})$。因此，这个交集是一个空集。比如，如图 3.3 所示，$[\{2, 4\}, \{2, 3, 4, 5, 6\}]$ 和 $[\{1, 2, 4\}, \{1, 2, 3, 4, 5, 6\}]$ 的交集是一个空集。

第二种情况是 $\bigcup_{i=1}^{m}(S_i\cup\{x_i\}) \subseteq \bigcap_{i=1}^{m}(S_i\cup\Theta_{S_i})$。那么对于任意的 $S_i (1\leq i \leq m)$，可得到 $S_m\cup\{x_1, x_2, \cdots, x_m\} \subseteq S_i\cup\Theta_{S_i}$。因为零贡献集合是按照 1 到

m 的顺序被吸收的，根据引理 3.2 我们得到：如果 $i<j$，那么 $S_j\cup\{x_j\}\notin[S_i\cup\{x_i\}$，$S_i\cup\Theta_{S_i}]$ 并且 $S_j\cup\{z_j\}\notin[S_i\cup\{x_i\}$，$S_i\cup\Theta_{S_i}]$。$S_i\cup\{x_i\}$ 和 $S_j\cup\{x_j\}$ 之间有两种关系。

Case 1：如果 $S_i\cup\{x_i\}\subseteq S_j\cup\{x_j\}$，由于 $S_j\cup\{x_j\}\notin[S_i\cup\{x_i\}$，$S_i\cup\Theta_{S_i}]$，所以 $S_j\cup\{x_j\}\nsubseteq S_i\cup\Theta_{S_i}$。因此，$S_m\cup\{x_1, x_2, \cdots, x_m\}\nsubseteq S_i\cup\Theta_{S_i}$。得到 $\bigcup_{i=1}^{m}(S_i\cup\{x_i\})\nsubseteq \bigcap_{i=1}^{m}(S_i\cup\Theta_{S_i})$，这与第二种情况的前提条件相矛盾，这种情况不存在。

Case 2：如果 $S_i\cup\{x_i\}\nsubseteq S_j\cup\{x_j\}$，因为 $S_i\subseteq S_j$，那么 $x_i\notin S_j\cup\{x_j\}$。因为 $S_i\cup\{x_i\}$ 是晶格 $[S_i\cup\{x_i\}$，$S_i\cup\Theta_{S_i}]$ 的下确界，所以对于任意的元素 S^* in $[S_i\cup\{x_i\}$，$S_i\cup\Theta_{S_i}]$，得到 $x_i\in S^*$。因此，$S_j\cup\{x_j\}$ 不属于 $[S_i\cup\{x_i\}$，$S_i\cup\Theta_{S_i}]$。

根据第二种情况的前提条件，我们知道 $S_m\cup\{x_1, x_2, \cdots, x_m\}\subseteq S_i\cup\Theta_{S_i}$，所以 $S_j\cup\{x_j\}\subseteq S_i\cup\Theta_{S_i}$。因此，$S_i\cup\{x_i\}\subseteq S_j\cup\{x_j\}\subseteq S_i\cup\Theta_{S_i}$。这表明 $S_j\cup\{x_j\}$ 已经在被吸收的零贡献集合 $[S_i\cup\{x_i\}$，$S_i\cup\Theta_{S_i}]$ 中了。根据引理 3.2，x_i 不会基于前缀 S_j 吸收 x_i。所以，得到 $z_j\neq x_i(1\leqslant i<j)$。当基于前缀的 k 层吸收按照顺序 1 to m 发生时，得到 $z_m\notin\{x_1, x_2, \cdots, x_{m-1}\}$。

由于 $S_1\subseteq S_2\subseteq\cdots\subseteq S_m\nsubseteq\Theta$，可得到 $\Theta_{S_m}\subseteq\Theta_{S_i}(1\leqslant i<m)$，所以 $z_m\in\bigcap_{i=1}^{m}(\Theta_{S_i})$。因此，$z_m\in\bigcap_{i=1}^{m}(S_i\cup\Theta_{S_i})$。因为 z_m 基于前缀 S_m 吸收 x_m，那么 distinct$(O;\ S_m\cup\{x_m\})=$distinct$(O;\ S_m\cup\{z_m, x_m\})$。所以，distinct$(O;\ S_m\cup\{x_1, x_2, \cdots, x_m\})=$distinct$(O;\ (S_m\cup\{x_1, x_2, \cdots, x_m\})\cup\{z_m\})$ ($z_m\notin\{x_1, x_2, \cdots, x_m\}\cup S_m$)。使用 $S_m\cup\{x_1, x_2, \cdots, x_m\}$ 指代 S，那么对于任意的 S' ($S\subseteq S'$) 可得到 distinct$(O;\ S')=$distinct$(O;\ S'\cup\{z_m\})$。根据公式 3.4 可知，S' and $S'\cup\{z_m\}$ 的联合概率是零。因为 $z_m\in\bigcap_{i=1}^{m}(S_i\cup\Theta_{S_i})$，$[\{\bigcup_{i=1}^{m}(S_i\cup\{x_i\})\}$，$\{\bigcap_{i=1}^{m}(S_i\cup\Theta_{S_i})\}]$ 可以被划分为 S' 和 $S'\cup\{z_m\}$ 组成的二元组。因此，交集 $[\{\bigcup_{i=1}^{m}(S_i\cup\{x_i\})\}$，$\{\bigcap_{i=1}^{m}(S_i\cup\Theta_{S_i})\}]$ 的贡献为零。

比如，如图 3.3 所示，$[\{1, 6\}, \{1, 2, 3, 4, 5, 6\}]$ 和 $[\{1, 2, 4\}, \{1, 2, 3, 4, 5, 6\}]$ 都是被吸收的零贡献集合。Q^5 基于前缀 $\{1\}$ 吸收 Q^6，

Q^3 基于前缀 $\{1, 2\}$ 吸收 Q^4。在 $[\{1, 6\}, \{1, 2, 3, 4, 5, 6\}]$ 被吸收之后，$\{1, 2, 6\}$ 同时被移除。因此，Q^6 不会基于前缀 $\{1, 2\}$ 吸收 Q^4。所以，$z_m \ne Q^6$。这两个零贡献集合的交集是 $[\{1, 2, 6\}, \{1, 2, 3, 4, 5, 6\}]$。这个交集可以被划分为 S' 和 $S' \cup \{z_m\}$ 组成的二元组。因此，这个交集的总贡献为零。

通过上述分析可以证明引理 3.4 的正确性。

引理 3.5　对于任意 m 个集合 $S_i \not\subseteq \Theta (1 \le i \le m)$，如果这 m 个相应的零贡献集合 $[S_i \cup \{x_i\}, S_i \cup \Theta_{S_i}]$ 在基于前缀的 k 层吸收过程中被吸收了，那么这些零贡献集合的交集的贡献为零。

证明： 存在两种情况。第一种情况是存在两个集合 S 和 S' 满足 $S \subseteq S'$ 并且 $S' \subseteq S$，那么根据引理 3.3 它们没有交集。所以，这 m 个集合 $[S_i \cup \{x_i\}, S_i \cup \Theta_{S_i}]$ $(1 \le i \le m)$ 的交集是一个空集。第二种情况是对于任意两个集合 S 和 S' 我们得到 $S \subseteq S'$ 或者 $S' \subseteq S$。如果使用 '$\subseteq$' 作为偏序关系，那么在这 m 个集合 $S_i (1 \le i \le m)$ 中存在一个严格的偏序关系。根据引理 3.4，这 m 个集合的交集 $[S_i \cup \{x_i\}, S_i \cup \Theta_{S_i}]$ $(1 \le i \le m)$ 是一个零贡献集合。

引理 3.6　被吸收的零贡献集合的并集是一个零贡献集合。

证明： 引理 3.5 表明任意数量的被吸收集合的交集的贡献为零。根据容斥原理，我们得到被吸收的零贡献集合的并集是一个零贡献集合。

3.4　Skyline 概率计算

在这一节中我们设计了一个并行算法计算一个给定元组 O 的 Skyline 概率。

3.4.1　Parallel-sky 算法

算法 3.1 包含两个阶段。第一个阶段是计算集合 Θ 的集合 Φ。Φ 是 Θ 经过底层吸收之后剩下的元组集合。元组在 Φ 中按照元组序号的升序排序。第二阶段是将 2^Φ 划分为独立的集合，然后我们计算每一个独立集合的概率。在这之后，我们把所有每个独立集合的概率相加得到 $Sky(O)$。

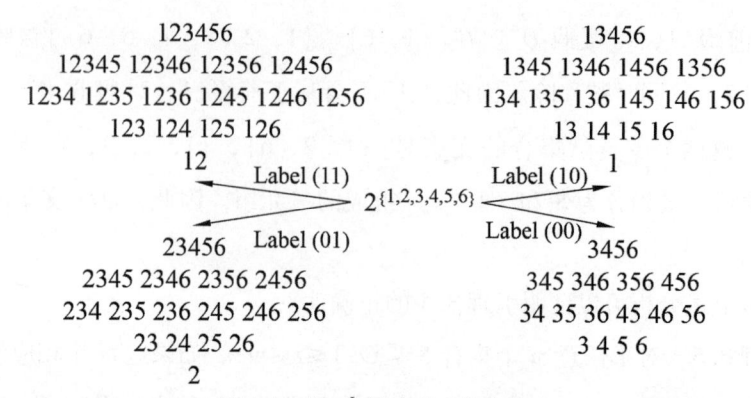

```
                    123456                                    13456
          12345 12346 12356 12456                    1345 1346 1456 1356
         1234 1235 1236 1245 1246 1256               134 135 136 145 146 156
                 123 124 125 126                           13 14 15 16
                      12    Label (11)        Label (10)    1
                              ←      2{1,2,3,4,5,6}    ←
                    23456   Label (01)        Label (00)  3456
            2345 2346 2356 2456                     345 346 356 456
           234 235 236 245 246 256                  34 35 36 45 46 56
                  23 24 25 26                              3 4 5 6
                       2
```

图 3.4 将 2^Φ 划分为不相交集合

在算法的第 2 行我们进行底层吸收。由于在例 3.3.1 中没有元组在底层被吸收，所以 $\Phi = \{Q^1, Q^2, Q^3, Q^4, Q^5, Q^6\}$，并行计算阶段包括算法 3.1 的第 3 行到第 7 行。我们使用 L 的二进制数来表示一个标签。我们将 2^Φ 基于这些标签划分为 2^L 个不相交集合，然后并行 2^L 个进程来计算每一个不相交集合的概率。在所有的并行进程完成计算之后，主进程计算 $Sky(O)$。算法 3.1 程序如下：

算法3.1：Parallel-sky

Input: O, Θ, L;
Output: sky(O)

1　**begin**
　　// 底层吸收
2　　$\Phi \leftarrow$ Prefix Based Absroption(O,Θ);
3　　**for** $i = 0$ **to** $2^L - 1$ **do**
4　　　process[i].Divide Section(O,Φ,L,i).Run();
5　　**for** $i = 0$ **to** $2^L - 1$ **do**
6　　　Wait For(process[i]);
7　　　sky[i] $\leftarrow$ process[i].sky(O);
8　　sky(O) $\leftarrow$ 1;
9　　**for** $i = 0$ **to** $2^L - 1$ **do**
10　　　sky(O) $\leftarrow$ sky(O)+sky[i];

定义 3.6（不相交集合）一个标签是一个 L 位的二进制数。label[i] 表示 label 的第 i 位。一个不相交集合是一个晶格，用 $[\alpha, \beta]$ 来表示。对于任意一

个元素 $S(S \in [\alpha, \beta])$，如果 label$[i]=1$，那么 $\Phi^i \in S$；如果 label$[i]=0$，那么 $\Phi^i \notin S$。Φ^i 表示 Φ 中第 i 个元组。

比如，在例 3.3.1 中，如果 $L=2$，那么有 4 个不相交集合它们是：[{1, 2}, {1, 2, 3, 4, 5, 6}]，[{1}, {1, 3, 4, 5, 6}]，[{2}, {2, 3, 4, 5, 6}] 和 [∅, {3, 4, 5, 6}]，如图 3.4 所示。由于我们使用多核处理器并行我们的算法，理想状态是一个不相交集合被一个核处理。所以，不相交集合的数目（2^L）应该小于或等于处理器的数目。

3.4.2 不相交集合概率计算

1. 在不相交集合中使用基于前缀的 k 层吸收

如图 3.3 所示，[{1, 6}, {1, 2, 3, 4, 5, 6}] 在基于前缀的 k 层吸收过程中被吸收。然而，它跨越了两个不相交集合，这两个集合分别是 [{1, 2}, {1, 2, 3, 4, 5, 6}] 和 [{1}, {1, 3, 4, 5, 6}]。因此，当 {1, 6} 在 [{1}, {1, 3, 4, 5, 6}] 被吸收时，我们应该通知在 [{1, 2}, {1, 2, 3, 4, 5, 6}] 运行上的进程移除相应的零贡献集合。这将在所有并行的进程中导致严重的通信和同步开销。所以现在的问题是如何在所有不相交集合中独立地使用基于前缀的 k 层吸收技术。我们的方法是将基于前缀的 k 层吸收技术限定在相应的不相交集合当中，使用 Tail 来指代 Φ 中除了前 L 个元组的元组集合，如图 3.4 所示，Tail 等于 $\{Q^3, Q^4, Q^5, Q^6\}$。

定义 3.7 （**本地零贡献集合**）如果 distinct$(O; S \cup \{y\}) =$ distinct$(O; S \cup \{y, x\})$，其中 $x, y \in$ Tail$_S$，我们称 x 基于前缀 S 在不相交集合中吸收 y。$S \cup \{y\}$ 所对应的本地零贡献集合是 $[S \cup \{y\}, S \cup$ Tail$_S]$，其中 $S = \{i_1, i_2, \cdots, i_{k-1}\}$，$i_1 < i_2 < \cdots < i_{k-1}$ 并且 Tail$_S = \{\max(i_{k-1}+1, \text{Tail}_{\min}), \cdots, \text{Tail}_{\max}\}$。Tail$_{\min}$ 和 Tail$_{\max}$ 分别指代 Tail 中元组序号的最小值和最大值。

比如，如图 3.5 所示的标签为 (10) 不相交集合中，Q^6 被 Q^5 基于前缀 $S = \{1\}$ 吸收，那么 $i_{k-1}=1$。因为 $L=2$，所以 Tail $= \{3, 4, 5, 6\}$。所以，我们得到 Tail$_{\min}=3$，Tail$_{\max}=6$。由于 Tail$_{\min}=3 > i_{k-1}+1=2$，所以 Tail$_S = \{3, 4, 5, 6\}$。因此，{1, 6} 对应的本地零贡献集合是 [{1, 6}, {1, 3, 4, 5, 6}]。

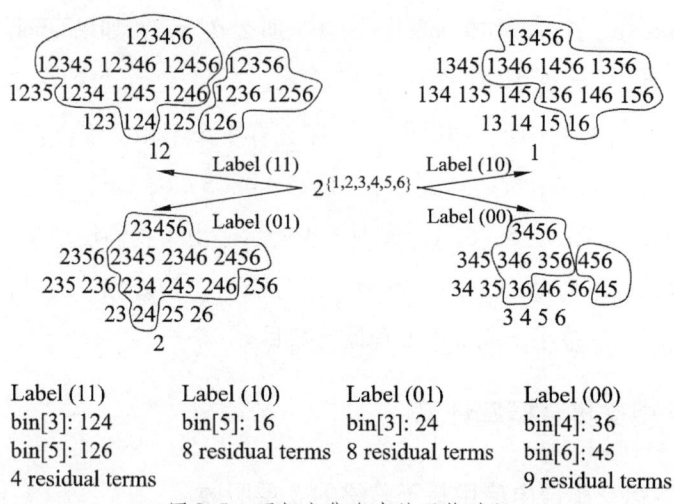

```
            123456                                    13456
    12345 12346 12456 12356              1345 1346 1456 1356
  1235 1234 1245 1246 1236 1256          134 135 145 136 146 156
        123 124 125 126                       13 14 15 16
              12                                   1
                     ←——— Label (11) ——— 2^{1,2,3,4,5,6} ——— Label (10) ———
            23456        Label (01)                3456      Label (00)
    2356 2345 2346 2456                     345 346 356 456
  235 236 234 245 246 256                   34 35 36 46 56 45
        23 24 25 26                             3 4 5 6
              2
```

Label (11)   Label (10)   Label (01)   Label (00)
bin[3]: 124   bin[5]: 16   bin[3]: 24   bin[4]: 36
bin[5]: 126   8 residual terms 8 residual terms bin[6]: 45
4 residual terms   9 residual terms

图 3.5 不相交集合中的吸收过程

引理 3.7 本地零贡献集合的贡献为零。

证明：如果 x 基于前缀 S 吸收 y，那么 $[S \cup \{y\}, S \cup Tail_S]$ 中的元素可以被划分为 $S'(S \subseteq S')$ 和 $S' \cup \{x\}$ 组成的二元组。因为 S' 和 $S' \cup \{x\}$ 的概率值之和为零，所以本地零贡献集合的贡献为零。

引理 3.8 对于任意两个不相交集合 A 和 B，如果一个条目 $S \cup \{y\}$ 在 A 中被吸收，那么 $[S \cup \{y\}, S \cup Tail_S]$ 不会与 B 中任意的本地零贡献集合相交。

证明：通过定义 3.6 和定义 3.7，我们知道本地零贡献集合 $[S \cup \{y\}, S \cup Tail_S]$ 包含在不相交集合 A 中，这表明 $[S \cup \{y\}, S \cup Tail_S] \subseteq A$。由于 $A \cap B = \varnothing$，所以 $[S \cup \{y\}, S \cup Tail_S]$ 不会与 B 中任意的本体零贡献集合相交。

2. Divide Section 算法

在 Divide Section 算法中，首先，我们在不相交集合中应用基于前缀的 k 层吸收算法；其次，我们使用剩余的条目来计算每一个不相交集合的贡献。lattice[k] 指代晶格中第 k 层，lattice[k][j] 指代 lattice[k] 中的第 j 个条目。

如图 3.4 所示，2^Φ 被划分为 4 个不相交集合。我们可以在这 4 个不相交集合中并行使用基于前缀的 k 层吸收算法。比如，在标签为 (10) 的不相交集合中，head 在这个不相交集合中被置为 $\{1\}$。在此之后，我们生成第二层的条目 (lattice[2])。lattice[2] 被置为 $\{\{1,3\},\{1,4\},\{1,5\},\{1,6\}\}$。接下来，我们使用算法 3.3 来吸收 lattice[2] 中的条目。我们发现，$\{1,6\}$ 被吸收了。我们使用剩余的条目来生成下一层的条目。当没有新的条目产生时，我们使用剩下的条目计算这个不相交集合的贡献。这个过程如图 3.5 所示，被吸收的本地零贡献集合被圈围住。

算法 3.2 用来在算法 3.1 的并行阶段计算每个不相交集合的概率。

算法3.2：Divide Section

Input：O, Φ, L, l；
Output：sky(O)

1 **begin**
2   Tail $\leftarrow \Phi \setminus \{\Phi^1, \Phi^2, \cdots, \Phi^L\}$；
3   head $\leftarrow \varnothing$；
4   label $\leftarrow l$；
5   **for** $i = 1$ **to** $\min(L, |\Phi|)$ **do**
6   **if** label$[i] = 1$ **then**
7   head.insert (Φ^i)；
8   start $\leftarrow |\text{head}|$；
9   termination $\leftarrow |\text{Tail}|$；
10   lattice[start] $\leftarrow \{\text{head}\}$；
11   lattice[start+1] $\leftarrow \varnothing$；
     // 在不相交集合中产生第二层的条目
12   **if** start > 0 **then**
13   **for** $i = 1$ **to** |Tail| **do**
14   lattice[start+1].insert (head $\cup$ Tail^i)；
15   Prefix Based Absorption (O, lattice[start+1])；
16   **else**
17   lattice[start+1] $\leftarrow$ Tail；
18   **for** $k = \text{start} + 2$ **to** |Tail| **do**
19   lattice[k] $\leftarrow$ GenerateTerms (lattice[$k-1$])；
20   **if** lattice[k] $= \varnothing$ **then**
21   termination $\leftarrow k - 1$；
22   break；
23   Prefix Based Absorption (O, lattice[k])；
24   sky(O) $\leftarrow 0$；
25   **for** $k = \text{start}$ **to** termination **do**
26   **foreach** $J \in$ lattice[k] **do**
27           $P(E_J)$ is calculated in Equation(3.6)；
28   sky(O) $\leftarrow$ sky(O) $+ (-1)^k \times P(E_J)$；

上述的理论分析确保了我们可以在不相交集合中独立地使用基于前缀的 k

层吸收技术移除每个不相交集合中的本地零贡献集合。

算法3.3：Prefix Based Absorption

Input：lattice$[k]$, O;

Output：lattice$[k]$

1 **begin**
2   **for** $i=1$ **to** |lattice $[k]$| **do**
3       $t_1 \leftarrow$ lattice $[k][i]$;
4   **for** $j=i+1$ **to** |lattice $[k]$| **do**
5          $t_2 \leftarrow$ lattice $[k][j]$;
6   **if** $t_1[1:k-1] \neq t_2[1:k-1]$ **then**
7   break;
8   **if** distinct$(O;\{t_1[k]\}) \subseteq$ distinct$(O;t_2)$ **then**
9   bin$[t_1[k]]$.insert(t_2);
10   lattice $[k]$.erase(t_2);
11   **else**
12   **if** distinct$(O;\{t_1[k]\}) \subseteq$ distinct$(O;t_2)$ **then**
13   bin$[t_1[k]]$.insert(t_2);
14   lattice$[k]$.erase(t_2);
15   break;

算法3.4：Generate Terms

Input：lattice $[k-1]$;

Output：lattice $[k]$

1 **begin**
2   **for** $i=1$ **to** |lattice$[k-1]$| **do**
3       $t_1 \leftarrow$ lattice $[k-1][i]$;
4   **for** $j=i+1$ **to** |lattice $[k-1]$| **do**
5          $t_2 \leftarrow$ lattice $[k-1][j]$;
6   **if** $t_1[1:k-2] \neq t_2[1:k-2]$ **then**
7   break;
8   lattice$[k]$.insert$(t_1 \cup t_2)$;

3.4.3 时间复杂度分析

如图 3.5 所示，我们发现标签为(00)的不相交集合包含最多 9 个条目。如图 3.3 所示，在幂集中使用 Usky-base 算法之后剩余 29 个条目。这表明我们的并行算法在使用 4 条并行进程之后用了不到 Usky-base 算法三分之一的时间就完成了计算。Usky-base 算法的时间复杂度在最坏情况下是 $O\left(\sum_{k=1}^{n} d \times \binom{n}{k}\right)$ $= O(d \times 2^n)$，这种情况下没有一个条目被吸收。算法 1 的时间复杂度在最坏情况下是 $O\left(\frac{d \times 2^n}{2^L}\right)$，其中 n 为数据集的大小。

3.5 动态算法

在现实应用中，Skyline 查询在很多情况下都是在数据流环境下提出的。数据流环境常常使用滑动窗口模型来描述。在数据流环境下，元组自由加入和离开系统。当一个新的元组加入和旧的元组因为时间戳过时需要从系统中删除时，其他元组的 Skyline 概率都需要更新。因此，我们提出两个算法来更新 Skyline 概率应对新的元组加入和旧的元组离开系统的情况。

3.5.1 添加算法

文献[23]提出的 Incremental 算法是目前唯一的处理动态环境的算法。我们发现 Incremental 算法只是在刚刚开始的阶段比使用 Usky-base 算法重新计算 Skyline 快。然而，当几个新的元组加入之后，剩余的条目数量增加得非常快，这使得算法的性能急剧下降。

在这一小节中，我们通过增加一个比较步骤改进 Incremental 算法。在算法 3.5 中，我们首先检查 Q^{n+1} 是否在第一层就被吸收了。如果在第一层就被吸收了，我们将 Q^{n+1} 插入 $bin[Q^i]$。在这种情况下，$sky(O)$ 和 $\{lattice_0,lattice_1,\cdots,lattice_{2^L-1}\}$ 在添加 Q^{n+1} 之后没有改变。我们使用 $lattice_i$ 代表标签为(i)的不相交集合中剩余的条目。如果 Q^{n+1} 不能在底层被吸收，那么我们使用 Incremental 算法并行更新所有的 $lattice_i$。当所有的进程都完成运算的时候，我们计算剩余条目的增量。如果增量大于阈值，那么我们在下一个迭代过程中使用算法 3.1 更新 Skyline 概率；否则，我们继续通过 Incremental 算法更新 $lattice_i$。通过 3.7.2 小节的实验评估阈值被设置为 1.15。算法 3.5 的第 11 行创建了一个运行 Incremental 算法的进程。

算法3.5：Add Tuple

Input：Φ，L，Q^{n+1}，$|T_{old}|$，flag，$\{lattice_0, lattice_1, \cdots, lattice_{2^L-1}\}$；

Output：$\{lattice'_0, lattice'_1, \cdots, lattice'_{2^L-1}\}$；

1 **begin**
2   **for** $i=1$ **to** $|\Phi|$ **do**
3   **if** distinct$(O;\{\Phi^i\}) \subseteq$ distinct$(O;\{Q^{n+1}\})$ **then**
4   bin$[\Phi^i]$.insert$(\{Q^{n+1}\})$；
5   bin   **return** $\{lattice_0, lattice_1, \cdots, lattice_{2^L-1}\}$；
6   **if** flag $=$ true **then**
7   Parallel-sky$(O, \Theta \cup \{Q^{n+1}\}, L)$；
8   **return** $\{lattice'_0, lattice'_1, \cdots, lattice'_{2^L-1}\}$；
9   **else**
10   **for** $i=0$ **to** 2^L-1 **do**
11   process$[i]$.Incremental$(O, Q^{n+1}, lattice_i)\$.\$Run()$；
12   **for** $i=0$ **to** 2^L-1 **do**
13   Wait For(process$[i]$)；
14     $lattice'_0[1]$.insert$(\{Q^{n+1}\})$；
15   **for** $i=0$ **to** 2^L-1 **do**
16     $|T| \leftarrow |T| + |lattice'_i|$；
17   **if** $|T|/|T_{old}| >$ threshold **then**
18   flag $\leftarrow$ true；
19   **else**
20   flag $\leftarrow$ false；
21   $|T_{old}| \leftarrow |T|$；
22   **return** $\{lattice_0, lattice_1, \cdots, lattice_{2^L-1}\}$；

3.5.2 删除算法

当我们从数据集中删除一个元组的时候，发现在一些情况下可以避免重新计算。如果被删除的元组 α 不属于 Φ，这表明存在一个元组 Q' 属于 Φ 满足 distinct$(O; \{Q'\}) \subseteq$ distinct$(O; \{Q\})$。如果 Q 没有在底层吸收任何元组，那么 sky(O) 和所有的 $lattice_i$ 在删除 Q 之后保持不变。如果 Q 在底层吸收了元组，那么这些元组也能被 Q' 吸收。在这种情况下我们只需要将 binbase$[Q]$ 中的元组转移到 binbase[Q']，然后清空 binbase[Q]。sky(O) 和所有的 lattice$_i$ 在删除 Q 之后保持不变。binbase[Q^i] 被 Q^i 在底层吸收的元组。

算法3.6：Delete Tuple

Input：Q^m, Φ, L, {lattice$_0$, lattice$_1$, $\cdots$, lattice$_{2^L-1}$}, binbase,

{bin$_0$[Q^m], bin$_1$[Q^m], $\cdots$, bin$_{2^L-1}$[Q^m]}；

Output：{lattice$'_0$, lattice$'_1$, $\cdots$, lattice$'_{2^L-1}$}；

1 **begin**
2   **if** $Q^m \notin \Phi$ **then**
3   **if** binbase[Q^m]=$\varnothing$ **then**
4   **return** {lattice$_0$, lattice$_1$, $\cdots$, lattice$_{2^L-1}$}；
5   **else**
6   **for** $i=1$ **to** $|\Phi|$ **do**
7   **if** distinct{O;{Φ^i}}$\subseteq$distinct{O;{Q^m}} **then**
8   binbase[Φ^i]$\leftarrow$binbase[Φ^i]$\cup$binbase[Q^m]；
9   binbase[Q^m].clear()；
10   **return** {lattice$_0$, lattice$_1$, $\cdots$, lattice$_{2^L-1}$}；
11   **else**
12   **if** binbase[Q^m]$\neq\varnothing$ **then**
13   Parallel$-$sky(O, $\Theta\setminus Q^m$, L)；
14   **return** {lattice$'_0$, lattice$'_1$, $\cdots$, lattice$'_{2^L-1}$}；
15   **else**
16   **for** $i=0$ **to** 2^L-1 **do**
17   process[i].Revive(O, Q^m, lattice$_i$, bin$_i$[Q^m]).Run()；
18   **for** $i=0$ **to** 2^L-1 **do**
19   Wait For(process[i])；
20   **return** {lattice$'_0$, lattice$'_1$, $\cdots$, lattice$'_{2^L-1}$}；

如果被删除的元组 Q 属于 Φ，那么我们使用 bin$_i$[Q] 代表在标签为(i) 的不相交集合中被 Q 吸收的条目集合。如果 binbase[Q]$\neq\varnothing$，那么我们将 Q 从 Θ 移除然后重新计算 sky(O)。如果 binbase[Q]$=\varnothing$，那么这表明没有新的元组会在底层被还原，所以 Φ、heads 和 Tails 在删除 Q 之后保持原样。因此，我们可以避免重新计算。在这种情况下，我们需要将 Q 从 Φ 中移除并且将所有包含 Q 的条目从 lattice$_i$ 和 bin$_i$[j]（$0\leqslant i\leqslant 2^L-1$, $1\leqslant j\leqslant n$）中移除。接下来我们在每一个 lattice$_i$ 中复原被 Q 吸收的最短条目；用来做进一步吸收。如图 3.5 所示，当 Q^4 被删除时，我们使用算法 3.6 更新每一个不相交集合。比如，在标签为(00)的不相交集合中，我们首先将所有包含 Q^4 的条目从 lattice$_0$ 和 bin 中移除。我们将被 Q^4 吸收的最短的条目恢复，所以{3, 6}在第 2 层被恢复。接下来，我们产生第 3 层上的条目，新的条目{3, 5, 6}在第 3 层上生成。图 3.6 展示了在标签为(00)的不相交集合中删除 Q^4。通过算法 3.3 和算法 3.4，我们知道如果一个元组参与了吸收过程，那么它要么包含在前缀中，要么用来吸收其他的条目。因此，如果前缀的第一个元组的需要大于被删除元组的需要，那么被删除的元组将不会参与到这层的吸收过程当中。因此，我们将下列条件添加到算法 3.3 和算法 3.4 中。

if $t_1[1] > m$ then break；// Q^m 是被删除的元组

算法3.7:Revive

Input：O, Q^m, lattice$_i$, bin$_i[Q^m]$;

Output: lattice$_i'$

1 **begin**
2   Remove terms containing Q^m from lattice$_i$;
3   Remove terms containing Q^m from bin$_i[Q^j]$ ($1 \leq j \leq n, j \neq m$);
4   **if** bin$_i[Q^m] = \emptyset$ **then**
5   **return** lattice$_i$;
6   minlevel←min($|\alpha|$)($\alpha \in$ bin$_i[Q^m]$);
7   **foreach** $\alpha \in$ bin$_i[Q^m]$ and $|\alpha| =$ minlevel **do**
8   lattice$_i$[minlevel].insert(α);
9   **for** $k =$ minlevel **to** |Tail| **do**
10   Prefix Based Absorption(O, lattice$_i[k]$);
11   lattice$_i[k+1]$ ← GenerateTerms(lattice$_i[k]$);
12   **if** lattice$_i[k+1] = \emptyset$ **then**
13   termination ← k;
14   break;
15   **return** lattice$_i$;

Label (00)   345   356
          34 35 46 56   35 **36** 56
           3 4 5 6   3 5 6

bin[6]: 45 **bin[4]: 36**

图 3.6 从一个不相交集合中删除 Q^4

上述条件被添加在算法3.3和算法3.4的第3行和第4行当中。这个修改用来提高算法3.8的效率并且只在恢复过程中有效。

算法3.8：Parallel-all

Input: Θ, L;
Output: $\text{sky}(O)(\forall O \in \Theta)$

1 **begin**
2   Compute $\text{distinct}(\{Q^i\})$ for each $Q^i \in \Theta$;
3   Compute Φ, binbase, as in Algorithm 1;
4   **for** $i = 0$ **to** $2^L - 1$ **do**
5   process$[i]$.Divide Section(Φ, L, i).Run();
6   **for** $i = 0$ **to** $2^L - 1$ **do**
7   Wait For(process$[i]$);
8   Backup lattices and bins;
9   **foreach** $O \in \Theta$ **do**
10   Delete Tuple$(O, \Phi, L, \text{lattices}, \text{binbase}, \text{bin}[O]s)$;
11      $\text{sky}(O) \leftarrow 1$;
12   **foreach** $J \in \text{lattices}$ **do**
13        $P(E_J)$ is calculated in Equation(3.6);
14        $\text{sky}(O) \leftarrow \text{sky}(O) + (-1)^{|J|} \times P(E_J)$;
15   Recover lattices and bins;

3.6 Parallel-all 算法

在这一节中，我们提出了一个新颖的计算数据集中所有元组的Skyline概率并行算法。我们首先介绍一些概念，$\text{distinct}(S, j)$用来指代$\text{distinct}(S, j) = \{a \mid a = Q_j^i \text{ for some } Q_j^i \in S\}$。当我们考虑所有的维度的时候，我们得到$\text{distinct}(S) = \bigcup_j \text{distinct}(S, j)(1 \leq j \leq d)$。因此，如果$\text{distinct}(\{x\}) \subseteq \text{distinct}(S \cup \{y\})(x \notin S \cup \{y\})$，那么对于任意的$O(O \in \Theta)$，我们得到$\text{distinct}(O; \{x\}) \subseteq \text{distinct}(O; S \cup \{y\})(x \notin S \cup \{y\})$。所以，$[S \cup \{x\}, S \cup \Theta_S]$是独立于任意元组的零贡献集合。

在算法3.8中，我们在基于前缀的k层吸收过程中计算$\text{distinct}(S)$代替

distinct(O; S),lattices 表示 lattice$_i$($0 \leqslant i \leqslant 2^L - 1$)。bin$[Q]s$ 等于 {bin$_0[Q]$,bin$_1[Q]$,…,bin$_{2^L-1}[Q]$}。在基于前缀的 k 层吸收之后,我们使用在不相交集合中剩余的条目计算 Sky(O) 对于任意的元组 O。当我们计算 Sky(O) 时,元组 O 不参与基于前缀的 k 层吸收。因此,我们需要在计算元组的 Skyline 概率之前考虑两件事;第一件是移除所有包含目标元组的条目,第二件是恢复所有被目标元组吸收的条目。事实上,这两件事我们已经在算法 3.6 中考虑到了。

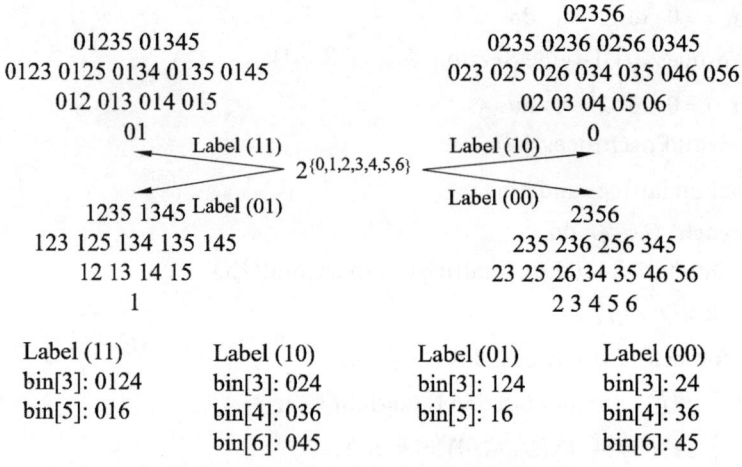

```
                                                    02356
        01235 01345                         0235 0236 0256 0345
   0123 0125 0134 0135 0145             023 025 026 034 035 046 056
       012 013 014 015                       02 03 04 05 06
            01                                              0
                 Label (11)            Label (10)
                            2{0,1,2,3,4,5,6}
          1235 1345 Label (01)         Label (00)   2356
       123 125 134 135 145                 235 236 256 345
          12 13 14 15                   23 25 26 34 35 46 56
              1                               2 3 4 5 6

      Label (11)    Label (10)      Label (01)     Label (00)
      bin[3]: 0124  bin[3]: 024     bin[3]: 124    bin[3]: 24
      bin[5]: 016   bin[4]: 036     bin[5]: 16     bin[4]: 36
                    bin[6]: 045                    bin[6]: 45
```

图 3.7 统一基于前缀的 k 层吸收结果图

在例 3.3.1 中,O 在基于前缀的 k 层吸收过程中被视为 Q^0。例 3.3.1 的结果如图 3.7 所示。我们可以发现 Q^0、Q^1 和 Q^2 没有吸收任何的条目。所以当我们计算 Sky(Q^i)($0 \leqslant i \leqslant 2$)时,我们可以简单将包含 Q^i 的条目从 lattices 中移除,并使用剩余的条目计算 Sky(Q^i)。相比于使用了算法 3.1 三次,算法 3.8 节约了很多时间。当计算 Sky(Q^i)($3 \leqslant i \leqslant 6$)时,我们需要恢复所有在基于前缀的 k 层吸收过程中被 Q^i 吸收的条目。

当大多数 bin 集是空集并且计算一个数据集中所有元组的 Skyline 概率的时候,算法 3.8 比算法 3.1 效率更高。然而,如果大多数 bin 集不是空集,那么算法 3.8 比算法 3.1 需要更多的时间去计算所有元组的 Skyline 概率。

3.7 实　　验

在本节中,我们评价本章中提出算法的效率和可扩展性。我们在真实数据集和合成数据集上测试我们的算法的性能。在这些数据集中，我们假设所有属性值之间的偏好概率是已经预定义好的，这些偏好概率是在[0，1]之间随机产生的，当偏好概率为 0 或者 1 时，不确定偏好就退化到确定偏好。很明显，这些预先定义好的偏好关系不会影响文献[22]和文献[23]中提出的算法和我们的算法的计算量。值得注意的是，文献[22]中提出的算法不能在合理的时间内计算完中等大小及其以上的数据库的基于不确定偏好的 Skyline 概率，比如计算一个含有 50 个数据元组的 Skyline 概率。因此，在计算更大的数据库的 Skyline 概率的时候，文献[22]使用抽样的方法。在本章中，我们继续沿用文献[23]中使用的中等大小的分类数据集。这些数据集来自 UCIML 数据仓库。在表 3.3 中展示了 Lenses、Zoo 和 Balance 这三个数据集的大小和维度。同时，我们也生成了不同大小的合成数据集，这些数据库包含了[5 000，20 000]元组和[5，8]个维度。每一个维度上的属性值都是正态分布的，而且不同维度之间是相互独立的。

表 3.3　数据集的详细信息

数据集							
真实			合成					
Name	n	d	Name	n	d	Name	n	d
Lenses	24	5	syn	5 000	8	syn	10 000	5
Zoo	101	17	syn	10 000	8	syn	10 000	6
Balance	625	5	syn	15 000	8	syn	10 000	7
syn	20 000	8	syn	10 000	8			

我们所有的实验都在同一个服务器上运行。这台服务器有 64 GB 大小的内存，并且有两个主频为 2.0 GHz 的 8 核 Intel Xeon E7-4820 处理器，所以一共可以提供 16 个核。我们所涉及的算法都由 C＋＋编程实现，基于 MPI（v3.1）实现算法的并行与同步。我们将自己的算法和目前相关文献中提出的算法做了充分对比。

3.7.1　Parallel-sky 算法性能分析

在本小节中我们对算法 3.1 的性能和扩展性进行了充分的实验。我们相信 Zoo 和 Balance 数据集的大小完全可以满足测试我们算法的性能。事实上，Balance 数据集是目前用在不确定关系实验中最大的真实数据集。因为如果我们使用暴力算法来计算一个给定元组的 Skyline 概率，我们分别需要 2^{100} 和 2^{624} 个条目来计算 Zoo 和 Balance 数据集中一个给定元组的 Skyline 概率。很明显，这是不可能计算的。

如图 3.8 所示为将多个并行进程映射到同一个核上的性能图。我们使用合成数据集（$n = 20k, d = 8$）来测试算法的性能。由于我们的服务器只有 16 个核，当 $n \leqslant 16$ 时，我们发现自己的算法的运行时间随着并行处理器的数目增加而减少。然而，当我们尝试并发大于 16 条进程的时候，算法的运行时间增加了，这是因为并行的进程竞争处理器。因此，不相交集合的数目应该小于或者等于处理器的数目。

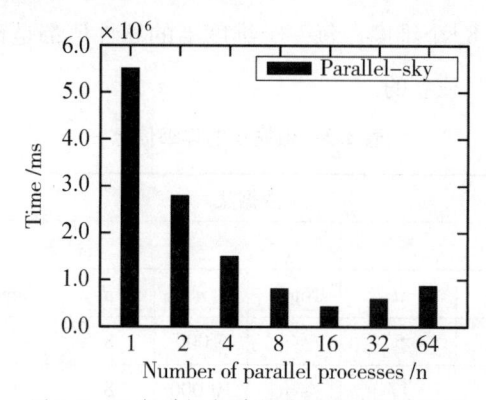

图 3.8 运行时间与并行处理器数目关系图

我们发现 Det + 算法在计算不同元组的 Skyline 概率的时候运行时间变化非常大。因此，文献[23]中提出的随机选择 5 个元组计算 Skyline 概率的方法不足以测试相关文献的算法和我们提出的算法的性能。比如，文献[23]中从 Balance 数据集随机选取 5 个数据元组使用 Det + 算法计算 Skyline 概率，平均的结束层次为 37，而当计算数据集中所有元组的时候平均的结束层次为 19。因此，我们计算出了真实数据集中所有元组的 Skyline 概率。

表 3.4 展示了计算三个真实数据集中元组的 Skyline 概率的结果。Parallel-sky(n)用来指代 Parallel-sky 算法使用 n 条并行进程。我们将剩余最多条目的结束层次当作算法 3.1 的结束层次。值得注意的是，结束层次每减少一层都会带来 Usky-base 算法和算法 3.1 效率的显著提升。比如，在 Zoo 数据集上

Usky-base 算法的平均结束层次只比 Det + 算法少两层，但是 Usky-base 算法的总条目数只有 Det + 算法的 2%。尽管算法 1 使用的总条目比 Usky-base 算法多一些，但是每个不相交集合中剩余的条目比 Usky-base 算法的总条目少很多。比如，在计算 Balance 数据集的时候，算法 1 并发 16 条进程使用的总条目只比 Usky-base 算法多了 1%，但是每个不相交集合中剩余的条目只有 Usky-base 算法使用总条目的 $\frac{1}{16}$。这是因为 2^Φ 被划分为大小相等的不相交集合，所以每个不相交集合中剩余的条目数量基本相同。

表 3.4　Det +、Usky-base、Parallel-sky 算法的性能

算法	条目数			结束层次		
	Lenses	Zoo	Balance	Lenses	Zoo	Balance
Det +	36	3 786 375	7.39×10^{15}	5	9	19
Usky-base	32	798	99 594	5	7	16
Parallel-sky(2)	32	798	99 594	4	6	16
Parallel-sky(4)	32	891	99 864	4	6	15
Parallel-sky(8)	32	1 089	100 383	3	5	14
Parallel-sky(16)	32	1 211	101 041	2	4	13

如图 3.9 所示为 Usky-base 算法的运行时间和算法 3.7 使用不同数量并行进程的运行时间。我们省略了 Det + 算法的图形，因为 Det + 算法比 Usky-base 算法和算法 3.1 花费的运行时间长太多。

如图 3.9(a) 所示，算法 3.1 使用 16 条并行进程的运行时间只有 1 328 ms，其中并行阶段的开销占了相当一部分。尽管并行的开销影响了算法的效率，但是运行时间随着并行进程数的每次翻倍而减少 28%。如图 3.9(b) 所示为在 Balance 数据集上的实验结果。我们可以明显地看到当并行进程数目翻倍的时候运行时间显著减少。事实上，随着每次进程数目的翻倍运行时间减少 41%，这已经非常接近 50% 的上限了。如图 3.9(c) 所示为在合成数据集 ($n=20k$, $d=8$) 上的运行结果。当每次进程数目翻倍的时候，运行时间减少 45%。

这些实验结果展示了在大计算量时算法 3.1 使用 16 条并行进程的速度是

Usky-base 算法的 12 倍，这表明我们的算法并行可扩展性非常好。

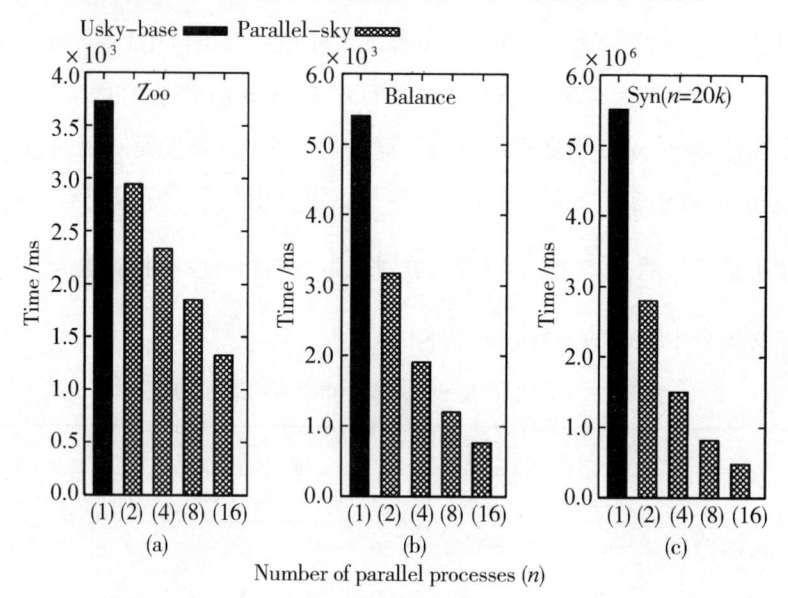

图 3.9 Usky-base 和 Parallel-sky 算法并发不同数目的进程

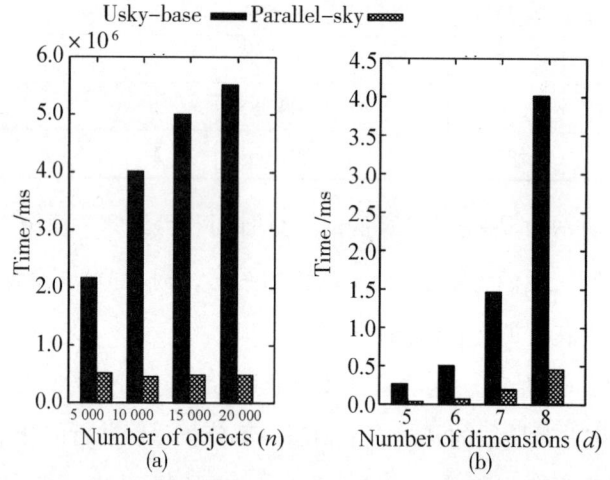

图 3.10 Usky-base 和 Parallel-sky 算法在不同环境下的性能比较

如图 3.10 所示为 Usky-base 算法和算法 3.1 使用 16 条并行进程在合成数据集上的性能比较。如图 3.10(a) 所示为算法在固定维度上的性能($d=8$)。我们发现算法 3.1 的运行时间基本上为线性并且比 Usky-base 算法快 10 倍。如图 3.10(b) 所示为算法在固定大小数据集上的性能($n=10k$)。我们发现算法 3.1 运行时间的增长率明显小于 Usky-base 算法。算法 3.1 只用了 Usky-base 算法十分之一的时间来计算 Skyline 概率。上述的实验结果表明：算法 3.1 可以应用与计算相对大的数据集上的 Skyline 概率,并且算法 3.1 在各种环境下高效运行。

3.7.2 添加与删除算法的性能分析

1. 添加算法性能分析

如在 3.5.1 小节中讨论一样,在添加了若干数据元组之后,Incremental 算法的性能急剧下降。为了充分测试 Incremental 算法和我们的算法的性能,我们依次添加了几百个数据元组。比如,在 Balance 数据集中有 625 个数据元组,我们从 300 个数据元组开始,目标 O 是数据集中第一个元组。剩下的 325 个数据元组依次被添加。Usky-base 算法、Incremental 算法和算法 3.5 分别并发 1 条进程和 16 条进程的运行时间结果如图 3.11 所示。

(a)条目数比较

(b)运行时间比较

(c)条目数比较

(d)运行时间比较

图 3.11　Usky-base、Incremental 和 AddTuple 算法性能比较

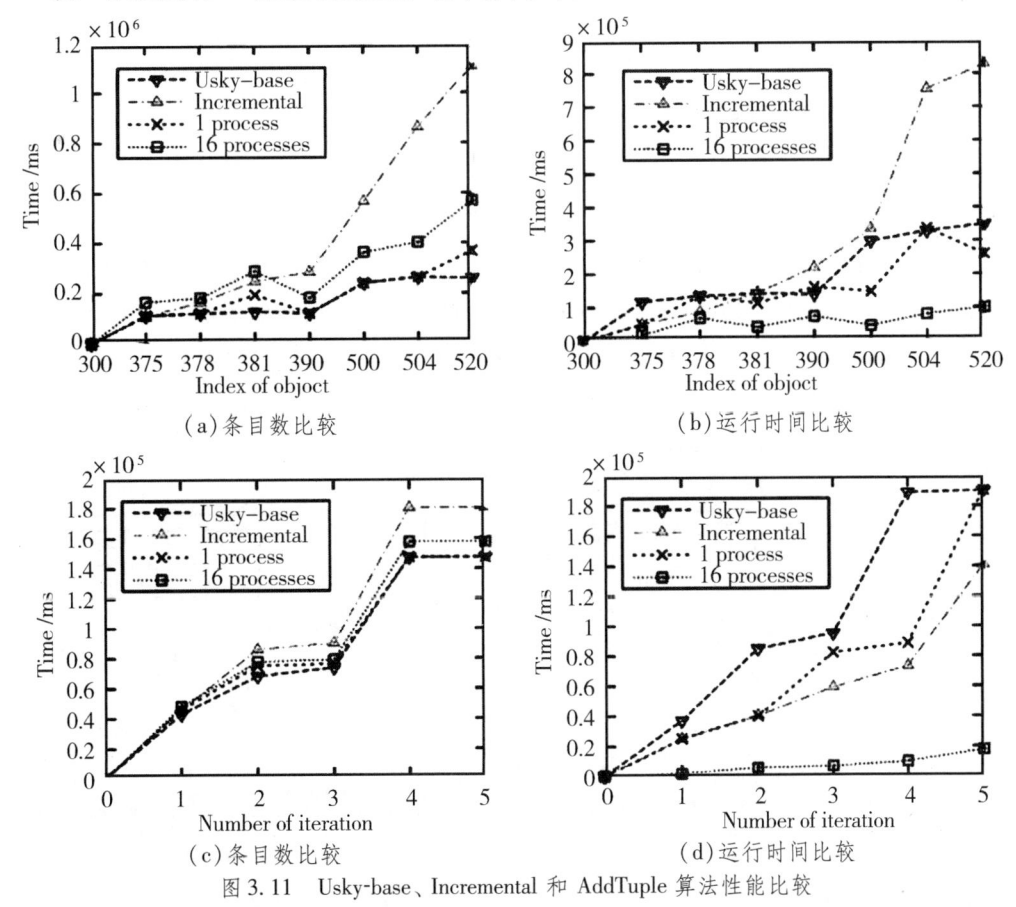

图 3.11(a)和图 3.11(b)展示了上述例子的实验结果。横轴代表从

Balance 数据集添加并且不能被底层吸收的元组的序号。从图 3.11(a) 中我们可以看出 Incremental 算法的剩余条目数在每次迭代之后增加 30%，但是 Usky-base 算法的剩余条目数每次增加不到 12%。在算法 3.5 中，阈值 τ 被设置为 15%。通过图 3.11(b) 我们可以发现在第 381 个元组加入之前，Incremental 算法性能比 Usky-base 算法好。但是，此后 Incremental 算法更新 Skyline 概率的运行时间和需要的空间是我们不能忍受的。

我们选择不同的目标 O 重复了 5 次上述实验。对于不同的目标 O 我们记录了前五次的实验结果。在图 3.11(c) 和图 3.11(d) 上我们展示了平均的运行时间和所需要的条目数。我们发现算法 3.5 只比 Usky-base 算法多消耗一点空间。图 3.11(b) 和图 3.11(d) 表明算法 3.5 在并发 1 条进程的时候都比 Usky-base 算法的性能好。算法 3.5 并发 16 条进程的时候曲线呈现出线性。

综上所述，算法 3.5 结合了 Incremental 算法和 Usky-base 算法的优点，并且展现出良好的并行可扩展性。

2. 删除算法性能测试

我们通过从 Φ 删除元组来测试算法 3.6 的性能。这是因为如果被删除的元组不在 Φ 中，我们只需要将包含删除元组的条目删除即可。在我们的实验中我们每次删除一个元组。比如，在 Balance 数据集中与第 1 个元组对应的 Φ 中含有 36 个元组。每次我们从 Φ 删除一个被选中的元组，然后更新第 1 个元组的 Skyline 概率。这个过程重复了 36 次。对于 Balance 数据集中的第 2 个元组，Φ 包含了 19 个元组。在图 3.12(a) 和图 3.12(b) 中分别展示了第 1 个元组和第 2 个元组的实验结果。

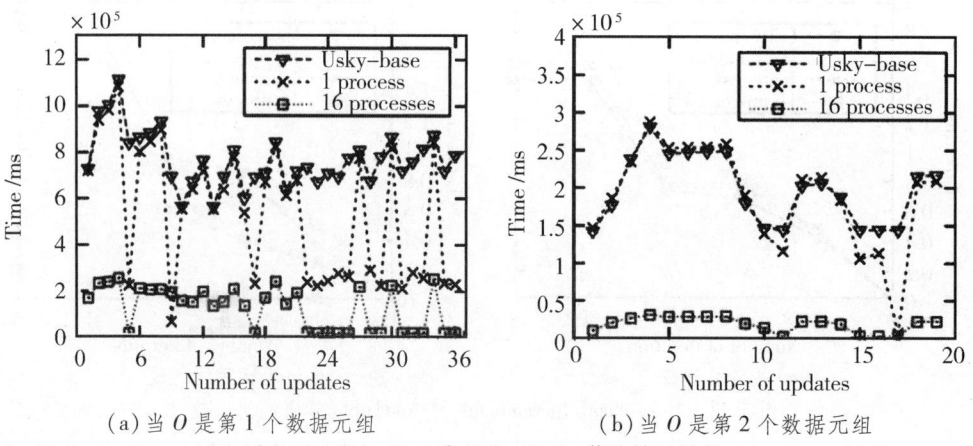

(a) 当 O 是第 1 个数据元组 　　　　(b) 当 O 是第 2 个数据元组

图 3.12　Usky-base 和 DeleteTuple 算法性能比较

算法 3.6 在并发 1 条进程的情况下比 Usky-base 算法节约了 10% 的时间。当被删除的元组在基于前缀的 k 层吸收过程中没有吸收条目的情况下我们的算法有着显著的优势。这在图 3.12(a) 和图 3.12(b) 中反映出来了。算法 3.6 在并发 16 条进程的时候的速度是并发 1 条进程速度的 8 倍。

通过 3.5.2 小节我们知道,算法 3.6 改进了基于前缀的 k 层吸收技术以避免重复的前缀比较。因此,在每次删除目标元组之后,$lattice_i(0 \leq i \leq 2^L - 1)$ 完全等价于重新计算 Skyline 概率的结果。因此,我们没有测试使用算法 3.6 迭代地删除元组。

3. Parallel-all 算法性能分析

下面我们来测试 UskyN 算法和算法 3.8 的性能。我们计算了 Lenses 数据集中所有元组的 Skyline 概率。由于 Lenses 数据集的包含的元组太少,我们在这个数据集上只测试了算法 3.8 并发 1 条进程的情况。

算法 3.8 和算法 3.1 在并发 1 条进程的情况下计算一个给定的元组的 Skyline 概率的平均时间分别是 416 ms 和 148 ms,然而 UskyN 算法的平均运行时间是 106 min。因此,UskyN 算法不能被用于计算大数据集上的 Skyline 概率。这是因为文献[23]中提出的 ReviveTerms 算法使用了一个低效率的策略,它恢复了所有被 O 吸收的元组。

图 3.13(a) 和图 3.13(b) 展示了不同算法所需要的运行时间和条目。我们的实验结果表明 UskyN 算法平均需要 2 339 条目计算一个元组的 Skyline 概率,在这 2 339 个条目之中 2 100 个条目是新生成的。然而,算法 3.8 需要 240 个条目,其中 19 个条目是新产生的。算法 3.1 在并发 条进程的情况下需要 32 个条目。很明显,我们的算法无论在时间上还是在空间上都比 UskyN 算法好得多。

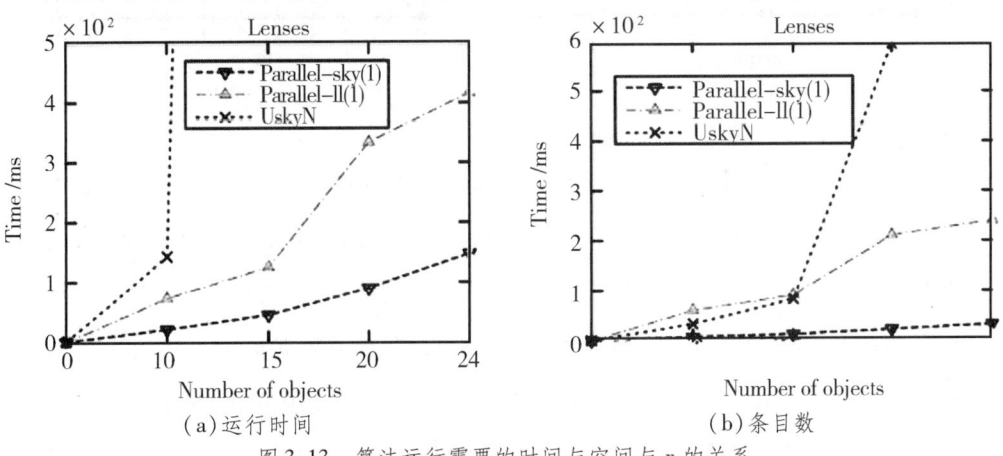

(a) 运行时间　　　　　　　　　(b) 条目数

图 3.13　算法运行需要的时间与空间与 n 的关系

我们在 Balance(前 100 个元组)数据集和合成($n = 10k$)数据集上测试算法 3.8 和算法 3.1 的性能。我们分别从这两个数据集中随机选取的 10 个元组并计算它们的 Skyline 概率。我们测试算法 3.1 和算法 3.8 并发 16 条进程的性能。实验结果如图 3.14 所示。横轴代表了 10 个元组。由于算法 3.8 使用了一个预处理步骤，所以我们把这部分实验结果表示在横轴的 0 坐标上。

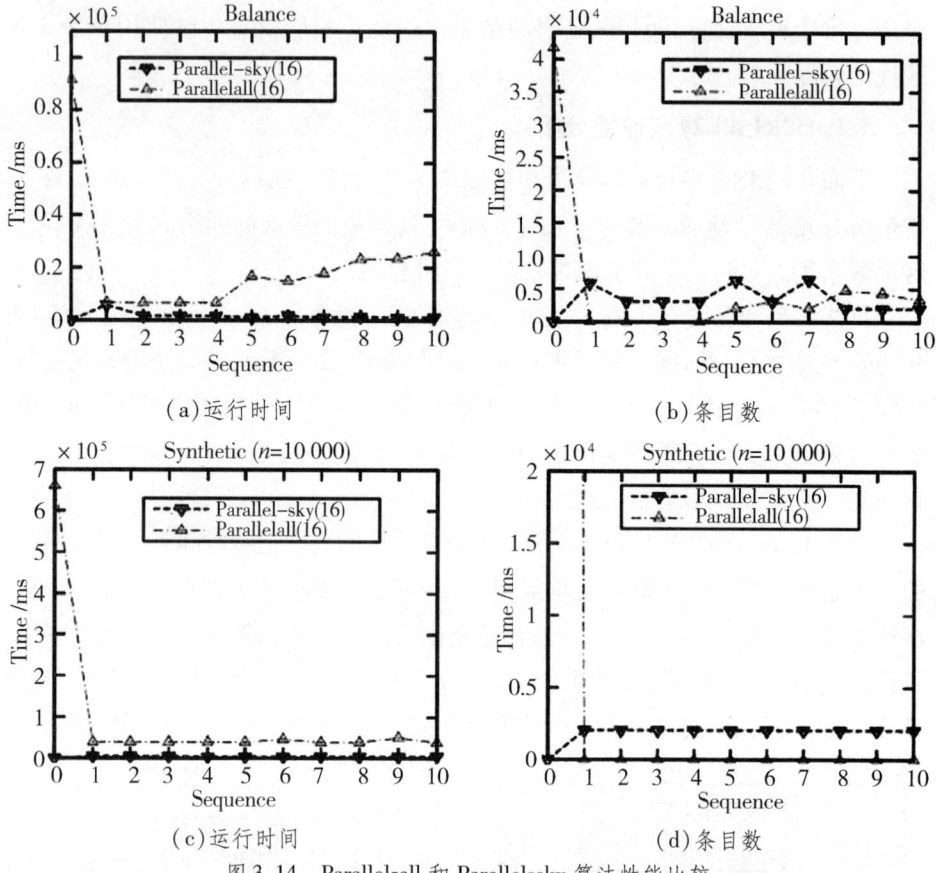

(a)运行时间

(b)条目数

(c)运行时间

(d)条目数

图 3.14 Parallel-all 和 Parallel-sky 算法性能比较

如图 3.14(a)和图 3.14(c)所示，算法 3.1 的性能比算法 3.8 的性能更高。然而，算法 3.8 比算法 3.1 节约了更多空间。图 3.14(b)和图 3.14(d)表明尽管在预处理步骤之后产生了大量的条目，但是只有很少的条目在计算目标元组的 Skyline 概率的时候需要恢复。比如，在合成数据集($n = 10k$)上，在预处理之后有 341 753 个条目，但是当计算一个目标元组的 Skyline 概率的时候，平均只有 3 个新的条目需要恢复。然而，算法 3.1 平均需要 2 047 个条目用于计算。因此，当计算一个数据集中所有元组的 Skyline 概率的时候，算法 3.8 比算法 3.1 节约了更多的空间。

3.8　本 章 小 结

在本章中，我们研究了在多核处理器架构上如何高效可扩展并行计算基于不确定偏好 Skyline 概率问题。我们首先证明了基于前缀的 k 层吸收技术的正确性。在这个基础上，我们提出了新颖的并行算法。这个算法能够在大数据集上高效计算 Skyline 概率并且在并行度上可扩展性良好。我们还研究在有元组增加和删除的动态环境下如何更新 Skyline 概率。更进一步，我们提出了计算数据集中所有元素的 Skyline 概率的并行算法。基于真实和合成数据集的大量的实验结果表明了我们算法的高效性。相比于计算基于不确定数据的 Skyline 概率问题，计算基于不确定偏好的 Skyline 概率问题要复杂得多。一个可能的高效解决方案是为 Parallel-all 算法设计一个高效的恢复过程，这将是我们未来的研究方向。

第 4 章

Skyline 团组的并行计算方法

  Skyline 计算在多目标优化决策应用中被广泛使用。然而，Skyline 查询不足以回答需要分析一组点而不仅仅是一个点的查询。与传统的 Skyline 计算相比，计算 Skyline 团组难度更大而且更复杂。这个计算上的挑战促使我们利用了现代计算平台来加快计算速度。在本章中，我们提出了一个新颖的基于多核处理器的算法来计算 Skyline 团组。我们首先并行计算一个数据集 Skyline 层次。这个层次是一个至关重要的中间结果。在这个算法里，我们为 Skyline 层次设计了一个共享的易于更新的数据结构。通过这个数据结构我们能够减少支配测试并且维持高吞吐量。我们还设计了一个基于 Skyline 层次的并行计算 Skyline 团组的并行算法。大量的实验结果表明我们的算法在并发 16 条线程的情况下能比现阶段串行算法快 10 倍以上。

4.1 引　　言

  Skyline 查询被广泛应用于多目标优化决策应用当中，用来查找不被其他数据元组所支配的数据元组。给定两个多维数据元组 P 和 Q，P 支配 Q 当且仅当 P 在所有维度上都不比 Q 差并且至少在一个维度上严格优于 $G=G'$。

  假设数据集 D 由 n 个 d 维数据元组组成。Q^i 代表第 i 个数据元组，Q^i_k 代表 Q^i 在第 k 维上的属性值。如果我们以数值小为优，那么 Q^i 支配 Q^j 表示为 $Q^i < Q^j$，当且仅当对于任意 k 满足 $Q^i_k \leq Q^j_k$ 并且至少存在一个 k 使得 $Q^i_k < Q^j_k$ ($1 \leq k \leq d$)。

  图 4.1 展示了一个饭店的 Skyline 例子。在图 4.1(左)所示的数据集中包含了 11 个饭店。每一个饭店都有二维属性：价格和距离。我们可以发现 $Q^6(12, 208) < Q^3(21, 272)$ 作为一个点与点之间支配关系的例子。如图 4.1(右)所示，Skyline 集合包括 Q^1、Q^6 和 Q^{11}。

  尽管 Skyline 查询在多目标决策应用中被广泛使用，但是 Skyline 查询不足以回答数据元组的组合查询。特别的，在很多实际应用当中，我们需要找到一组点不被另一组点所支配的组合。比如，在虚拟运动游戏当中，玩家需要在众多运动员中挑选一组队员组成自己的队伍。所以，队伍中有很多队员并不是来自真实世界的同一队。每一个运动员都由一组统计数据表示。显然，玩家都会组成不被其他队伍所支配的队伍。

计算 Skyline 团组比计算传统 Skyline 复杂得多。比如，在上述酒店的例子中，如果我们团组的大小是 2，那么 $\{Q^{10}, Q^{11}\}$ 应该被视为一个 Skyline 团组。我们从图 4.1 中可以看出，Q^{11} 提供了最便宜的价格并且 Q^{10} 提供了第二便宜的价格。所以没有其他的酒店组合在价格上比 $\{Q^{10}, Q^{11}\}$ 更优。我们可以从图 4.1 看出 Q^{10} 不属于 Skyline 集合。所以，一个 Skyline 团组可以包含非 Skyline 元组，且 $\{Q^3, Q^8\}$ 不会被视为 Skyline 团组，因为 $Q^6 < Q^3$ 并且 $Q^{11} < Q^8$。所以 $\{Q^3, Q^8\}$ 被 $\{Q^6, Q^{11}\}$ 支配。

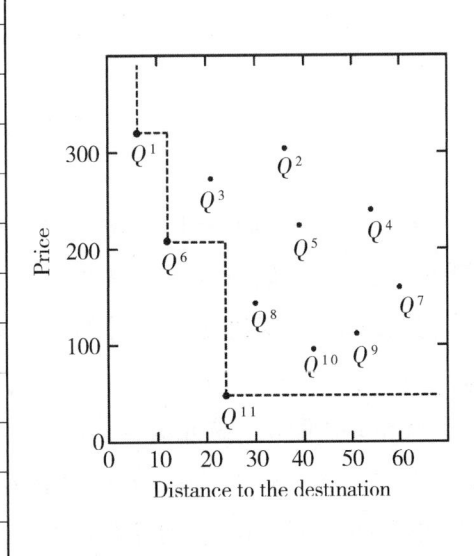

Hotel	distance	price
Q^1	6	320
Q^2	36	304
Q^3	21	272
Q^4	54	240
Q^5	39	224
Q^6	12	208
Q^7	60	160
Q^8	30	144
Q^9	51	112
Q^{10}	42	96
Q^{11}	24	48

图 4.1　酒店 Skyline 查询

与传统的 Skyline 只检查元组之间的支配关系不同，Skyline 团组检查 k 个元组组合之间的支配关系，其中 k 表示团组的大小。由于一个 Skyline 团组可以包含 Skyline 元组和非 Skyline 元组，所以所有的元组都有机会构成一个 Skyline 团组。因此，总共有 C_n^k 个组合。这远远多于在 Skyline 计算中的 n 个备选元组。暴力解法是将所有组合进行两两比较，这样有 $(C_n^k)^2$ 次比较。对于每一个组合来说有 $k!$ 个元组排列，对于一个排列需要 k 次比较。因此暴力解法的时间复杂度为 $O((C_n^k)^2 \times k! \times k)$。

Skyline 团组计算上的挑战促使我们利用现代计算平台加快计算速度。很多现代计算平台都被应用在并行算法当中，比如 GPUs、MapReduce 和其他分布式架构。相比于 GPUs、MapReduce 和其他分布式环境，多核处理器架构是一个非常有吸引力的选择。因为多核处理器架构在维护全局共享数据结构的开销上比其他架构低，并且并行计算工作不需要分离。

与许多多核 Skyline 算法采用分而治之的策略不同，我们采取一种全局计算模式，将 Skyline 层次维持在一个可以被所有线程访问的全局贡献数据结构中，这样做的好处是，我们没有昂贵的合并步骤。更进一步，数据集中的元组被按块分给并被批处理，每一个数据元组都被一条独立的线程单独处理，这样可以最大化利用 CPU。同时，我们将一些精密的技术(比如基于区域的不可比性)融入我们的计算模式中，从而减少了大量的支配测试。最后，我们优化了 Skyline 团组计算的剪枝技术，这大大提高了我们算法的效率。

4.2 问 题 定 义

在这一节中我们介绍了问题定义和相关重要概念。我们首先介绍团组之间的支配关系。我们假设值小为优。

定义 4.1 （团组支配）一个数据集 D 由 n 个 d 维点组成。假设 $G = \{Q^1, Q^2, \cdots, Q^k\}$ 和 $G' = \{Q^{1\prime}, Q^{2\prime}, \cdots, Q^{k\prime}\}$ 是两个不同的包含 k 个元组的团组。团组 G 支配 G'，表示为 $G < G'$，当且仅当存在 G and G' 中的两组 k 个元组的排列 $G = \{Q^{u1}, Q^{u2}, \cdots, Q^{uk}\}$ 并且 $G' = \{Q^{u1\prime}, Q^{u2\prime}, \cdots, Q^{uk\prime}\}$ 满足对于任意的 i 都有 $Q^{ui} \leq Q^{ui\prime}$ 并且至少存在一个 i 满足 $Q^{ui} < Q^{ui\prime}(1 \leq i \leq k)$。

比如，在上述的酒店例子中，因为 $Q^6 < Q^3$ 和 $Q^{11} < Q^8$，所以 $Sky_i^j(0 \leq i < l)$。基于定义 4.1，Skyline 团组的定义如下：

定义 4.2 （Skyline 团组）大小为 k 个元组的 Skyline 团组是由不被其他包含 k 元组的团组所支配的团组组成。

比如，在酒店的例子当中，假设 $k=2$，那么 Skyline 团组包含 6 个组合：$\{Q^1, Q^6\}$、$\{Q^1, Q^{11}\}$、$\{Q^6, Q^{11}\}$、$\{Q^6, Q^3\}$、$\{Q^{11}, Q^8\}$ 和 $\{Q^{11}, Q^{10}\}$。我们的目标是使用多核处理器并行高效地计算 Skyline 团组。

第4章 Skyline 团组的并行计算方法

为了方便阅读，我们在表4.1中归纳总结了常用符号。

表4.1 常用符号含义表

符号	含义
D	d 维数据集
d	维度数
n	D 中包含元组个数
Q^i	D 中第 i 个元组
Q^i_j	(Q^i)在第 j 个维度上的属性值
$\prec$	支配关系
layer_i	Skyline 层次的第 i 层
$D \setminus \text{layer}_i$	在 D 中且不在 layer_i 中的元组
$Q^i.\text{layer}$	Q^i 属于的 Skyline 层次
k	团组的大小
t	并行线程数
α	块的大小

通过定义4.2，我们可以得到：如果一个元组属于一个 Skyline 团组，那么这个元组不能被这个团组之外的元组所支配。这是因为如果一个元组 $Q^i(Q^i \in G)$ 被 G 之外的元组 Q^j 支配，我们可以在 G 中使用 Q^j 代替 Q^i，这样新组成的团组 G' 将会支配 G。

我们使用 Q 的家长指代所有支配 Q 的元组的集合。因此，如果 Q 属于一个 Skyline 团组，那么 Q 的家长都必须在这个 Skyline 团组中。我们把 Q 和它的家长一起称为 Q 的 cell。

定义4.3 (cell)元组 Q 和它的家长组成了 Q 的 cell。C_i 用来指代 Q^i 的 cell。

比如，$C_9 = \{Q^{11}, Q^{10}, Q^9\}$，$C_5 = \{Q^{11}, Q^8, Q^5\}$。

因为一个 Skyline 团组必须包含一个元组和它的家长。所以，一个包含 k 个元组的 Skyline 团组 G 是一些 cell 的并集，并且这个并集包含 k 个元组。

$$G = C_1 \cup C_2 \cup \cdots \cup C_i \text{ and}(\mid G \mid_p = k)$$

式中，$\mid G \mid_p$ 表示了 G 中包含元组的个数。通过这个性质，我们可以将 G 和它同样的大小的团组进行比较的过程，我们只需要检查相应的并集 S 是否包含 k 个元组。

为了计算支配关系并且构建每个数据元组的 cell，我们计算数据集的 Skyline 层次。

定义 4.4 （Skyline Layers）一个数据集 D 的 Skyline 层次是一个序列 Layer = $\langle \text{layer}_1, \text{layer}_2, \cdots, \text{layer}_K \rangle$：

(1) layer_1 是 D 的 Skyline。

(2) $\forall i, 1 < i \leqslant K$，$\text{layer}_1$ 是 $D / \bigcup_{j=1}^{i-1} \text{layer}_j$ 的 Skyline。

(3) $\bigcup_{i=1}^{K} \text{layer}_i = D$。

酒店的例子的 Skyline 层次如图 4.2 所示。我们可以看到 $\text{layer}_1 = \{Q^1, Q^6, Q^{11}\}$ 也就是 Skyline。通过定义 4.4，我们有 $\text{layer}_2 = \{Q^3, Q^8, Q^{10}\}$、$\text{layer}_3 = \{Q^2, Q^5, Q^9\}$ 和 $\text{layer}_4 = \{Q^4, Q^7\}$。

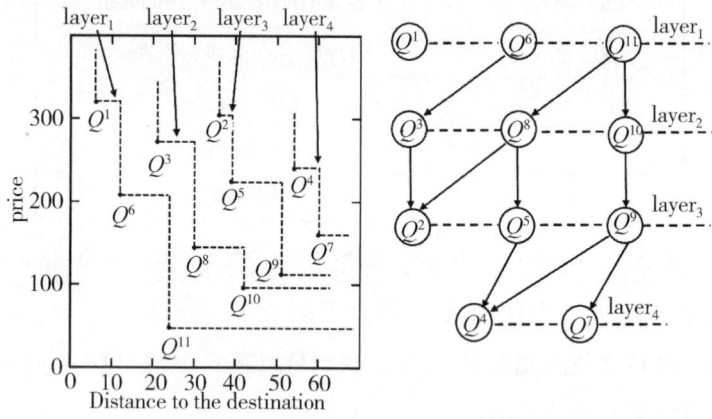

图 4.2 酒店例子的 Skyline 层次

通过定义 4.4 我们可以得到：如果 $Q^i \in \text{layer}_k(k > 1)$，那么对于任意的小于 k 的层次 t 至少存在一个元组支配 Q^i。因此，如果 $Q^i \in \text{layer}_{k+1}$，那么 Q^i 至少被 k 元组支配。这表明如果 $Q^i (Q^i \in \text{layer}_{k+1})$ 对应的 C_i 包含了超过 k 元组，那么 Q^i 不属于任意大小为 k 的 Skyline 团组。更进一步，我们可以得到所有组成大小为 k 的 Skyline 团组的数据元组都包含在前 k 层的 Skyline 层次当中。

我们注意到 Skyline 层次和 k-skyband 非常相似。大小为 k 的 Skyline 团组可以由 $(k-1)$-skyband 中的元组计算得到。我们为什么选择 Skyline 层次而不选择 $(k*1)$-skyband 的原因是 $(k-1)$-skyband 只能返回最多被 $k-1$ 个元组所支配的元组，但是不能返回元组之间的支配关系。所以，在计算 cell 的时候，我们需要测试 $(k-1)$-skyband 元组之间的支配关系。然而，在 Skyline 层次当中，相邻层次之间的支配关系非常明显。更进一步，元组的 cell 可以通过对比上层层次的元组高效计算。因此，大量的支配测试可以被省略。所以，我们使用前 k 层 Skyline 层次计算 Skyline 团组。

通过计算 cell 和 Skyline 层次，我们可以使用 Skyline 团组验证技术避免元组和团组之间大量的支配测试。

4.3 计算 Skyline 层次

在这一节中，我们提出了一个并行算法计算前 k 层 Skyline 层次。

4.3.1 并行计算方法

受到文献 [57] 中 Hybrid 算法的启发，我们的算法包含两个并行阶段和一个串行阶段。在算法 4.1 中，元组先被排序然后分块进行批处理。在并行阶段，线程乱序访问分块中的元组。因此，在一个分块内元组的访问顺序是随机的。更进一步，一个分块只有在它之前的分块都被处理完之后才会被处理。因此，当算法 4.1 开始处理一个分块的时候，在它之前的分块的 Skyline 层次已经被计算好了，并且被所有线程共享。在 parallel phase Ⅰ 中，每一个在分块中的元组 Q 都被并行与 Skyline 层次中的元组比较来确定 Q 所属的 Skyline 层次。在 parallel phase Ⅱ，分块中的每一个元组 Q 都被并行地与在它之前的元组比较来发现支配它的元组。在每一个并行阶段之后，我们同步线程。在 phase Ⅲ，我们更新全局 Skyline 层次。

算法4.1: Parallel
   Input: D, k, α;
   Output: first k Skyline layers
1 **begin**
2   将 D 分块，然后将 D 中元组按照3个标准排序;
       Initialization
3   Layer $\leftarrow \langle\rangle$;
4   **while** $D \neq \emptyset$ **do**
5       $D' \leftarrow$ next α points in D;
6       $D \leftarrow D \setminus D'$;
7   Compare To Skylayers(Layer; D') ▷ Parallel Phase Ⅰ
8   Compare To Peers(D');   ◁ Parallel Phase Ⅱ
9   Update Skylayers(Layer, D');   ◁ Phase Ⅲ
10   **return** Layer

4.3.2 基于元组的分割和排序

数据集根据选择的基准点先被分割为 2^d 个区域。基准点可以是真实的或者是虚拟的。以图 4.3(a) 中酒店例子为例,基准点被设置为 $P(34, 193)$,这是一个虚拟的基准点。P 的 x 坐标等于 $\frac{\sum_{i=1}^{n} Q_1^i}{n} = 34$,$P$ 的 y 坐标等于 $\frac{\sum_{i=1}^{n} Q_2^i}{n} = 193$。于是数据集被分为 4 个区域。

对于数据集中任意一个点 Q,都被赋予一个掩码 m,$m[i] = (Q_i \leq P_i ? 0 : 1)(1 \leq i \leq d)$。我们用 $|m|$ 标记 m 中 $m[i] = 1$ 的个数。比如,Q^1 的掩码 m 等于 (01),所以 $|m| = 1$。图 4.3(a) 中显示了酒店数据集的分割情况。

No.	1	2	3	4	5	6
point	Q^{11}	Q^3	Q^6	Q^3	Q^1	Q^{10}
$|m|$	0	0	1	1	1	1
m	0	0	1	1	1	2

No.	7	8	9	10	11
point	Q^9	Q^7	Q^5	Q^4	Q^2
$|m|$	1	1	2	2	2
m	2	2	3	3	3

(a) 基于基准点的数据集分割　　　　(b) 基于三个标准排序示意图

图 4.3　数据分割与排序

引理 4.1　如果 $|m| > |m'|$,那么一个掩码为 m 的元组 Q 不能支配一个掩码为 m' 的元组 Q'。

证明：如果 $|m| > |m'|$,那么对于基准点 Q 在更多的维度上比 Q' 大。所以 Q 至少在一个维度上比 Q' 差。

引理 4.2　如果 $m \& m' < m$ 或者 $m \neq m'(|m| = |m'|)$,那么元组掩码为 m 的元组 Q 支配不了掩码为 m' 的元组 Q'。

证明：如果 $m \& m' < m$ 或者 $m \neq m'(|m| = |m'|)$,那么至少在一个维度上 $m[i] = 1$ 并且 $m'[i] = 0$。所以,在这个维度上 Q 比 Q' 大。因此,Q 不能

支配 Q'。

在算法 4.1 中元组根据三个标准排序：$|m|$、掩码 m 的整数值和元组的 L_1 模。基于这三个标准排序的结果如图 4.3(b)所示。基于这三个标准排序有两个好处。

算法 4.2：Incomparable

  Input：mask m_1,mask m_2

  Output：TRUE or FALSE

1 **begin**
2   **if** $|m_1|\gtreqless m_2|$ && $m_1 != m_2$ or m_1 & $m_2 < m_1$ **then**
3   reyurn TRUE ;/* 引理4.1或者引理4.2成立*/
4   **else**
5   reyurn FALSE；

第一，排序之后如果 Q^i 在 Q^j 之前，那么 $Q^j \not\prec Q^i$。第二，元组排序之后按照 $|m|$ 和掩码排列。由于我们串行更新已知的 Skyline 层次，所以在已知的 Skyline 层次当中元组也是按照 $|m|$ 和掩码排列的。因此，我们可以利用区域不可比性跳过所有掩码相同元组之间的支配测试。

4.3.3 Skyline 层次的数据结构

在这个数据结构中，我们为每一层上的每一个掩码维护两个指针和一个数。比如，对于第一层上的掩码(00)，第一个指针指向掩码为(00)的第一个元组，第二个指针指向掩码为(00)的最后一个元组。数值 size 表示在这一层中有多少个元组是属于这个掩码的。如果一个掩码下有多余一个数据元组，那么我们将这些共享相同掩码的元组分割到第二层。

对于第二层的划分，基准点选为这个掩码的第一个元组。很明显，第一个元组的 L_1 最小。我们按照 4.3.2 小节中描述的方法将元组划分到第二层。比如在图 4.4 中，Q^5 和 Q^2 在 layer$_3$ 共享初始掩码(11)。当 Q^2 被插入 layer$_3$ 时，掩码(11)的第二个指针更新指向 Q^2 并且 size 被更新为 2。由于 Q^2 在第一个维度上比 Q^5 小并且在第二个维度上比 Q^5 大，所以 Q^2 的掩码被更新为

(01)。由于 Q^5 掩码(11)在 layer₃ 上的第一个元组,所以 Q^5 保持原有的掩码。

定义 4.5 (在一层中属于一个掩码的元组)在一层上掩码 m 第一个指针和第二个指针之间包含的元组属于掩码 m。

比如,Q^5 和 Q^2 属于 layer₃ 上的掩码 11。

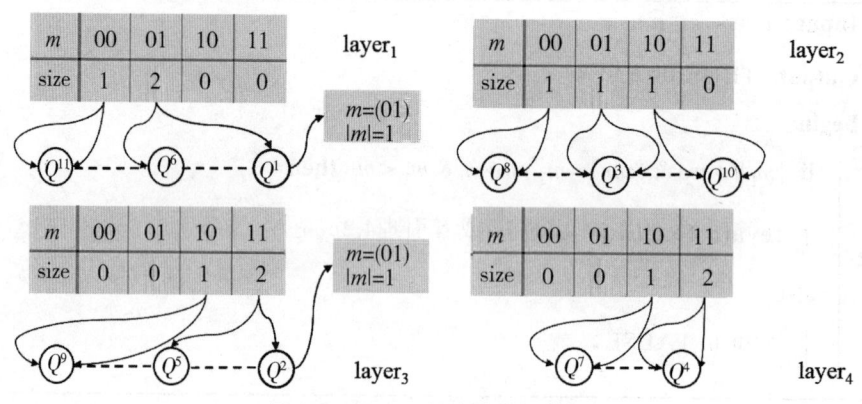

图 4.4 Skyline 层次的数据结构

4.3.4 与已知的 Skyline 层次相比较

在算法 4.3 中,$S[j][m]$ 指代 layer$_j$ 上的掩码 m。$S[j][m]$.first 和 $S[j][m]$.first 分别指代在 layer$_j$ 上的掩码 m 的第一个指针和第二个指针。layer$_j[t]$ 表示 layer$_j$ 上的第 t 个元组。

在算法 4.3 中,当一个元组 P 被一个线程处理室,我们把 $P.m$ 和所有的掩码相比较(Line5)而不是把 P 和每一层的所有元组相比较。掩码的整数值的范围时从 $[0, 2^d-1]$。由于元组在每一层是按照 $|m|$ 排列,所以,当 $|m|$ 大于 $|P.m|$ 时,我们可以省略 $P.m$ 和剩余的掩码的比较。

对于每一个掩码 m,我们利用引理 4.1 和引理 4.2 来判断掩码为 m 的元组能否支配 P。如果不能,我们可以略过这一层上属于掩码 m 的所有元组;否则,我们需要比较 P 和属于掩码 m 的所有元组(Line17)。

对于所有属于掩码 m 的元组,我们利用第二层分割来避免多余的支配测试。

在第二层分割中,每一个元组(第一个除外)都被赋予了一个新的掩码 m,我们继续使用算法 4.2 来检测元组 P 和属于掩码 m 的元组之间的支配关系

（Line18）。如果算法4.2返回真实，我们可以略过支配测试。

最后，如果P没有被$layer_j$上的任何一个元组所支配，那么我们将$P.layer$设置为j(Line23)。如果P被$layer_k$上一些点支配，那么P被标记为删除。

算法4.3：Compare To Sky Layers

Input：D', Layer
Output：D'

```
1  begin
2    for i = 1 to α do
3      for j = 1 to k do
4        将 D'[i] 标记为没有被支配;
5        for m = 0 to 2^d − 1 do
6          if S[j][m].size == 0 then
7            continue;
8          if |m| > D'[i].|m| then
9            break ;
                /* Lemma4.1 */
10         if !incomparable(m, D'[i].m) then
11           u ← S[j][m].first ;
12           Q ← layer_j[u] ;    /* Q 时在 layer_j 属于 m 的第一个元组 */
13           m^p ← part(D'[i], Q);
14           if m^p == 2^d − 1 then
15             Mark D'[i] as dominated;
16             break ;              /* 被 Q 支配 */

17         for t = S[j][m].first to S[j][m].last do
18           if !incomparable(layer_j[t].m, m^p) then
19             if layer_j[t] ≺ D'[i] then
20               将 D'[i] 标记为被支配;
21               break;

22       if D'[i] 没有被标记为被支配 then
23         D'[i] layer ← j ;
24         break;
25     if D'[i] · 标记为被支配 then
26       标记 D'[i] 为删除;
27   return D'
```

从算法4.3计算得到的层次数不一定是元组P最终的层次数。因为P可能会被同一分块中排序在它之前的元组支配，所以从算法4.3得到的层次是P

可能属于的最小层次。

算法4.4:Compare To Peers

Input : D'
Output: D'

```
1  begin
2    for i = 1 to α do
3      if D'[i] 没有被标记为删除 then
4        for j = 1 to i do
5          if !incomparable(D'[j].m, D'[i].m) then
6            if D'[j] ≺ D'[i] then
7              if D'[j].layer == k then
8                将 D'[i] 标记为删除;
9                break;
10             if |D'[i].parents| + D'[i].layer ≥ k+1 then
11               将 D'[i] 标记为删除;           /* 引理 4.3 成立 */
                 break;
12
13               D'[i].parents.insert(D'[j]);
14   return D'
```

4.3.5 与同一分块中的元组比较

在算法 4.4 中，由于元组没有被插入全局 Skyline 层次当中，所以元组还没有被第二次划分。虽然我们不能利用第二次划分，但是我们仍然可以利用第一次划分的结果。

假设算法 4.4 正在处理一个数据元组 P，那么 P 将会和在同一分块中在它之前的元组进行比较。当算法 4.2 (Line5) 返回 true 时，我们可以略过支配测试。否则，我们必须进行支配测试。

引理 4.3 假设在并行阶段 I 之后，P.layer 被设置为 j 并且 P 在并行阶段 II 中发现被 t 个元组所支配。如果 $j+t \geq k+1$，那么 P 将不被包含在任意大小为 k 的 Skyline 团组当中。

证明：当 $j+t \geq k+1$，P 至少被 k 个元组支配，所以 P 的 cell 包含多余 k 个元组。因此，P 不在任意大小为 k 的 Skyline 团组当中。

比如在图 4.5 中，在并行阶段 I 之后 Q^4.layer 被设置为 3。在并行阶段 II 中发现 Q^4 被 Q^9 和 Q^5 支配，因此 Q^4 不包含在大小为 4 的 Skyline 团组中。更进一步，如果一个元组 P 被元组 Q 支配并且 Q.layer 是 k，那么 P 不在前 k 层

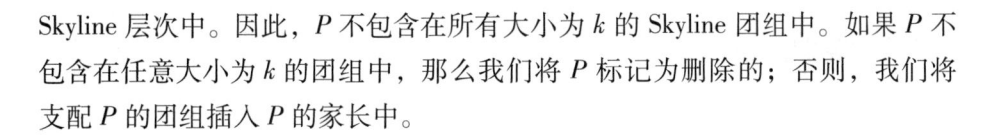

Skyline 层次中。因此，P 不包含在所有大小为 k 的 Skyline 团组中。如果 P 不包含在任意大小为 k 的团组中，那么我们将 P 标记为删除的；否则，我们将支配 P 的团组插入 P 的家长中。

4.3.6 更新全局 Skyline 层次

算法 4.5：Update Sky Layers

    Input：D'，Layer
    Output：Layer
1 **begin**
2   **for** $i=1$ **to** α **do**
3   **if** $D'[i]$ 没有被标记为删除的 **then**
4   **if** $D'[i].\text{parents.size}()\ !=0$ **then**
5   max layer = Max $\{P.\text{layer}\}$；
                  // P 在 $D'[i]$ 的家长中
6   **if** $D'[i].\text{layer} <$ max layer$+1$ **then**
7                    $D'[i].\text{layer} \leftarrow$ max layer$+1$；
8   **if** $D'[i].\text{layer} \leq k$ **then**
9                $j \leftarrow D'[i].\text{layer}$；
10               $m \leftarrow D'[i].m$；
11   将 $D'[i].\text{mask}$ 根据第二层划分的结果赋予一个新的掩码；
12   layer$_j$.insert($D'[i]$)；
13   更新 $s[j][m].\text{first}, s[j][m].\text{last}$ and $s[j][m].\text{size}$；
14   **return** Layer

对于分块中的任意一个元组 P，如果它没有被同一块中的元组所支配，那么从并行阶段 I 中得到的 Skyline 层次就是 P 最终的 Skyline 层次。然而，如果 P 被同一分块的其他元组支配，那么我们就需要更新 $P.\text{layer}$。我们定义 layer$_i$ 比 layer$_j$ 更高，当且仅当 $i > j$。我们首先计算 P 的家长中的元组的最高层次。因为元组是串行处理的，所以 P 的元组已经被更新过了。因此，max layer 是 P 的家长的元组的最高层次。因此，如果从并行阶段 I 中得到的 $P.\text{layer}$ 小于 max layer $+1$，那么我们将 $P.\text{layer}$ 设置为 max layer $+1$。

在将 P 插入 layer$_j$ 之前，我们需要将 P 划分为第二层次。我们根据第一个元组 Q 计算 P 的新的掩码 m^p（Line11）。然后我们更新 P 的掩码并且将 P 插入 layer$_j$。

4.3.7 实例分析

在图 4.5 中,我们展示了应用算法 4.1 计算酒店前 4 层 Skyline 层次的例子。掩码 m 被一个整数值表示。分块大小 α 被设置为 6,所以前 6 个数据元组被首先处理。由于当前全局 Skyline 层次是空集,在并行阶段 I 之后,所有元组的层次都被设置为 1。当并行阶段 I 结束之后,我们同步所有并行的线程。

在并行阶段 II 中,我们测试在同一块中的元组之间的支配关系。比如,当正在处理 Q^{10} 时,Q^{10} 的掩码被设置为 (10),这表明 Q^{10} 不会被掩码为 (01) 的元组所支配。所以我们可以略过 Q^{10} 与 Q^6,Q^3 和 Q^1 之间的支配测试。通过基于元组的划分,大量的支配测试可以被省略。当并行阶段 II 结束时,我们同步所有的线程。

在图 4.5 中我们展示了如何计算前 4 层 Skyline 层次。

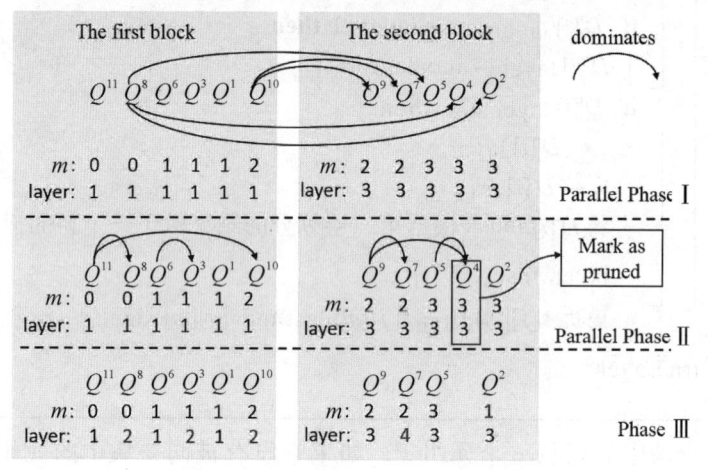

图 4.5 酒店数据集前 4 层 Skyline 层次

4.3.8 时间复杂度分析

最直接的计算前 k 层 Skyline 层次的方法是使用 Skyline 算法 k 次。因此,这种情况的时间复杂度是 $O(k \times n^2)$。文献 [116] 提出了一个时间复杂度为 $O(n^2)$ 的算法计算 Skyline 层次。基于文献 [116] 中的思想,文献 [41] 提出了一个时间复杂度为 $O(nS_k)$ 的算法,其中 S_k 是在前 k 层中的元组数量。

在我们的并行算法中,初始化步骤的时间复杂度是 $O(n\log n)$。在并行阶段 I 中,对于任意一个元组,最坏的情况下我们需要将元组和所有前 k 层中所有的元组比较。因此,时间复杂度是 $O(\alpha \times S_k)$。算法 4.4 和算法 4.5 的时

第 4 章　Skyline 团组的并行计算方法

间复杂度分别是 $O(\alpha^2)$ 和 $O(\alpha)$。由于算法 4.1 的循环需要运行 $\left[\dfrac{n}{\alpha}\right]$ 次，所以，算法 4.1 的时间复杂度是 $O(n\log n + nS_k + n\alpha + n)$。

与文献[41]中提出的算法比较，算法 9 的时间复杂度高 $O(n\alpha + n)$。然而，通过优化设置 α，$O(n\alpha + n)$ 下降非常快。分块大小 α 的影响如图 4.9 所示。通过图 4.9 我们可以发现初始化阶段和阶段 Ⅲ 的开销相比于并行阶段 Ⅰ 来说非常小。因为并行阶段 Ⅰ 是最花费时间的阶段，并且这个阶段被充分并行，所以我们的算法能够达到高性能。

4.3.9　并行算法总结

在算法 4.1 中，我们将元组按照三个标准进行排序，所以在每个层次中元组也是如此排序的。通过这种方式，我们能够最大化快速检测到新的支配关系。更进一步，我们设计了一个新颖的能够高效更新的数据结构，通过这个数据结构我们能够利用区域不可比性避免在并行阶段 Ⅰ 和并行阶段 Ⅱ 中大量的支配测试。而且通过这个数据结构能够帮助我们最小化阶段 Ⅲ 的开销并且保持高吞吐量。因此算法 4.1 能够达到高性能和高并发特性。

4.4　查找 Skyline 团组

在这一节中，首先，我们介绍了如何并行计算在前 k 层 Skyline 层次中元组的 cell；其次，我们提出了更加高效的用于计算 Skyline 团组的剪枝计算；最后，我们介绍了用自己的并行算法计算大小为 k 的 Skyline 团组。

4.4.1　构建 cell

当我们计算好了 Skyline 层次之后，我们可以计算 cell。在算法 4.6 中，每一个元组 Q^i 都被一条线程单独处理。这个过程用于查找在 Q^i 之前的层次中支配 Q^i 的元组。这个过程被充分并行。我们将支配 Q^i 的元组加入 Q^i 的家长列表当中。我们知道如果 C_i 包含了多余 k 个元组，Q^i 不在任意大小为 k 的 Skyline 团组中。因此，如果它被多余 $k-1$ 个元组所支配，Q^i 会被标记为删除。在这个过程中，与算法 4.3 相似，我们继续使用全局 Skyline 层次数据结构来检测支配关系。这部分的细节在算法 4.6 被省略了。在算法 4.6 运行结束之后，Q^i 和它的家长构成了 Q^i 的 cell—C_i。而且，如果 $|C_i|=k$，那么 C_i 是一个大小为 k 的 Skyline 团组。比如，在如图 4.1 所示的酒店数据集中，如

果 k 被设置为 4，那么 Q^2 和 Q^7 可以直接从 Skyline 层次中被移除，因为它们的 cell 包好了多余 4 个元组。由于 $|C_5|=4$，所以 C_5 是一个 Skyline 团组。

算法 4.6：Build Cells

Input：前 k 层 Skyline 层次
Output：前 k 层元组的 cell

1 begin
　　// 并行阶段
2　　**for** 对于前 k 层中的每一个元组 Q^i **do**
3　　　　**for** 对于在 Q^i 层次之前的每一个元组 Q^j **do**
4　　　　　　**if** $Q^j \prec Q^i$ **then**
5　　　　　　　　将 Q^j 加入 Q^i 的家长列表中；
6　　　　　　**if** Q^i 的家长包含多余 $k-1$ 个元组 **then**
7　　　　　　　　将 Q^i 标记为删除；
8　　　　　　　　break；
9　　　　**if** Q^i 没有标记为删除 **then**
10　　　　　　Q^i 和它的家长构成了 Q^i 的 C_i；
11　　　　　　output $|C|$ **if** $|C|=k$；
12　　return all cells；

4.4.2　并行计算 Skyline 团组

在算法 4.7 中，在高层的元组比在低层的元组先处理。比如，在酒店数据集中的大小为 1 的 cell 按照图 4.6 中所示的顺序处理。通过定义 4.3 我们知道，一个元组的 cell 是由这个元组和它的家长构成。大小为 1 的 cell 团组表明这个团组只包含 1 个 cell。$|G|_p$ 表示团组中包含元组的数目，$|G|_c$ 表示团组中 cell 的数目。

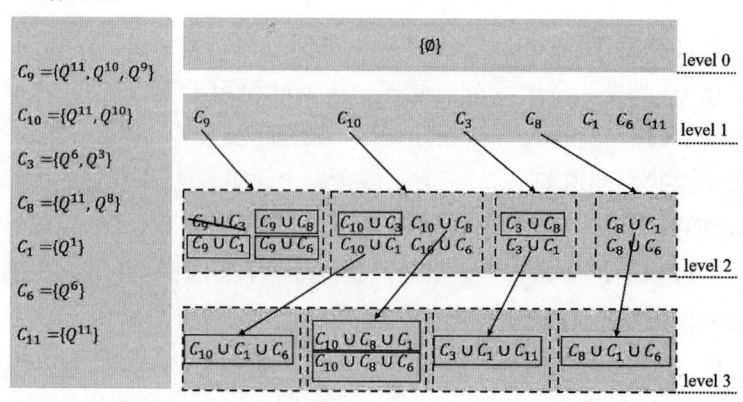

图 4.6　计算酒店数据集中大小为 4 的 Skyline 团组

第4章 Skyline 团组的并行计算方法

算法4.7：The parallel GShyline algorithm

Input：前k层Skyline 层次
Output：包含k个元组的Skyline团组

1　**begin**　根据前k层Skyline层次中的元组计算每个元组的cell并按照
2　　　　　　元组的层次对构建的cell进行反向排序；
3　　　Group candi[max];
4　　　**for** 对于大小为 1 的每一个 cell G **do**
5　　　　　**if** $|G^{last}|_p = k$　将G^{last}添加到结果；
6　　　　　**if** $|G^{last}|_p \leq k$　break；
7　　　　　length $\leftarrow$ 0；
8　　　　　candi[length] $\leftarrow G$；
9　　　　　length ++；
10　　　　**while** length > 0 **do**
11　　　　　　length --；
12　　　　　　$G^t \leftarrow$ candi[length]；
　　　　　　　//并行阶段
13　　　　　　**for** 对于 G^t Tail Set 中的每一个 cell C_j **do**
14　　　　　　　**if** $Q^j \notin G^t$ **then**
15　　　　　　　　$G^{new} \leftarrow G^t \cup C_j$；
16　　　　　　　　**if** $|G^{new}|_p = k$ **then**
17　　　　　　　　　将C_j标记为 Skyline 团组；
18　　　　　　　　**else if** $|G^{new}|_p < k$ **then**
19　　　　　　　　　将C_j标记为备选团组； //串行阶段

20　　　　　　**for** 对于 G^t Tail Set 中的每一个 cell C_j **do**
21　　　　　　　**if** C_j 被标记为 Skyline 团组 **then**
22　　　　　　　　将$G^t \cup C_j$添加到结果；
23　　　　　　　**else if** C_j 被标记为备选团组 **then**
24　　　　　　　　candi[length] $\leftarrow G^t \cup C_j$；
25　　　　　　　　length ++；
26　　　**return** results；

因为大小为 1 个 cell 的团组按照顺序 $<C_9, C_{10}, C_3, C_8, C_1, C_6, C_{11}>$ 被处理。我们使用 C_j.index 表示 C_j 在大小为 1 个 cell 团组中的顺序。比如在图 4.6 中，C_9.index = 1，C_{10}.index = 2，C_{11}.index = 7。我们定义 Tail Set 如下：

定义 4.6 (Tail Set) 一个 $G = C_i \cup \cdots \cup C_j$ 的 Tail set 是一个大小为 1 的 cell 集合。假设 C_j 在 G 中次序最小，那么 Tail Set = $\{C_t \mid C_t.\text{index} > C_j.\text{index}\}$。

比如在图 4.6 中，如果 $G = C_9$，那么它的 Tail Set 是 $\{C_{10}, C_3, C_8, C_1, C_6, C_{11}\}$。如果 $G = C_9 \cup C_3$，那么它的 Tail Set 是 $\{C_8, C_1, C_6, C_{11}\}$。

在算法 4.7 中，我们首先将 G 的 Tail Set 全部添加进 G 构成新的 G^{last}。如果 $|G^{\text{last}}|_p \leq k$，那么 G 全部子树可以被删除；如果 $|G^{\text{last}}|_p = k$，那么 G^{last} 是一个 Skyline 团组。比如在图 4.6 中，$k = 4$，$G = C_1$，那么 G 的 Tail Set 是 $\{C_6, C_{11}\}$，并且 $G^{\text{last}} = \{Q^1, Q^6, Q^{11}\}$。因为 $|G^{\text{last}}|_p = 3 < 4$，我们可以跳过计算 G 的子树，比如 $G \cup C_6$，$G \cup C_{11}$，$C_6 \cup C_{11}$。

Tail Set 剪枝。对于层次 i 上的备选团组 G，我们不需要添加 Tail Set 中的每一个 cell 来计算在层次 $i+1$ 上的备选团组。比如，如果 Q^i 在 G 的家长列表中，那么 G 等于 $G \cup C_i$。因此，对于任意一个团组 G，如果 Q^i 是 G 的家长列表中的元组，那么可以将 C_i 从 G 的 Tail Set 中删除。比如，团组 $G = C_9 \cup C_8$ 的家长列表包含 $\{Q^{10}, Q^{11}\}$，所以可以将 C_{11} 从 G 的 Tail Set $\{C_1, C_6, C_{11}\}$ 中删除。

对于 Tail Set 剪枝，我们证明了以下引理。

引理 4.4 如果 $Q^j \in G$，那么 $G = G \cup C_j$。

证明：如果 $Q^j \in G$，那么 $\exists C_i \subseteq G \rightarrow Q^j \in C_i$。因此，$Q^j$ 是 Q^i 的家长或者 $Q^j = Q^i$。因此 $C_j \subsetneq C_i \text{ or } C_j = C_i$。所以 $G = G \cup C_j$。

根据引理 4.4，我们能够极大地增强 Tail Set 剪枝的效率。比如在 unit-wise + 算法中有三个循环处理备选团组 G。第一个循环用来计算 G 中每个元组的家长，第二个循环根据家长集合剪枝 Tail Set 中的冗余团组，第三个循环使用 Tail Set 中剩余的团组构建新的备选团组。根据引理 4.4，我们将这三个循环合并成算法 4.7 (Line 13~19) 中的一个循环。算法 4.7 使用深度优先搜索，并且包含一个并行阶段和一个串行阶段。

在并行阶段 (Line 13~19)，对于 Tail Set 中每一个大小为 1 的 cell G'，G' 都被一个独立的线程处理。线程访问 Tail Set 中的 cell 是乱序的。对于任意一个新计算的备选 $G^{\text{new}} = G' \cup C_j$，如果 G^{new} 包含 k 个元组，C_j 被标记为 Skyline 团组；如果 G^{new} 包含少于 k 个元组，C_j 被标记为 candidate。显然，这个过程

是充分并行的。在串行阶段（Line 20~25），我们首先检测 C_j 的标签，然后将新产生的 Skyline 团组加入结果并且根据标签更新备选团组栈。酒店数据集的大小为 4 的 Skyline 团组的结果如图 4.6 所示。

4.4.3　时间复杂度分析

算法 4.6 的时间复杂度在最坏情况下是 $O(S_k^2)$，其中 S_k 表示前 k 层 Skyline 层次中包含的元组数目。| cell | 表示大小为 1 的 cell 的数目。在最坏的情况下，所有大小为 1 的 cell 都只包含一个元组。因为我们需要计算大小为 k 的 Skyline 团组，所以在最坏情况下的时间复杂度是 100。因此算法 4.7 的时间复杂度是 100。

然而，在实际情况下除了第一层的元组之外，前 k 层中的其他元组的大小为 1 的 cell 都包含大于一个元组，这就表明绝大多数大小为 1 的 cell 包含多于一个元组。更进一步，Tail Set 剪枝技术剪枝了大量的备选团组，这能够极大地减少算法 4.7 的计算量。

4.5　实　　验

在这一节中，我们进行了大量充足的实验来测试我们算法的性能和扩展性。我们所有的实验都在同一个服务器上运行。这台服务器有 64 GB 大小的内存并且有两个主频为 2.0 GHz 的 8 核 Intel Xeon E7-4820 处理器，所以一共可以提供 16 个核。我们实现了提出的所有算法，并且还实现了 4 个现阶段相关的算法。

Hybrid：现阶段计算传统 Skyline 的多核算法。在文献[57]中表明 Hybrid 比其他多核算法快 100-fold 并且在使用 16 条线程时比现阶段串行算快 10 倍。我们使用 Hybrid 迭代计算前 k 层 Skyline 层次。

Sequential：现阶段计算前 k 层 Skyline 层次的串行算法。为了便于描述，在本书中我们将这个算法标记为 Sequential。

Unit-wise +：现阶段的串行算法计算大小为 k 的 Skyline 团组。三个算法 point-wise、unit-wise 和 unit-wise + 在文献[41]提出用于计算 Skyline 团组。unit-wise + 是在时间和空间表现中最好的。

PUW+：我们实现的 unit-wise+算法的并行版本。我们使用多线程并行处理 unit-wise+算法中的循环。

所有的算法都由 C++编程实现。对于多线程编程，我们使用 Open MPAPI（v3.0）。为了研究我们算法的扩展性，我们按照文献[3]中提出的标准数据生成器生成了正相关、独立分布和反相关数据集。同时，我们也使用文献[57]中使用过的三个真实数据集：NBA、House 和 Weather。这些数据集的属性信息如表 4.2 所示。

表 4.2　相对于 Sequential 算法的加速比

数据集	n	d	k	加速比
NBA	17 264	8	5	5.4
House	127 931	6	5	7.9
Weather	566 268	15	5	20.7
Corr	1M	12	5	10.7
Indep	1M	12	5	19.3
Anti	1M	12	5	19.9

注：1M 表示一百万条数据流。下同。

4.5.1　总体性能分析

我们首先比较 Sequential 算法和 unit-wise+算法的性能，结果如图 4.7 所示。我们发现在三种数据分布情况下 unit-wise+算法运行时间所占的比例随着 k 增加

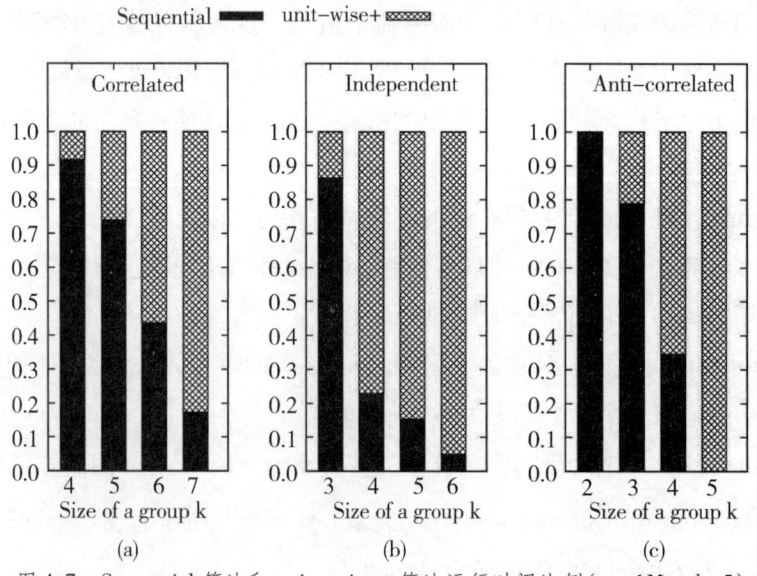

图 4.7　Sequential 算法和 unit-wise+算法运行时间比例（$n=1M$，$d=5$）

而增加。当 k 很小时，Sequential 算法的运行时间占了整个过程的主要部分，但是当 k 很大时，unit-wise + 算法的运行时间占了很大部分。因此，研究如何并行计算前 k 层 Skyline 层次和计算 Skyline 团组都是非常重要的。

图 4.8 中展示了算法 4.1 和算法 4.7 并行 16 条线程的实验结果。通过图 4.8 我们可以看出：算法 4.1 和算法 4.7 运行时间所占的比例和图 4.7 中 Sequential 算法和 unit-wise + 算法运行时间所占的比例类似。这表明算法 4.1 和算法 4.7 中的并行都是非常有效的。

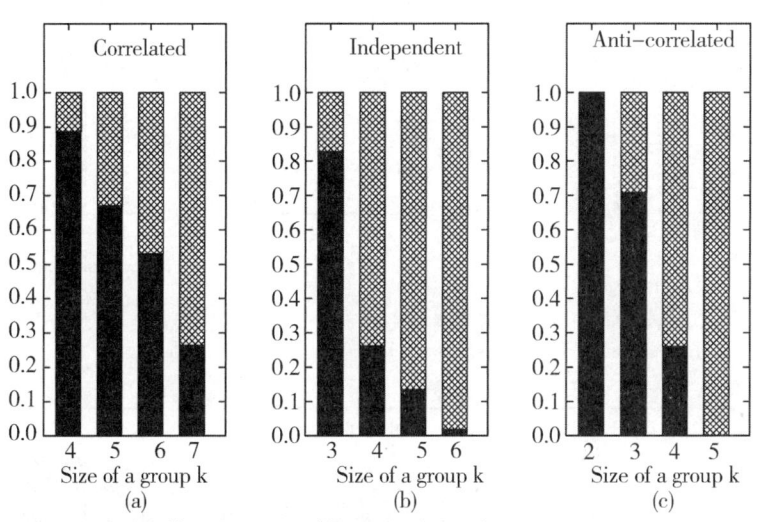

图 4.8 并行算法和 PUW + 算法运行时间比例（$n=1M$，$d=5$，$t=16$）

4.5.2 计算 Skyline 层次性能分析

在这一小节中，我们仔细分析了算法 4.1 的性能。我们首先将算法 4.1 的运行时间分解为不同的阶段，通过这个过程我们分析分块大小 α 的影响。然后，我们研究了在不同环境下算法 4.1 的扩展性。

1. 分块大小的影响

我们对 α 的影响进行了一个多粒度实验。如图 4.9 和图 4.10 所示，运行时间被分解为很多阶段。算法 4.1 并发 16 条线程（$t=16$）前 5 层 Skyline 层次。

如图 4.9 所示，$\alpha \in \left[\dfrac{n}{200}, \dfrac{n}{50}\right]$ 是在三种数据分布中的最优选择，α 在这个数据区间时候算法运行时间基本相同。在这个区间之外运行时间总是增加。尽管 $\alpha = \dfrac{n}{10^2}$ 不是在所有情况下都是最优解，但是也与最优解非常接近。因此，我们在所有的实验中都把 α 设置为 $\alpha = \dfrac{n}{10^2}$。

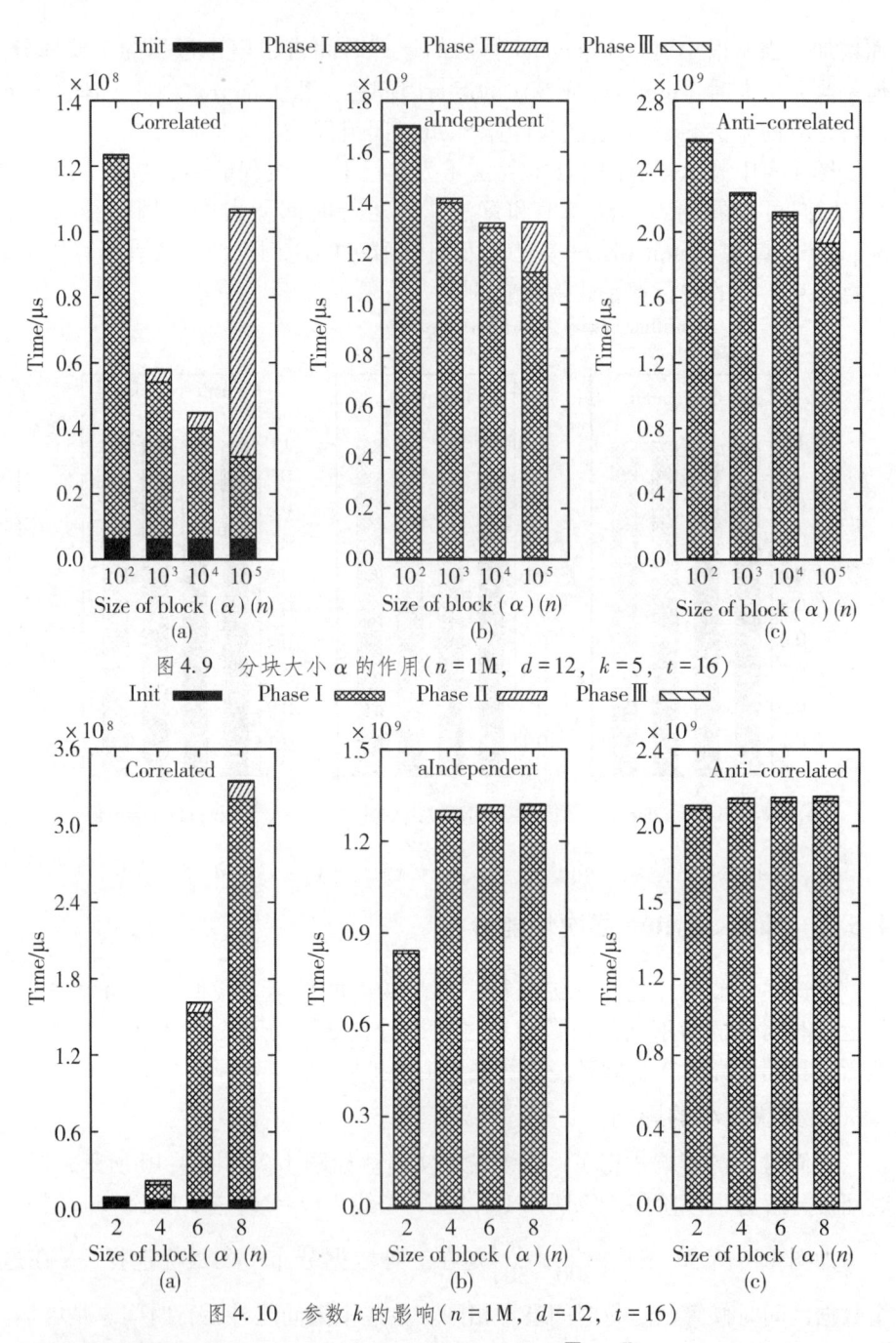

图 4.9　分块大小 α 的作用 ($n=1\text{M}$, $d=12$, $k=5$, $t=16$)

图 4.10　参数 k 的影响 ($n=1\text{M}$, $d=12$, $t=16$)

通过图 4.9 和图 4.10 我们发现：将 α 设置为 $\overline{\alpha}=\dfrac{n}{10^2}$ 之后，阶段 I 在三种数据分布情况下都占整个运行时间的主要部分。更进一步，相比于阶段 I，Initialization 的运行时间非常小，阶段 III 的运行时间可以忽略不计。

第 4 章　Skyline 团组的并行计算方法

接下来，我们进行了大量的实验来测试算法 4.1 的性能。实验结果如图 4.10 所示。我们发现在正相关数据集中算法 4.1 的运行时间随着 k 增大指数增加，然而在独立分布数据集中算法的运行时间在 $k>4$ 时保持稳定。这是因为在独立分布数据集中大部分元组都在前 4 层 Skyline 层次当中。

通过图 4.9 和图 4.10 我们发现：尽管算法 4.1 的运行时间在不同情况下差别很大，但是阶段 I 始终在整个过程中占主导部分。因为这个阶段是充分并行的，所以算法 4.1 能达到高性能。

2. 并行扩展性分析

下面我们分析算法 4.1 和 Hybrid 算法的多线程扩展性能。我们通过在不同大小的数据集和不同维度的数据集上增加线程数来测试算法的性能。图 4.11 和图 4.12 显示算法 4.1 和 Hybrid 算法在不同环境下都保持着良好的多线程扩展特性。

算法 4.1 在所有数据集上都保持优势。在图 4.11 和图 4.12 中，算法 4.1 在所有大小和维度的独立和反相关数据集上都比 Hybrid 算法快 2 倍以上。在正相关数据集上，当 $n \geq 1M$ 并且 $d \geq 12$ 时，算法 4.1 大约比 Hybrid 算法快 1.4 倍。因此，尽管 Hybrid 在计算传统的 Skyline 时很有效，但是迭代 Hybrid 算法计算前 k 层 Skyline 层次的效率并不高。

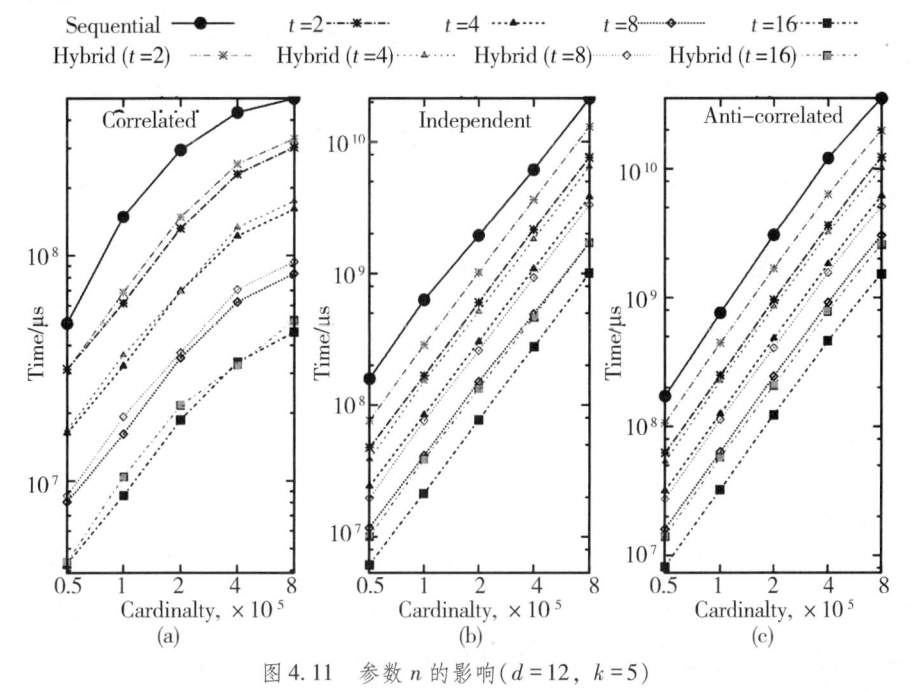

图 4.11　参数 n 的影响（$d=12$，$k=5$）

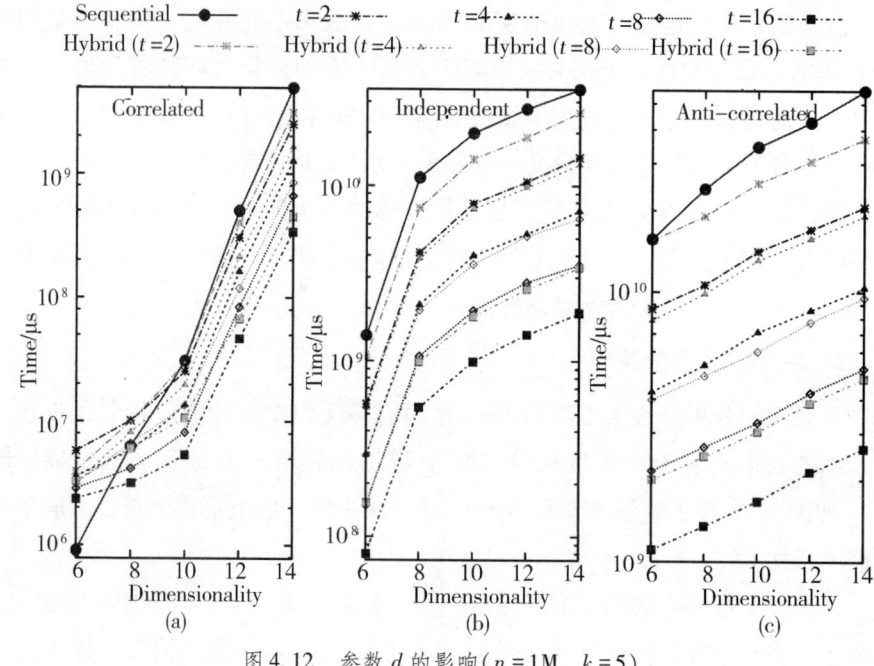

图 4.12 参数 d 的影响($n=1$M, $k=5$)

我们同时也测试了算法 4.1 在并发不同线程情况下的性能。在有挑战的数据集上，比如 $n \geq 1$M 并且 $d \geq 12$ 时，在正相关、独立分布、反相关数据集上算法 4.1 在并发 16 条线程的运行速度是算法 4.1 并发 2 条线程运行速度的 6.5 倍、7.0 倍和 7.4 倍。在表 4.2 中我们显示了算法 4.1 在并发 16 条线程情况下相对于 Sequential 算法的加速比。由于使用了精密设计的数据结构来存储 Skyline 层次，所以在 Weather、独立分布和反相关数据集上算法 4.1 在并发 16 条线程的情况下比 Sequential 算法快 16 倍以上。

4.5.3 计算 Skyline 团组性能分析

在这一小节中，我们首先通过将算法 4.7 的运行时间分解成不同的阶段详细分析算法的性能。接下来，我们使用真实和合成数据集上的实验结果详细分析了算法 4.7 的扩展性。

1. 分解运行时间

在真实数据集上的实验结果如图 4.13 所示。我们分别计算在 NBA、House 和 Weather 数据集上大小为 5、4 和 3 的 Skyline 团组。运行时间被分割为不同的阶段。算法 4.6 的运行时间包含在 other 部分。通过图 4.13 我们发现：并行 phase 占整个过程的主要部分，甚至当算法 4.7 并发 16 条线程的时候也是如此。更进一步，与并行 phase 相比，串行 phase 和算法 4.6 的开销都非常小。因为并行 phase 是充分并行实现的，算法 4.7 在计算 Skyline 团组的时候非常高效。

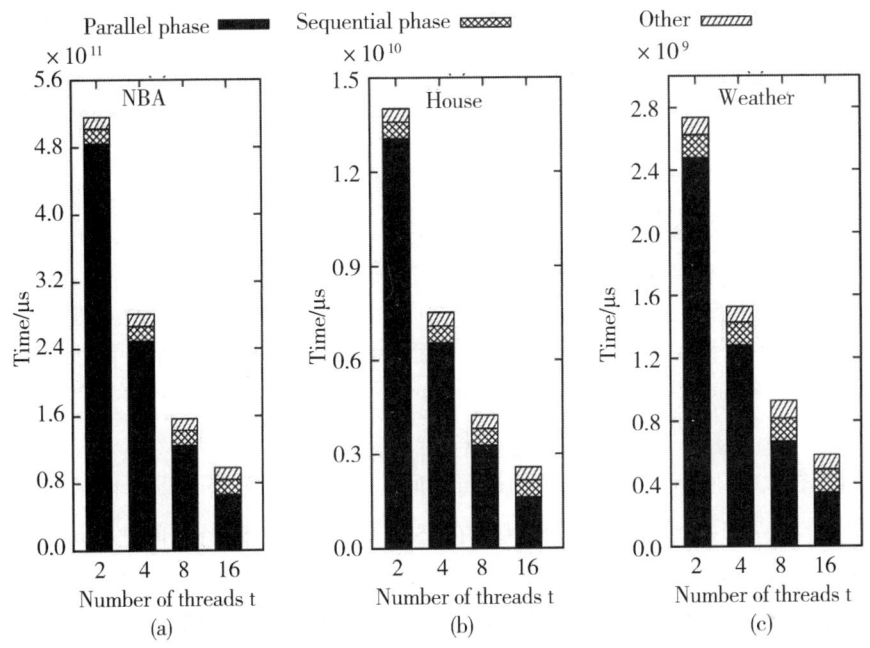

图 4.13　在真实数据集上计算 Skyline 团组

2. 并行扩展性分析

下面我们分析算法 4.7 的多线程扩展特性。我们研究在不同大小、维度的数据集上算法的多线程扩展特性。

如图 4.13 所示，并行 phase 的运行时间随着线程数的翻倍而减半。这验证了算法 4.7 的高线程扩展性。

如图 4.14 所示为算法 4.7 在二种合成数据集上的运行时间随 n 的变化。我们测试了算法 4.7 在不同线程下的性能。如图 4.14(a) 所示为在正相关数据集上的结果。由于在 Skyline 层次中只有几百个元组，unit-wise + 算法的最大运行时间小于 6 ms。因此，算法 4.7 的运行时间比 unit-wise + 算法的运行要长是因为线程并行的开销。通过图 4.14(b) 和图 4.14(c) 我们发现：算法 4.7 随着线程数目增加线性扩展。在有挑战的数据集上，比如 $n=1.6M$ 和 $d=8$，在独立分布和反相关数据集上算法 4.7 在并发 16 条线程的情况下比算法 4.7 并发 2 条线程时候快 5.3 倍和 5.6 倍。

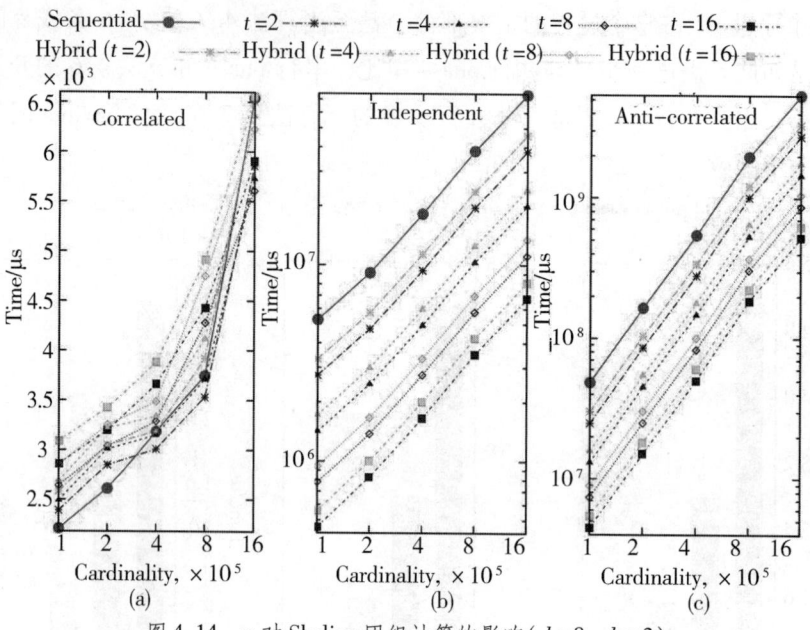

图 4.14 n 对 Skyline 团组计算的影响($d=8$, $k=3$)

如图 4.15 所示为算法 4.7 的运行时间在三种不同分布情况下随 d 变化的情况。与图 4.14(a)相似，算法 4.7 在正相关数据集的运行时间比 unit-wise + 算法长。从图 4.15(b)和图 4.15(c)我们可以发现：算法 4.7 的加速比随着 d 增加而增加。更进一步，算法 4.7 随着并行线程增加扩展良好。

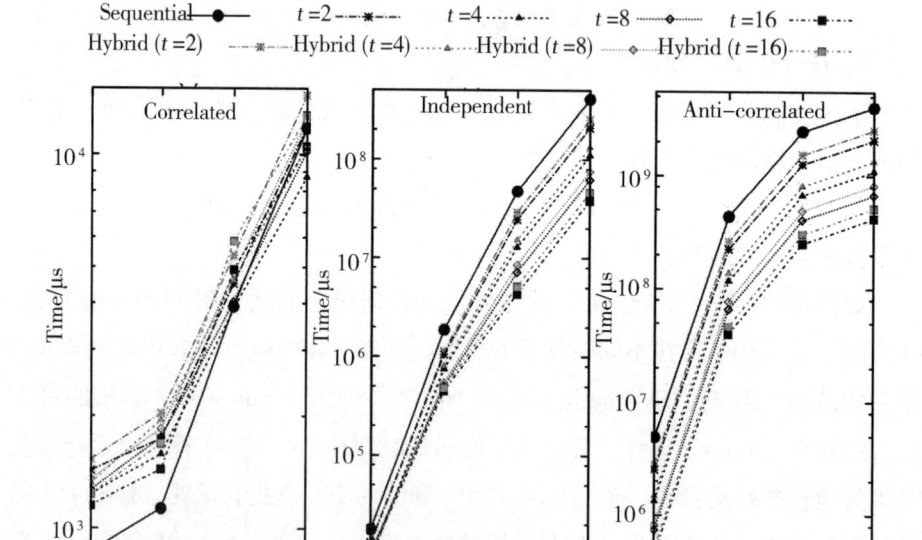

图 4.15 d 对 Skyline 团组计算的影响($n=1M$, $k=3$)

如图 4.16 所示为算法 4.7 的运行时间和团组大小 k 的关系。算法 4.7 的运行时间在不同数据分布情况下随 k 的变化非常大。通过图 4.16(a)、(b) 和 (c) 发现：与独立分布和反相关数据分布相比，在正相关数据分布情况下算法 4.7 的运行时间随着 k 增加变化不大。所以，在正相关数据分布情况下我们每次实验将 k 值增加 8。在独立分布和反相关数据分布情况下，我们实验每次将 k 每次增加 4 和 2。从图 4.16 中的三幅子图可以看出：在不同的数据分布情况下，算法 4.7 性能随着线程数目的增加线性扩展。

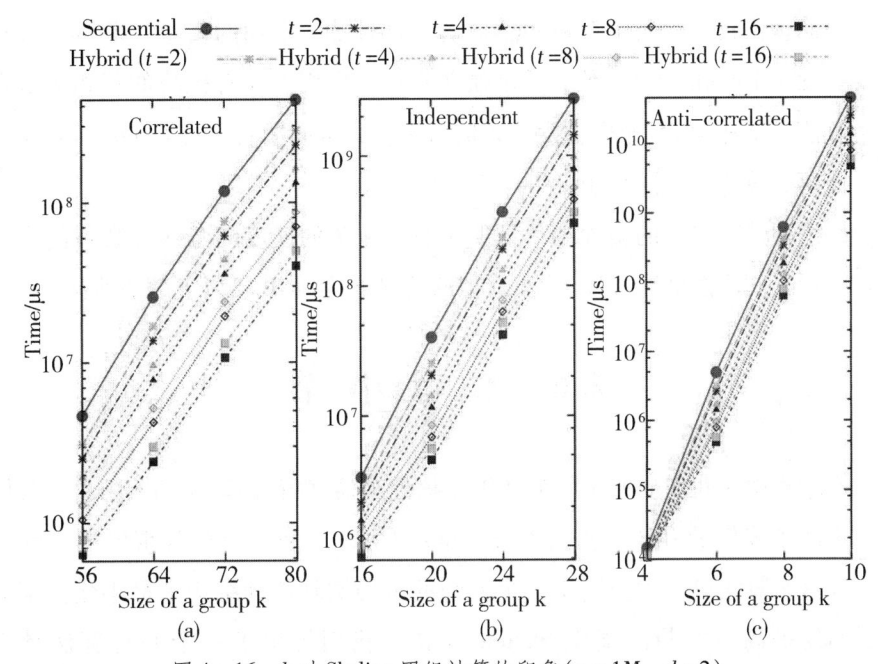

图 4.16 k 对 Skyline 团组计算的印象 (n =1M，d =2)

在表 4.3 中我们展示了算法 4.7 在并发 16 条线程的相对于 unit-wise + 算法的加速比。我们当 $k \geqslant 4$ 时，算法 4.7 在真实数据集上的加速比是 unit-wise + 算法的 10 倍。

在合成数据集上，算法 4.7 在并发 16 条线程的时候在数据正相关分布情况下的运行时间比 unit-wise + 算法长。这是因为只有很少的元组在前 3 层 Skyline 层次表 4.3 并行算法的性能中。在独立分布和反相关分布情况下，算法 4.7 在并发 16 条线程的情况下的运行速度是 unit-wise + 算法的 10 倍以上。

表 4.3 并行算法的性能

数据集	n	d	k	加速比
NBA	17 264	8	5	10.2
House	127 931	6	4	9.8
Weather	566 268	15	3	7.9
Corr	1M	10	3	0.78
Indep	1M	10	3	9.5
Anti	1M	10	3	9.7

我们也比较了算法 4.7 和 PUW + 算法的性能。上述的实验结果如图 4.14 所示。图 4.15 和图 4.16 展示了在独立分布、反相关和有挑战的正相关数据集上算法 4.7 比 PUW + 算法快 1.2 倍。实验结果表明直接并行 unit-wise + 算法不能达到算法 4.7 的性能。

综上所述，以上的实验结果证明了算法 4.7 的速度随着线程数目的增加线性扩展，并且能够在并发 16 条线程的情况下达到 10 倍以上的加速比。

4.6 本章小节

在本章中，我们研究了如何使用多核处理器并行计算 Skyline 团组。我们首先介绍了我们的并行算法计算 Skyline 层次，这是一个非常重要的中间结果。在这个算法里，我们使用一个精细的全局贡献数据结构来最小化支配测试并行维护高吞吐量。基于 Skyline 层次，我们提出了一个并行算法计算 Skyline 团组。我们通过新的剪枝技术大幅度提高了我们并行算法的效率。通过将运行时间分解我们发现：计算 Skyline 层次和 Skyline 团组中的最消耗时间的部分被充分并行了。更进一步，基于真实和合成数据集的大量实验证实了我们算法优秀的扩展能力和高效的并行性能。

第 5 章

基于 Skyline 团组的 Top-k 支配查询

对 Skyline 团组进行 Top-k 支配（TKD）查询返回能够支配一个数据集中最多元组的 k 个 Skyline 团组。它结合了 Skyline 团组和 Top-k 支配查询的优势，在优化决策、市场分析、推荐系统和数量经济学中扮演着重要角色。Skyline 团组概念的提出是为了解决传统 Skyline 查询只能查询单个数据元组而不能分析一组元组的不足。然而 Skyline 团组的输出是巨大的，这对于 Skyline 团组运行是一个潜在的限制。在本书中，我们展开了对 Skyline 团组进行 TKD 查询的系统研究。我们正式定义了这个新颖的问题并且为所有 Skyline 团组的定义都设计出高效的算法来查找 Top-k Skyline 团组。我们进行了大量的实验结果证明我们算法的高效性。

5.1 引　　言

Skyline 查询被广泛应用与多目标决策应用当中查找不被其他元组所支配的元组。考虑两个多维元组 P 和 Q，P 支配 Q 当且仅当 P 在所有维度都不比 Q 差并且至少在一个维度上严格比 Q 好。假设一个数据集 D 是由 n 个 d 维数据元组构成。

Q^i 代表第 i 个元组并且 $Q^i = (Q_1^i, Q_2^i, \cdots, Q_d^i)$。如果我们更偏好数值大的属性值，那么 Q^i 支配 Q^j，表示为 $Q^i < Q^j$，当且仅当对于任意一个 λ，$Q_\lambda^i \geqslant Q_\lambda^j$ 并且至少存在一个 λ 使得 $Q_\lambda^i > Q_\lambda^j$。如图 5.1 所示为一个 Skyline 查询的例子。数据集如图 5.1（左）所示包含了 10 个数据元组，并且每一个元组有三个维度 d_1、d_2 和 d_3。我们可以发现 $Q^1(10, 0, 0) < Q^4(7, 0, 0)$ 是一个元组之间

的支配例子。如图 5.1(b)所示，Skyline 集合包括 Q^1、Q^2、Q^3 和 Q^7。

尽管 Skyline 查询在多目标决策应用中被广泛使用，但是 Skyline 查询不足以回答数据元组的组合查询[24~26，40，41]。特别地，在很多实际应用当中，我们需要找到一组点不被另一组点所支配的组合。比如，在虚拟运动游戏当中，玩家需要在众多运动员中挑选一组队员组成自己的队伍。所以，队伍中有很多队员并不是来自真实世界的同一队。每一个运动员都由一组统计数据表示。显然，玩家都会组成不被其他队伍所支配的队伍。

如文献[24~26，40，41]所述，一个 Skyline 团组可以包含 Skyline 元组和非 Skyline 元组，所有的元组都有机会构成一个 Skyline 团组。假设一个团组由 l 个元组构成。这样就有 C_n^l 种可能，这比 Skyline 查询中的 n 个候选元组要大得多。

尽管 Skyline 团组运算能够剪枝大量备选元组，但是 Skyline 团组的输出还是非常大。文献[24~26，40，41，108]的实验结果显示在输入只有几千个元组的情况下输出够达到百万级别。这么大规模的输出非常不便于用户做出一个好的快速的选择。

Points	d_1	d_2	d_3
Q^1	1	7	1
Q^2	2	3	3
Q^3	7	0	0
Q^4	1	5	0
Q^5	0	4	1
Q^6	0	0	4
Q^7	1	1	2
Q^8	0	1	3
Q^9	0	1	3
Q^{10}	1	0	3

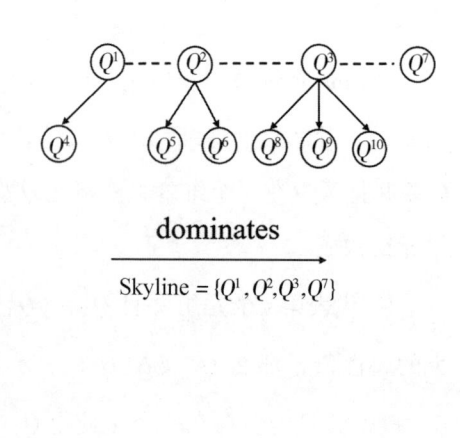

(a)

(b)

图 5.1　一个 Skyline 查询的例子

Skyline 团组大规模的输出促使我们设计一个高效的算法来选出最好的 k 个 Skyline 团组。这 k 个 Skyline 团组应该是最有代表性的。受到 Top-k 支配查询和代表 Skyline 查询的启发,我们定义最有代表性为团组所能够支配元组的数量。这里,我们定义一个元组 Q 能被一个团组 G 支配当且仅当至少存在一个元组 Q' 属于 G 满足 $Q'<Q$。在现实生活中有很多应用比如推荐系统都需要选择 Top-k 团组。

据我们所知,我们是第一个研究对 Skyline 团组进行 TKD 查询的。为了描述方便,我们定义一个 $score(G)$ 函数,来计算被团组 G 所支配的元组数目。

一个最直接的对 Skyline 团组进行 TKD 查询的方法是利用现存的 Skyline 团组计算方法计算所有的 Skyline 团组,然后为每个 Skyline 团组计算分数,接着选出分数最高的 k 个团组。显然,这个方法并不高效。第一,利用现存的方法计算 Skyline 团组的计算量是非常大的,特别是当团组的大小 l 和数据集大小 $|D|$ 都非常大的情况。第二,与在独立的元组上进行 TKD 查询只需要对每个元组计算一次分数不同,我们需要计算检测被团组中的元组所支配的元组多次。这次因为在大多数情况下 $score(G)$ 并不等于 $\sum_{Q \in G} score(Q)$。这将导致很严重的重复计算问题,所以计算每个团组的分数是十分复杂的。

为了解决第一个问题,我们设计了多种剪枝计算来增加查询效率。与直接方法需要计算所有的 Skyline 团组不同,我们的算法能够在不用计算所有的 Skyline 团组的情况下就返回 Top-k 支配 Skyline 团组。这极大地提升了相对于 Skyline 团组进行 TKD 查询的效率。为了解决第二个问题,我们设计了一个基于位图索引的方法来计算团组的分数。这极大地减少了计算团组分数的花费。更进一步,我们将文献[117]提出的位图压缩技术融合到我们的算法当中,这极大地减少了我们位图索引的空间开销。

5.2 问题定义

在这一节中,我们介绍了问题的定义。为了方便阅读,我们将常用的概念在表 5.1 中进行总结。

表 5.1 常用符号含义表

符号	含义
D	一个 d 维数据集
d	维度数
n	D 中包含元组数目
k	Top-k 中的 k
l	团组的大小
Q^i	数据集 D 中的第 i 个元组
Q^i_j	Q^i 的第 j 个维度的属性值
$<$	支配关系
Skyline	数据集 D 的 Skyline
G-Skyline	数据集 D 的 Skyline 团组
S_k	Top-k 支配 Skyline 团组的集合
score(G)	团组 G 支配元组的数目

首先我们介绍团组之间支配关系。我们使用<来表达团组之间的支配关系。$G<G'$ 表示 G 支配 G'。团组之间的支配关系在当前的工作中可以划分为两种。

定义 5.1 ($<_p$) 假设 $G=\{Q^1, Q^2, \cdots, Q^l\}$ 和 $G'=\{Q^{1\prime}, Q^{2\prime}, \cdots, Q^{l\prime}\}$ 是两个大小为 l 不同的团组。$G<_p G'$,当且仅当 G 和 G' 中存在两种排列组合 $G=\{Q^{u1}, Q^{u2}, \cdots, Q^{ul}\}$ 和 $G'=\{Q^{u1\prime}, Q^{u2\prime}, \cdots, Q^{ul\prime}\}$ 满足对于任意 i,$Q^{ui} \leq Q^{ui\prime}$ 并且至少存在一个 i 满足 $Q^{ui} < Q^{ui\prime}$ ($1 \leq i \leq l$)。

如图 5.1 所示,由于 $Q^1 < Q^4$ 并且 $Q^2 < Q^5$,所以 $\{Q^1, Q^2\} <_p \{Q^4, Q^5\}$。

定义 5.2 ($<_f$) 对于一个聚合函数 f 和一个团组 $G=\{Q^1, Q^2, \cdots, Q^l\}$,那么 G 被一个元组代表 Q,其中 $Q_j = f(Q^1_j, Q^2_j, \cdots, Q^l_j)$。对于两个不同的团组 G 和 G',Q 和 Q' 分别代表 G 和 G'。我们定义 $G<_f G'$ 当且仅当 $Q<Q'$。

在本章中,我们研究两种不同的聚合函数。第一种聚合函数是严格单调的,这表明 $f(Q^1_j, Q^2_j, \cdots, Q^l_j) > f(Q^{1\prime}_j, Q^{2\prime}_j, \cdots, Q^{l\prime}_j)$ 当且仅当对于任意

的 $i \in [1, l]$ 满足 $Q_j^i \geqslant Q_{j'}^i$，并且 $\exists \lambda$ 满足 $Q_j^\lambda > Q_{j'}^\lambda$，其中 $1 \leqslant \lambda \leqslant l$。对于严格单调的函数，我们研究了 SUM。我们还研究了两种非严格单调的函数 MAX 和 MIN。表 5.2 中展示了不同聚合函数情况下的团组支配关系。

表 5.2　不同聚合函数情况下的团组支配关系

团组	Points	SUM	MAX	MIN
G	$Q^2(1, 7, 1)$　$Q^3(2, 3, 3)$　$Q^4(7, 0, 0)$	(10, 10, 4)	(7, 7, 3)	(1, 0, 0)
G'	$Q^3(2, 3, 3)$　$Q^4(7, 0, 0)$　$Q^5(1, 5, 1)$	(10, 8, 4)	(7, 5, 3)	(1, 0, 0)
DominanceRelation		$G <_f G'$	$G <_f G'$	$G = G'$

定义 5.3　(G-Skyline) 大小为 l 个元组的 G-Skyline 是由不被其他团组所支配的大小为 l 个元组构成的团组组成。

考虑图 5.1(b) 所示的数据集，假设 $l = 2$，基于上述定义的 Skyline 团组如表 5.3 所示。

表 5.3　基于不同定义的 Skyline 团组

<	Skyline Groups
Permutation	$\{Q^2, Q^3\}, \{Q^1, Q^3\}, \{Q^1, Q^2\}, \{Q^3, Q^9\},$ $\{Q^3, Q^8\}, \{Q^3, Q^{10}\}, \{Q^3, Q^7\}, \{Q^2, Q^7\},$ $\{Q^2, Q^5\}, \{Q^2, Q^6\}, \{Q^1, Q^7\}, \{Q^1, Q^4\}$
SUM	$\{Q^2, Q^3\}, \{Q^1, Q^3\}, \{Q^1, Q^2\}, \{Q^3, Q^9\},$ $\{Q^3, Q^9\}, \{Q^3, Q^{10}\}, \{Q^3, Q^7\}, \{Q^2, Q^7\},$ $\{Q^2, Q^6\}, \{Q^2, Q^5\}, \{Q^1, Q^7\}, \{Q^1, Q^4\}$
MAX	$\{Q^2, Q^3\}, \{Q^1, Q^3\}, \{Q^1, Q^2\}, \{Q^3, Q^7\},$ $\{Q^2, Q^7\}, \{Q^1, Q^4\}$
MIN	$\{Q^2, Q^3\}, \{Q^3, Q^{10}\}, \{Q^3, Q^8\}, \{Q^3, Q^9\},$ $\{Q^2, Q^6\}, \{Q^2, Q^5\}, \{Q^1, Q^4\}$

接下来，我们定义如何在 Skyline 团组上进行 TKD 查询。首先，我们定义 score(G)。

定义 5.4 （团组 G 的分数）$score(G) = |\{Q \in D\text{-}G | \exists Q' \in G \wedge Q' < Q\}|$。

比如，在图 5.1 中，如果 $G = \{Q^2, Q^3\}$，那么 $score(G) = |\{Q^5, Q^6, Q^8, Q^9, Q^{10}\}| = 5$。

定义 5.5 （Skyline 团组上的 TKD 查询）Skyline 团组上的 TKD 查询返回 k 个分数最高的 Skyline 团组 $S_k \subseteq G\text{-}Skyline$。所以我们得到：

$$\forall G \in S_k, \forall G' \in (G\text{-}Skyline - S_k) \rightarrow score(G) \geq score(G')。$$

显然，定义 5.5 可以被运用来查找基于定义 5.1 和定义 5.2 的 Top-k 支配 Skyline 团组。假设 $k = 2$，那么基于不同定义的 Top-2 支配 Skyline 团组如表 5.4 所示。在表 5.4 中的 Skyline 团组的分数都大于或等于 Threshold，同时在 S_k 外面的 Skyline 团组的分数都小于或等于 Threshold。

表 5.4 Skyline 团组上 TKD 查询的结果

<	$k=2$	Threshold
Permutation	$\{Q^2, Q^3\}, \{Q^1, Q^3\}$	4
SUM	$\{Q^2, Q^3\}, \{Q^1, Q^3\}$	4
MAX	$\{Q^2, Q^3\}, \{Q^1, Q^3\}$	4
MIN	$\{Q^2, Q^3\}, \{Q^3, Q^8\}$	3

我们的目标是为所有 Skyline 团组定义设计 TKD 查询的高效的算法。

5.3 Skyline 团组上的 TKD 查询

在这一节中我们研究了对不同的 Skyline 团组的定义展开 TKD 查询。

5.3.1 基于排列的 Skyline 团组

1. unit-wise + 算法

文献[41]证明了如果一个元组 Q^i 属于基于定义 5.1 的 Skyline 团组 G，那么所有支配元组 Q^i 的元组都必须包含在 G 中。因此，如果一个元组 Q 被多于 $l-1$ 个元组所支配，那么 Q 将不会存在于任何 Skyline 团组当中。基于这个重要的结论，unit-wise + 算法首先剪枝所有输入的元组，然后计算剩下元组的 units。这里，一个元组的 unit 包含这个元组和所有支配这个元祖的元组。最后，unit-wise + 算法合并 units 来得到大小为 l 个元组的 Skyline 团组。

例 5.3.1 假设 $l=3$，数据集如图 5.1(a) 所示。剩余元组的 units 如图 5.2 所示。接下来 units 按照 $<u_{10}, u_9, u_8, u_6, u_5, u_4, u_7, u_3, u_2, u_1>$ 的顺序被处理。对于 u_i 和 u_j，如果 $|u_i \cup u_j| = l$，$u_i \cup u_j$ 作为一个 Skyline 团组被输出。比如，$u_{10} \cup u_9$ 作为一个 Skyline 团组被输出。所有的 Skyline 团组都被红色的实线方框包着。如果 $|u_i \cup u_j| > l$，$u_i \cup u_j$ 被标记为删除。比如，$u_{10} \cup u_6$ 被标记为删除。如果 $u_i \subset u_j$ 或者 $u_j \subset u_i$，那么 $u_i \cup u_j$ 被标记为删除。比如，$u_{10} \cup u_3$ 被标记为删除。如果 $|u_i \cup u_j| < l$，那么 $u_i \cup u_j$ 被用来合并其他的 units。比如，$u_7 \cup u_3$ 被用来合并 u_2 构成一个 Skyline 团组 $u_7 \cup u_3 \cup u_2$。如图 5.2 所示，unit-wise + 算法总共生成了 58 个团组，其中 26 团组是 Skyline 团组。

$u_{10}=\{Q^3, Q^{10}\}, u_9=\{Q^3, Q^9\}, u_8=\{Q^3, Q^8\}, u_6=\{Q^3, Q^6\}, u_5=\{Q^3, Q^5\},$
$u_4=\{Q^1, Q^4\}, u_7=\{Q^7\}, u_3=\{Q^3\}, u_2=\{Q^2\}, u_1=\{Q^1\}$

$\{\Phi\}$

u_{10}　　u_9　　u_8　　u_6 u_5 u_4 u_7 u_3　　u_2　　u_1

$u_{10} \cup u_9$	$u_{10} \cup u_8$	$u_{10} \cup u_6$	$u_5 \cup u_8$	$u_6 \cup u_5$	$u_6 \cup u_4$	$u_8 \cup u_6$	$u_8 \cup u_5$	$u_8 \cup u_4$
$u_{10} \cup u_5$	$u_{10} \cup u_4$	$u_{10} \cup u_7$	$u_5 \cup u_4$	$u_5 \cup u_7$	$u_5 \cup u_7$	$u_8 \cup u_7$	$u_8 \cup u_3$	$u_8 \cup u_2$
$u_{10} \cup u_3$	$u_{10} \cup u_2$	$u_{10} \cup u_1$		$u_9 \cup u_3$	$u_9 \cup u_1$			$u_8 \cup u_1$

$u_6 \cup u_5$	$u_6 \cup u_4$	$u_5 \cup u_4$	$u_5 \cup u_7$	$u_4 \cup u_7$	$u_4 \cup u_3$	$u_7 \cup u_3$	$u_3 \cup u_2$
$u_6 \cup u_7$	$u_6 \cup u_3$	$u_5 \cup u_3$	$u_5 \cup u_2$	$u_4 \cup u_2$	$u_4 \cup u_1$	$u_7 \cup u_2$	$u_3 \cup u_1$
$u_6 \cup u_2$	$u_6 \cup u_1$	$u_5 \cup u_1$				$u_7 \cup u_1$	

| $u_7 \cup u_3 \cup u_2$ | $u_7 \cup u_3 \cup u_1$ | $u_7 \cup u_2 \cup u_1$ | $u_3 \cup u_2 \cup u_1$ |

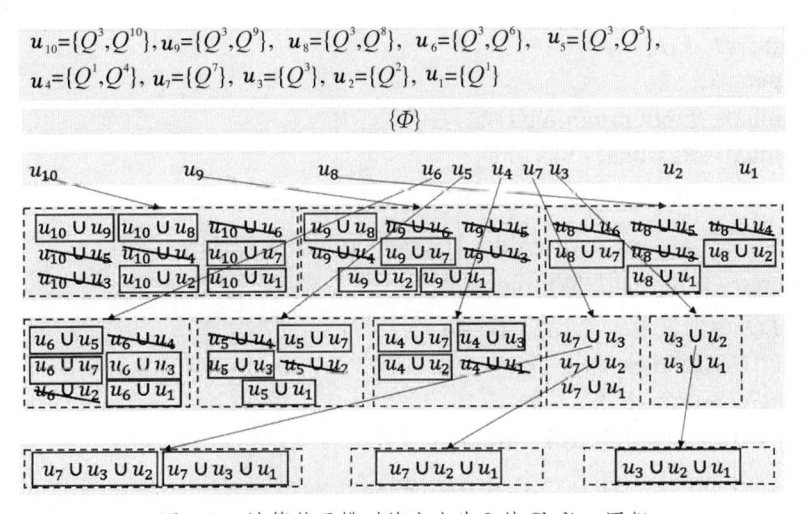

图 5.2　计算基于排列的大小为 3 的 Skyline 团组

2. 基于排列 Skyline 团组上的 TKD 查询

引理 5.1 对于定义 5.1，如果 $G \in G$-Skyline 并且 $G = \{Q^1, Q^2, \cdots, Q^l\}$，那么对于任意 $Q^i \in G$，我们得到 $Q^i \in$ Skyline 或者 $\exists Q^j \in G$ 并且 $Q^j \in$

Skyline→$Q^j < Q^i$。

证明：我们用反证法来证明这个引理。假设 $Q^j < Q^i$ 并且 $Q^i \in$ Skyline，如果 $Q^j \notin G$，我们使用 Q^j 代替 G 中的 Q^i，这个新的团组标记为 G'。对于定义 5.1，如果 $Q^j < Q^i$ 并且其他的元组是一样的，那么 $G' <_p G$，这与 $G \in$ Skyline 相矛盾。

通过引理 5.1，我们可以知道非 Skyline 元组对于 Skyline 团组的分数不做贡献。因此，Top-k 支配 Skyline 团组应该尽可能多的包含 Skyline 元组。基于这个认识，我们提出了算法 5.1 在不需要生成所有 Skyline 团组的情况下来计算 Top-k 支配 Skyline 团组。我们首先使用算法 5.2 计算所有由 Skyline 元组构成的 Skyline 团组。这些团组的大小在 $[1, l]$。PQ 用来存储分数最高的 k 个团组。Skyline^i 在算法 5.2 中指代 Skyline 中的第 i 元组。由于 PQ 中的一些团组包含小于 l 的团组，我们使用算法 5.3 基于这些团组计算大小为 l 的 Skyline 团组。Residual^i 在算法 5.3 中指代 Residual 中的第 i 个元组。

算法5.1: TKD-Permutation (TKDP)

Input: D, k, l;
Output: S_k

1　Residual←Input prunning(D);
2　Residual←Residual - Skyline;
3　$PQ \leftarrow \varnothing$; /* PQ 是按照 scores 升序排列的优先队列 */
4　can←$\varnothing$; /* 将 can 初始化为一个包含 0 个元组的团组 */
5　Generate Groups(0, l, Skyline, can);
6　**for** PQ 中的任意一个团组 G **do**
7　　**if** $|G| < l$ **then**
8　　　$PQ \leftarrow PQ - \{G\}$;
9　　　将 G 添加到团组数组 candidate 中用来恢复;
10　**for** candidate 中的任意一个团组 G **do**
11　　**if** $|PQ| < k$ or score(G) > score(PQ.top()) **then**
12　　　Revive(0, $l - |G|$, Residual, G);
13　$S_k \leftarrow PQ$;

算法5.2：Generate Groups

Input：Pos, length, Skyline；can;
Output：*PQ*

1 **if** length =0 **then**
2   return;
3 **else**
4   **for** $i \leftarrow$ pos; $i <$|Skyline|; i++ **do**
5   temp$\leftarrow$ can; /* temp 是一个团组。*/
6   temp$\leftarrow$temp$\cup$\{Skyline\};
7   **if** $|PQ|<k$ **then**
8   *PQ*.puch(temp);
9   **else**
10   **if** Score(temp) >Score(*PQ*.top()) **then**
11   *PQ*.pop();
12   *PQ*.puch(temp);
13   Generate Groups(i + 1, length −1, Skyline, temp);

Skyline= $\{Q^1,Q^2,Q^3,Q^7\}$ Residual= $\{Q^4,Q^5,Q^6,Q^8,Q^9,Q^{10}\}$

score	size	group	score	size	group	score	size	group	score	size	group
4	3	$\{Q^1,Q^2,Q^3\}$				4	3	$\{Q^1,Q^3,Q^7\}$	4	3	$\{Q^2,Q^3,Q^6\}$
5	2	$\{Q^2,Q^3\}$	4	3	$\{Q^2,Q^3,Q^5\}$	5	3	$\{Q^2,Q^3,Q^5\}$	5	3	$\{Q^2,Q^3,Q^5\}$
5	3	$\{Q^2,Q^3,Q^7\}$	5	3	$\{Q^2,Q^3,Q^7\}$	5	3	$\{Q^2,Q^3,Q^7\}$	5	3	$\{Q^2,Q^3,Q^7\}$
6	3	$\{Q^1,Q^2,Q^3\}$	6	3	$\{Q^1,Q^2,Q^3\}$	6	3	$\{Q^1,Q^2,Q^3\}$	6	3	$\{Q^1,Q^2,Q^3\}$

$PQ = PQ - \{Q^2,Q^3\}$ $PQ = PQ \cup \{Q^2,Q^3,Q^5\}$ $PQ = PQ \cup \{Q^2,Q^3,Q^6\}$
candidate $= \varphi$ candidate $= \{Q^2,Q^3\}$

图 5.3   KPer 算法过程的图形展示

例 5.3.2   假设 $k=4$，$l=3$，那么算法 5.2 的输出如图 5.3(a) 所示。由于团组 $\{Q^2, Q^3\}$ 的大小是 2 小于 l，我们需要根据这个团组计算大小为 l 的团组。我们将 $\{Q^2, Q^3\}$ 从 PQ 中移除，然后将它添加到 candidate，如图 5.3(b) 所示。因为在算法 5.2 中我们生成的所有的团组都由 Skyline 元组构成，我们使用剪枝之后的非 Skyline 元组来生成算法 5.3 中大小为 l 的团组。在算法 5.3 中，Q^4 被略过了，因为 $Q^1 < Q^4$，但是 $Q^1 \notin \{Q^2, Q^3\}$。接下来，我们将 $\{Q^2, Q^3, Q^5\}$ 和 $\{Q^2, Q^3, Q^6\}$ 加入 PQ，如图 5.3(c) 和图 5.3(d) 所示。由于 $\{Q^2, Q^3, Q^8\}$、$\{Q^2, Q^3, Q^9\}$ 和 $\{Q^2, Q^3, Q^{10}\}$ 的分数没有 PQ 中的第一个团组的分数高，所以 PQ 保持不变，在算法 5.2 中，我们生成了 $C^1_{|\text{Skyline}|}$ $+ C^2_{|\text{Skyline}|} + C^3_{|\text{Skyline}|} = 14$ 个团组，在算法 5.3 中，我们生成了 6 个团组。所

以我们总共生成了 20 个团组，其中 8 个团组是大小为 3 的 Skyline 团组。

3. 时间复杂度分析

通过例 5.3.1 和例 5.3.2 我们可以发现：算法 5.1 生成的团组远远少于 unit-wise + 算法。更进一步，在生成了 8 个 Skyline 团组之后，算法 5.1 返回了 Top-4 支配 Skyline 团组。|U| 指代 unit-wise + 算法中 units 的数量，所以 |U| = |Skyline| + |Residual|。对于 unit-wise + 算法中每一个新生成的团组，我们都需要检测它是否是 Skyline 团组。因此，unit-wise + 算法的时间复杂度是 $C_{|U|}^1 + C_{|U|}^2 + \cdots + C_{|U|}^l = \sum_{i=1}^{l} C_{|U|}^i$，算法 5.2 的时间复杂度是 $\sum_{i=1}^{l} C_{|Skyline|}^i$，并且我们在算法 5.3 中最多需要生成 $\sum_{i=1}^{l} C_{|Residual|}^i$ 个团组，所以算法 16 的时间复杂度是 $\sum_{i=1}^{l} C_{|Skyline|}^i + \sum_{i=1}^{l} C_{|Residual|}^i$。因此，算法 5.1 的时间复杂度远远小于 unit-wise + 算法的时间复杂度。

5.3.2 基于 SUM 函数的 Skyline 团组

1. 基于 SUM 函数的动态规划算法

为了计算基于 SUM 函数的 Skyline 团组，当前的工作都采用了相似的动态规划算法。我们将这些算法简单的标记为 DPSUM。Sky_l^n 指代大小为 l 个元组的相对于 $\{Q^1, \cdots, Q^n\}$ 的 Skyline 团组集合，Sky_{l-1}^{n-1} 指代大小为 $l-1$ 个元组的相对于 $\{Q^1, \cdots, Q^{n-1}\}$ 的 Skyline 团组。这样我们得到：

算法5.3：Revive
Input: Pos, length, Residual, can;
Output: *PQ*

1 **if** length=0 **then**
2   **if** |*PQ*|<*k* **then**
3   *PQ*.push(can);
4   **else if** Score(can) > Score(*PQ*.top()) **then**
5   *PQ*.pop();
6   *PQ*.push(can);
7 **else**
8   **for** $i \leftarrow$ pos; i <|Residual|; i++ **do**
9   temp← can; /* temp 是一个团组 */
10   **if** temp 包含了所有支配 Residual^i 的元组 **then**
11   temp ← temp ∪ {Residual^i};
12   Revive(i+1, length−1, Residual, temp);

引理5.2 对于 SUM 函数，对于 $G \in \text{Sky}_l^n$，如果 $Q^n \in G$，那么 $G \setminus \{Q^n\} \in Sky_{l-1}^{n-1}$。

根据引理 5.2，我们使用以下公式计算 Sky_l^n。

$$\text{Sky}_l^n = \text{Skyline}(\text{Sky}_l^{n-1} + \{G \cup \{Q^n\} \mid G \in \text{Sky}_{l-1}^{n-1}\}) \tag{5.1}$$

如在文献 [24～26，40，41] 中声明：如果一个元组 Q 被对于 $l-1$ 个元组支配，那么 Q 将不在任意 Skyline 团组当中。因此，DPSUM 算法中使用的输入剪枝和 unit-wise + 算法中的输入剪枝是一样的。

例 5.3.3 图 5.4 用来解释 DPSUM 算法是如何计算 Skyline 团组的。比如，在 Q^4 添加之前，$\text{Sky}_2^3 = \{\{Q^1, Q^2\}, \{Q^1, Q^3\}, \{Q^2, Q^3\}\}$。接下来 Sky_2^4 被初始化为 Sky_2^3。对于任意的 $G \in \text{Sky}_1^3$，我们将 $G \cup \{Q^4\}$ 加入 Sky_2^4。于是我们得到 $\text{Sky}_2^4 = \{\{Q^1, Q^2\}, \{Q^1, Q^3\}, \{Q^2, Q^3\}, \{Q^1, Q^4\}, \{Q^2, Q^4\}, \{Q^3, Q^4\}\}$。接下来我们计算 Sky_2^4 的 Skyline，我们得到 $\text{Sky}_2^4 = \{\{Q^1, Q^2\}, \{Q^1, Q^3\}, \{Q^2, Q^3\}, \{Q^1, Q^4\}\}$。在所有的元组都被处理之后，$\text{Sky}_2^{10}$ 包含了 12 个大小为 2 个元组的 Skyline 团组，如图 5.4 所示。

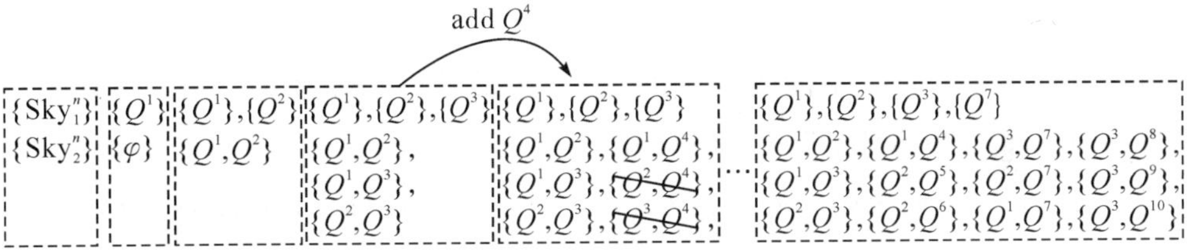

图 5.4　使用 DPSUM 算法计算大小为 2 的 Skyline 团组

2. 基于 SUM 的 Skyline 团组上的 TKD 查询

我们提出算法 5.4 来计算基于 SUM 函数的 Top-k 支配 Skyline 团组。假设元组 Q 代表团组 G。$L_1(G) = \sum_{j=1}^{d} Q_j$。算法 5.4 的主要思想是团组 G 的 $L_1(G)$ 越大倾向有越高的 $\text{Score}(G)$。在算法 5.4 中，我们首先剪枝输入然后将剩余的元组按照 L_1 模量的降序排列。Q^j 代表排序之后 D 中第 j 个元组。T 表示 D 中除了前 j 个元组之外的其他元组，所以 $T = \{Q^{j+1}, Q^{j+2}, \cdots, Q^{|D|}\}$。

定义 5.6 如果 $|\text{Sky}_l^j| \geq k$，$PQ(\text{Sky}_l^j)$ 代表 Skyline 团组中分数最高的 k 个团组。

Score min 代表 PQ 中最小的团组的分数 $\text{Score}(G)$，L_1min 代表 PQ 团组中

最小的 $L_1(G)$。

如图 5.4 所示，如果 $k=2$，那么 $PQ(\text{Sky}_2^4) = \{\{Q^1, Q^3\}, \{Q^2, Q^3\}\}$。所以 Score min = Score($\{Q^1, Q^3\}$) = 4Score min = Score($\{Q^1, Q^3\}$) = 4, $L_1\text{min} = L_1(\{Q^2, Q^3\}) = 17$。

定义 5.7 (Sky_i^j 的 Descendants) 如果一个团组 $G \in \text{Sky}_i^j (0 < i < l)$ 并且 B 是由 T 中任意 $l\text{-}i$ 个元组组成的集合，$Q \cup B$ 是 G 的一个 descendant。我们将 Sky_i^j 的 descendant 定义为 $\bigcup\limits_{G \in \text{Sky}_i^j} \{G \cup B \mid B \in C_T^{l-i}\}$。如果 $i = 0$，那么 $\text{Sky}_0^j = \{\varnothing\}$ 并且 Sky_0^j 的 descendants 是 $C_T^l (T = \{Q^{j+1}, Q^{j+2}, \cdots, Q^{|D|}\})$。

引理 5.3 对于任意的团组 $G \in \text{Sky}_i^j (0 \le i < l)$，如果 $\text{Score}(G \cup T) <=$ Score min 并且 $L_1(G) + \sum\limits_{u=1}^{l-i} L_1(Q^{j+u}) \le L_1\text{min}$，那么 Sky_i^j 的 descendants 对于 Skyline 团组上的 TKD 查询结果没有任何影响。

证明： 如果 G' 是 $G(G \in \text{Sky}_i^j)$ 的一个 descendant，明显 Score(G') $\le$ Score($G \cup T$) $\le$ Score min。所以 $G' \notin S_k$，因为我们已经得到了 k 个 Skyline 团组，它们的分数都不比 Score(G') 少。更进一步，因为 $L_1(G') \le L_1(G) + \sum\limits_{u=1}^{l-i} L_1(Q^{j+u}) \le L_1\text{min}$，$G'$ 不能支配 $PQ(\text{Sky}_l^j)$ 中的任意一个团组。因此，G' 的 descendants 对最终结果没有任何影响。

引理 5.4 对于任意的 $\text{Sky}_0^3 = \{\varnothing\}$，如果 Sky_i^j 的 descendants 对最终结果没有任何影响，那么 $PQ(\text{Sky}_l^j)$ 是基于 SUM 函数 Skyline 团组上进行 TKD 查询的最终结果。这个引理可以由引理 5.3 直接得到。

例 5.3.4 如图 5.4 所示，在 Q^4 添加之前，$G \in \text{Sky}_i^j (0 \le i < l)$，$\text{Sky}_1^3 = \{\{Q^1\}, \{Q^2\}, \{Q^3\}\}$ 和 $T = \{Q^4, Q^5, \cdots, Q^{10}\}$。由于 $PQ(\text{Sky}_2^3) = \{\{Q^1, Q^3\}, \{Q^2, Q^3\}\}$，所以 Score min = 4，$L_1\text{min} = 17$。对于 Sky_0^3，因为 Score(T) = 0 < Score min 并且 $L_1(Q^4) + L_1(Q^5) = 13 < L_1\text{min}$，那么 Sky_0^3 的 descendants 对最终结果没有影响。对于 Sky_1^3 中的 $\{Q^1\}$，因为 Score($\{Q^1\} \cup T$) = 1 < Score min 并且 $L_1(Q^1) + L_1(Q^4) = 17 \le L_1\text{min}$，所以 $\{Q^1\}$ 的 descendants 对最终结果没有影响。同理，我们发现 $\{Q^2\}$ 和 $\{Q^3\}$ 的 descendants 对最终结果也没有任何影响。所以 Sky_1^3 的 descendants 对最终结果没有影响。

基于引理 5.4，$\{\{Q^1, Q^3\}, \{Q^2, Q^3\}\}$ 是 Top-2 支配 Skyline 团组。在我们的方法中，在处理完 3 个元组之后我们就得到了最终结果，这比 DPSUM 算法高效得多。

我们提出一些增强引理 5.3 剪枝效率的技术。在一些情况下，一个维度上的值远远大于其他维度上的值，这使得算法 5.4 的效率下降。$d_j\max$ 指代第 j 维上最大的值。对于每一个元组 Q，我们将 Q 的所有维度上的值按照以下公式处理。

$$Q_j = Q_j \div d_j\max (1 \leq j \leq d) \tag{5.2}$$

在引理 5.3 中，Sky_{l-1}^j 的 descendants 对最终结果没有影响的条件太宽松了。我们将条件按照如下方式收紧。

引理 5.5 对于任意的 $G \in \text{Sky}_{l-1}^j$ 和任意的元组 $Q \in T$，如果 $\text{Score}(G \cup \{Q\}) \leq \text{Score min}$ 并且 $L_1(G \cup \{Q\}) \leq L_1\min$，那么 Sky_{l-1}^j 的 descendants 对最终结果没有影响。为了避免引理 5.4 中的重复计算问题，我们将 $O(|T| \times l \times (C_{|T|}^l)^2)$ 标记为删除，如果 G 所有的 descendants 对最终结果没有影响。因此，$\text{Sky}_i^j(0 \leq i < l)$ 为当我们检测的 descendants 时，我们只需要检测 $G \in \text{Sky}_i^j$ 中没有被标记为剪枝的团组。这节省了大量的运算量。

在算法 5.4 中，元组按照 L_1 的降序排序。j 代表了 D 中元组的位置。比如，D^j 代表了 D 中第 j 个元组。i 代表了团组的大小。比如，Sky_i^j 前 j 个元组上的大小为 i 的 Skyline 团组。当计算得到 Sky_i^j（line 5 ~ line 10），我们利用引理 5.4（Line 12）检测算法 5.4 是否可以停止。

3. 时间复杂度分析

DPSUM 算法需要处理在输入剪枝之后所有剩余的元组来计算所有的 Skyline 团组，而我们的算法能够在生成所有的 Skyline 团组之前就返回 S_k，这极大地提高了基于 SUM 函数上 Skyline 团组进行 TKD 查询的效率。假设有在输入剪枝有 n 个元组，这样对于任意 $j(j \leq n)$，都有 l 个子问题。这些子问题是 $\{\text{Sky}_1^j, \text{Sky}_2^j, \cdots, \text{Sky}_l^j\}$。总共有 $n \times l$ 子问题。对于任意的子问题 Sky_i^j，

最多有 C_j^i 个团组，这样查找 Skyline 团组的时间复杂度是 $O(C_j^i)^2$。因此，在最坏情况下 DPSUM 算法的时间复杂度是 $O(n \times l \times (C_n^l)^2)$。

算法 5.4：TKD-SUM (TKDS)

Input：D k，l;
Output：S_k

1　对 D 进行输入剪枝；
2　将 D 的元组按照公式 (5.2) 处理；
3　将 D 中的元组按照 L_1 模量的降序排序；
4　$PQ \leftarrow \varnothing$; /* PQ 是一个优先队列按照 scores 的升序排序。*/
5　**for** $j \leftarrow 1; j \leq |D|; j++$ **do**
6　　**for** $i \leftarrow \min(j,l); i \geq 1; i--$ **do**
7　　　**if** $i=1$ **then**
8　　　　$\text{Sky}_1^j = \text{skyline}(\text{Sky}_1^{j-1} \cup \{D^j\})$;
9　　　**else**
10　　　　$\text{Sky}_i^j = \text{skyline}(\text{Sky}_i^{j-1} + \{G \cup \{D^j\} | G \in \text{Sky}_{i-1}^{j-1}\})$
11　　　**if** $|\text{Sky}_l^j| \geq k$ **then**
12　　　　**if** $\forall \text{Sky}_i^j (0 \leq i < l)$ 的 descendants 对最终结果没有影响 **then**
13　　　　　$S_k \leftarrow PQ(\text{Sky}_l^j)$;
14　　　　　**return** S_k;
15　$S_k \leftarrow PQ(\text{Sky}_l^{|D|})$;

假设算法 5.4 在处理到第 j 个元组的时候结束，那么总共有 $j \times l$ 个子问题。对于任意一个子问题 $\text{Sky}_i^{j'} (j' \leq j)$，如果 $i=l$，那么我们需要检测引理 5.4 是否成立。检测引理 5.4 (Line 12) 的时间复杂度是 $O(|\text{Sky}_1^j| + |\text{Sky}_2^j| + \cdots + |\text{Sky}_{l-1}^j|)$，这比 $O(l \times C_j^l)$ 少。

因为我们最多需要检测引理 5.4 j 次，使用引理 5.4 的时间复杂度是 $O(j \times l \times C_j^l)$。因此，算法 5.4 的时间复杂度是 $O(j \times l \times (C_j^l)^2) + O(j \times l \times C_j^l) = O(j \times l \times (C_j^l)^2)$。很明显随着 j 减少，算法的时间复杂度下降得非常快。因此，算法 5.4 比 DPSUM 算法高效得多。

5.3.3 基于 MAX 函数的 Skyline 团组

1. 基于 MAX 函数的动态规划算法

很多基于 MAX 函数的 Skyline 团组都贡献相同的聚合向量。比如，如果元组 Q 支配数据集 D 中的所有元组，Q 和任意 $l-1$ 个元组都能构成大小为 l 的 Skyline 团组，并且所有的团组贡献相同的聚合向量。一个聚合向量表示为 $(v[1], v[2], \cdots, v[d])$。在上述的例子中，我们得到 $v[j] = Q_j (1 \leqslant j \leqslant d)$。我们将 Skyline 团组的聚合向量定义为 Skyline 向量。

在文献[24]提出了两种动态规划算法计算 Skyline 向量。第一种算法是基于公式(5.1)，第二种算法是基于下面公式。

$$\text{Sky}_l = \text{Skyline}(\{G \cup \{Q^i\} \mid G \in \text{Sky}_{l-1} \text{ and } Q^i \notin G\}) \tag{5.3}$$

文献[24]的实验结果表明：第一个算法在大多数情况下都优于第二个算法。因此，我们采用第一个算法来计算 Skyline 向量。在得到 Skyline 向量之后，我们构建贡献相同 Skyline 向量的 Skyline 团组。如文献[24]所示，这是一个 NP-hard 问题。NP-hard 问题来自 SET-COVER 问题。主要思想是对于任意的 Skyline 向量 v，我们找到团组 $G(|G| \leqslant l)$ 满足 v。如果 $|G| < l$，那么 G 和任意 $l-|G|$ 个在 D-G 中的元组构成满足 v 的 Skyline 团组。

skyline vector	(2,7,3)	(10,3,3)	(10,7,3)	(2,3,4)	(1,7,4)	(10,0,4)
skyline group	$\{Q^2, Q^3\}$	$\{Q^1, Q^3\}$	$\{Q^1, Q^2\}$	$\{Q^3, Q^7\}$	$\{Q^2, Q^7\}$	$\{Q^1, Q^7\}$
score	5	4	4	3	2	1
order	1	2	3	4	5	6

图 5.5 计算基于 MAX 函数大小为 2 的 Skyline 团组

例 5.3.5 假设 $l=2$，数据集如图 5.1(a) 所示。在基于公式(5.1)计算 Skyline 向量之后总共有 6 个 Skyline 向量，如图 5.5 所示。接下来我们根据这些 Skyline 向量计算 Skyline 团组。我们定义 $V_j = \{Q \mid Q_j = v[j]\}$。比如，如果 $v = (2, 7, 3)$，那么 $V_1 = \{Q^3\}$、$V_2 = \{Q^2\}$ 和 $V_3 = \{Q^3, Q^9, Q^{10}\}$。因此，从 V_1、V_2 和 V_3 中有 3 种选择方式。它们是 $\{Q^3, Q^2, Q^3\}$、$\{Q^3, Q^2, Q^9\}$ 和 $\{Q^3, Q^2, Q^{10}\}$。因为 $\{Q^3, Q^2, Q^9\}$ 和 $\{Q^3, Q^2, Q^{10}\}$ 的大小比 l 大，我们剪枝这两个团组。对于 $\{Q^3, Q^2, Q^3\}$，因为它的大小等于 l，所以我们不

需要用其他的元组合并它来构成一个 Skyline 团组。事实上，它就是一个 Skyline 团组。针对所有的 Skyline 向量构建 Skyline 团组之后，我们得到了 6 个 Skyline 团组，如图 5.5 所示。

算法5.5：TKD MAX (TKDMAX)

  Input：D k，l；
  Output：S_k
1 Skyline ← Skyline(D)；
2 **if** |Skyline| ⩽ l **then**
3 G ← {Skyline}；
4 **for** 对于 D-Skyline 中任意的 $(l-|G|)$ 个元组构成的组合 G' **do**
5   $S_k \leftarrow S_k \cup \{G \cup G'\}$；
6   **if** $|S_k| = k$ **return** S_k；
7 $PQ \leftarrow \varnothing$；/* PQ 是一个按照 scores 升序排列的优先队列。*/
8 **for** $j \leftarrow 1$；$j \leqslant |\text{Skyline}|$；$j{+}{+}$ **do**
9 **for** $i \leftarrow \min(j,l)$；$i \geqslant 1$；$i{-}{-}$ **do**
10   **if** $i = 1$ **then**
11    $\text{Sky}_1^j = \text{Skyline}(\text{Sky}_1^{j-1} \cup \{\text{Skyline}^j\})$；
12   **else**
13    $\text{Sky}_i^j = \text{Skyline}(\text{Sky}_i^{j-1} + \{G \cup \{\text{Skyline}^j\} \mid G \in \text{Sky}_{i-1}^{j-1}\})$；
14   将 $\text{Sky}_l^{|\text{Skyline}|}$ 中的团组按照 Score(G) 的降序排序 ；
15 对于贡献相同 Skyline 向量的团组，我们只保留分数最高的那一个并且把这个团组插入到 Queue 中；
16 **for** 对于 Queue 中任意的团组 G **do**
17   **if** $|PQ| < k$ *or* Score(G) > Score(PQ.top()) **then**
18   Construct Groups(G)；
19   **else**
20   break；
21 $S_k \leftarrow PQ$；

2. 基于 MAX 的 Skyline 团组上的 TKD 查询

  如文献[24]所示，我们可以将非 Skyline 团组排除在外，只用 Skyline 来计算 Skyline 向量。因此，在算法 5.5 中，我们使用 Skyline 来计算 Skyline 团组（Line 8）。在 $\text{Sky}_l^{\text{Skyline}}$ 中的 Skyline 团组的聚合的向量包含了所有 Skyline 向量。接下来，我们将 $\text{Sky}_l^{\text{Skyline}}$ 中的团组 G 按照 Score(G) 的降序排序，如图 5.5 所示。在所有达到 v 的 Skyline 团组中，我们将分数最高的团组加入 Queue（Line 15）。这样在 Queue 中我们没有重复的向量。

算法5.6：Construct Groups (MAX function)
  Input：G
  Output：PQ
1   v 是 G 的 Skyline 向量;
2   计算 $\{V_1,\cdots,V_d\}$ $(V_j = \{Q'|Q'_j = v[j]\})$;
3   **for** 对于每一个组合 G^c $(G^c = \{Q^1, Q^2, \cdots, Q^d\}, Q^j \in V_j)$ **do**
4   删除 G^c 中的重复元组;
5   **if** $|G^c| \leq l$ **then**
6   **for** 对于 $D-G^c$ 中任意大小为 $(l-|G^c|)$ 个元组的组合 G'
     do
7   **if** $|PQ|<k$ and $G^c \cup G' \notin PQ$ **then**
8   PQ.push$(G^c \cup G')$;
9   **else if** Score$(G^c \cup G') >$Score$(PQ$.top$())$ and $G^c \cup G' \notin PQ$ **then**
10   PQ.pop();
11   PQ.push$(G^c \cup G')$;
12   **return** PQ;

引理 5.6 如果 | Skyline | $\geq l$ 并且 Score max 是所有贡献相同 Skyline 向量中分数最高团组的分数，那么必须存在一个团组 G 满足 Score(G) = Score max，并且由 Skyline 元组构成。

证明：假设一个 Skyline 团组 G 包含一个非 Skyline 元组 Q，Q 被 Skyline 元组 Q' 支配。如果 $Q \notin G$，那么我们可以使用 Q' 代替 Q 构建要给新的团组 G'。显然，$G' \leq_g G$，由于 G 是一个 Skyline 团组，那么 G 和 G' 共享相同的 Skyline 向量。在这种情况下，Score$(G') \geq$ Score(G)。如果 $O' \in G$，那么我们可以使用团组 G 之外的任意 Skyline 元组代替 Q 构成团组 G'。这样 $G' \leq_g$，因为 G 是一个 Skyline 团组，那么 G 和 G' 共享相同的 Skyline 向量。在这种情况下 Score$(G') \geq$ Score(G)。因此，引理 5.6 得证。

基于引理 5.6，我们知道对于任意的 Skyline 向量 v，如果 G'Queue 并且 G 达到 v，那么 Queue 是所有共享 v 的团组中分数最高的。对于 Queue 中的任意团组 G，我们使用算法 5.6 构建所有共享相同 Skyline 向量的 Skyline 团组。在算法 5.6 中，G^c 组合的数量是 $|V_1| \times |V_2| \times \cdots \times |V_d|$。接下来我们根据每一个 G^c 来计算 Skyline 团组。

例 5.3.6 假设 $k=2$，$l=2$。Queue 如图 5.6 所示。在处理完 Queue 中的

第二个团组之后，|PQ|=2 并且 Score(PQ.top())=4。当处理第三个团组 (Q^1, Q^2) 时，

Queue	$\{Q^2,Q^3\}$	$\{Q^1,Q^3\}$	$\{Q^1,Q^2\}$	$\{Q^3,Q^7\}$	$\{Q^2,Q^7\}$	$\{Q^1,Q^7\}$
score	5	4	4	3	2	1

PQ:
- 5 $\{Q^2,Q^3\}$
- 4 $\{Q^1,Q^3\}$
- 5 $\{Q^2,Q^3\}$

图 5.6 KMAX 算法的图形展示

由于 Score($\{Q^1, Q^2\}$)≤4，所以我们可以跳过构建基于$\{Q^1, Q^2\}$的团组。因为能够达到$\{Q^1, Q^2\}$的 Skyline 团组不会比 PQ 中的团组有更高的分数。更进一步，因为在 Queue 中$\{Q^1, Q^2\}$之后团组的分数不会比$\{Q^1, Q^2\}$高，我们的算法在 Queue 中第三个团组之后就终止了。

与动态规划算法需要计算所有不同的 Skyline 向量对应的所有的 Skyline 团组不同，我们的算法可以在生成所有 Skyline 团组之前就返回 Top-k 支配 Skyline 团组。如图 5.6 所示，在处理完 Queue 前 3 个团组之后，我们能够得到结果。

5.3.4 时间复杂度分析

在最坏情况下计算 Skyline 向量的时间复杂度是 $O(|\text{Skyline}| \times l \times (C_{|\text{Skyline}|}^l)^2)$。最多有 $C_{|\text{Skyline}|}^l$ 个 Skyline 向量所以计算 Queue 的时间复杂度是 $O((C_{|\text{Skyline}|}^l)^2)$。如果数据集 D 中所有的元组都是相同的，那么我们的得到 $|V_j|=n(1 \leq j \leq d)$。

在这种情况下，G^C 总共有 n^d 中组合。对于任意的 G^C，我们最多需要生成 C_{n-1}^{l-1} 团组。因此算法 5.6 的时间复杂度是 $O(n^d \times C_n^l)$。因为在 Queue 中最多有 $C_{|\text{Skyline}|}^l$ 个团组，所以生成共享相同 Skyline 向量的 Skyline 团组的时间复杂度是 $O(n^d \times C_{|\text{Skyline}|}^l)$。因为 $n^d > |\text{Skyline}| \times l$ 并且 $C_n^l > C_{|\text{Skyline}|}^l$，基于 MAX 函数计算 Skyline 团组的时间复杂度是 $O(n^d \times C_n^l \times C_{|\text{Skyline}|}^l)$。

上述分析和问题本身的 NP 困难性表明：查找所有共享相同 Skyline 向量的 Skyline 团组是非常昂贵的。在例 5.3.6 中显示，我们的算法能够在不处理 Queue 中所有团组的时候就能够返回 Top-k 支配 Skyline 团组。因此，我们的算法能够极大地提高基于 MAX 函数 Skyline 团组上 TKD 查询的性能。

5.3.5 基于 MIN 函数的 Skyline 团组

1. 基于 MIN 函数的动态规划算法

与 MAX 相似，两个分别基于公式(5.1)和公式(5.2)的动态算法被提出来计算基于 MIN 的 Skyline 团组。我们采用基于公式(5.1)的算法，因为这个算法的性能更好。

对于一个基于 MIN 的 Skyline 向量 v，构建 Skyline 团组的第一步是找到所有能够支配 v 或者等于 v 的元组的集合 $\Theta(v)$。所以我们得到 $\Theta(v) = \{Q \mid Q \leq v\}$。对于任意 l 个 $\Theta(v)$ 中元组的组合，它们的聚合向量 v' 一定等于 v。因为 v 是一个 Skyline 向量，所以 $v' \nless v$。所以我们得到 $v' = v$。更进一步，如果团组 G 包含一个在 $\Theta(v)$ 之外的元组，那么 G 的聚合向量一定在一些维度上的值比 v 小，所以 G 不能达到 v。因此，对于任意的 v，能够满足 v 的 Skyline 团组是任意 l 个 $\Theta(v)$ 中元组的组合。

skyline vector	(1,3,1)	(1,0,3)	(1,1,2)	(0,1,3)	(1,5,0)	(0,4,1)	(7,0,0)
skyline group	$\{Q^2,Q^3\}$	$\{Q^3,Q^{10}\}$	$\{Q^3,Q^9\}$	$\{Q^2,Q^5\}$	$\{Q^2,Q^3\}$	$\{Q^2,Q^6\}$	$\{Q^1,Q^4\}$
score	5	3	3	3	2	2	1
order	1	2	3	4	5	6	7

图 5.7 计算基于 MIN 函数大小为 2 的 Skyline 团组

skyline vector	(1,3,1)	(1,0,3)	(1,1,2)	(0,1,3)	(1,5,0)	(0,4,1)	(7,0,0)
skyline group	$\{Q^2,Q^3\}$	$\{Q^3,Q^{10}\}$	$\{Q^3,Q^9\}$	$\{Q^2,Q^5\}$	$\{Q^2,Q^3\}$	$\{Q^2,Q^6\}$	$\{Q^1,Q^4\}$
score	5	3	3	3	2	2	1

PQ: 5 $\{Q^2,Q^3\}$ score group ; 3 $\{Q^3,Q^{10}\}$ 5 $\{Q^2,Q^3\}$ score group

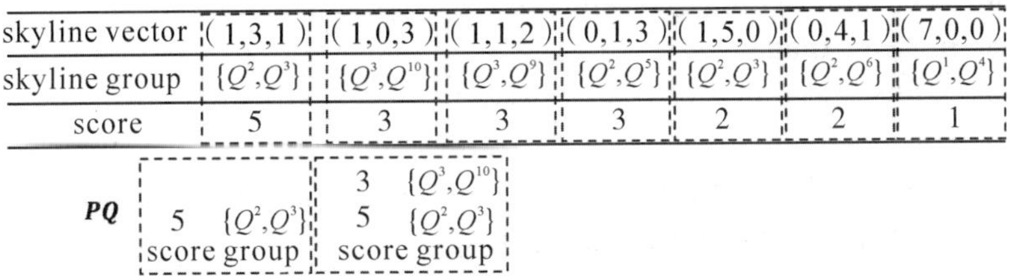

图 5.8 KMIN 算法的图形展示

例 5.3.7 假设 $l = 2$，数据集如图 5.1(a)所示。在根据公式(5.1)计算 Skyline 向量之后，得到 7 个 Skyline 向量如图 5.7 所示。我们需要根据这些 Skyline 向量构建 Skyline 团组。比如，如果 $v(1, 3, 1)$，那么 $\Theta(v) = \{Q^2, Q^3\}$。在 $\Theta(v)$ 中只有一个两个元组的组合，所以只有一个 Skyline 团组达到 v。在处理完所有的 Skyline 向量之后，我们得到了 7 个 Skyline 团组，如图 5.7 所示。

2. 基于 MIN 的 Skyline 团组上的 TKD 查询

T 代表最多被 $l-1$ 个元组支配的元组集合。文献[24]中声明，我们可以通过 T 得到所有不同的基于 MIN 的 Skyline 向量。在算法 5.7，中我们首先对

输入进行剪枝(Line 1)。然后我们计算 Skyline 团组(Line 3~8)并且移除 Skyline 向量中的重复向量(Line 9)。对于任意 $Sky_l^{|T|}$ 中的 Skyline 向量 v，我们计算 $\Theta(v)$。如果 $|PQ|=k$ 并且 $Score(\Theta(v)) \leq Score(PQ.top())$，我们可以跳过构建达到 v 的 Skyline 团组。因为由 $\Theta(v)$ 中任意 l 个元组构成的团组 G 都不会比 PQ 中团组的分数高。因此，算法 5.7 能够在生成所有 Skyline 团组之前返回 Top-k 支配 Skyline 团组。

例 5.3.8 假设 $k=2$，如图 5.8 所示为处理了第二个 Skyline 向量之后的结果。我们得到 $|PQ|=k$ 和 $Score(PQ.top())$。当处理第三个 Skyline 向量 $v=(1,2,2)$ 时，由于 $\Theta(v)=\{Q^3, Q^8\}$，我们得到 $Score(\Theta(v)) \leq 3$。我们可以跳过计算达到 v 的 Skyline 团组。更进一步，对于任意在 v 之后的 Skyline 向量 v'，由于 $Score(\Theta(v)) \leq 3$，我们跳过构建达到 v' 的 Skyline 团组。所以，当只计算了 7 个 Skyline 向量中的 2 个向量时，我们就能够返回最终结果。因此，我们的算法能够在生成所有 Skyline 团组之前就返回 Top-k 支配 Skyline 团组。

算法5.7：TKD-MIN (TKDMIN)

Input: $D\ k,l$;
Output: S_k

1. $T \leftarrow Input\ \$\$\ prunning(D)$;
2. $PQ \leftarrow \varnothing$; /* PQ 是按照团组 sores 升序排序的优先队列。 */
3. **for** $j \leftarrow 1;\ j \leq |T|; j++$ **do**
4.   **for** $i \leftarrow \min(j,l);\ i \geq 1; i--$ **do**
5.   **if** $i=1$ **then**
6. $Sky_1^j = skyline(Sky_1^{j-1} \cup \{T^j\})$;
7.   **else**
8. $Sky_i^j = skyline(Sky_i^{j-1} + \{G \cup \{T^j\} | G \in Sky_{i-1}^{j-1}\})$
9.   移除 $Sky_l^{|T|}$ 中重复的 Skyline 向量;
10. **for each** v in $Sky_l^{|T|}$ **do**
11.   计算 $\Theta(v)$;
12.   **if** $|PQ|<k$ **or** $Score(\Theta(v)) > Score(PQ.top())$ **then**
13.   **for** 对于每一个 $\Theta(v)$ 中大小为 l 个元组的组合 G **do**
14.   **if** $|PQ|<k$ **and** $G \notin PQ$ **then**
15. $PQ.push(G)$;
16.   **else if** $Score(G) > Score(PQ.top())$ **and** $G \notin PQ$ **then**
17. $PQ.pop()$;
18. $PQ.push(G)$;
19. $S_k \leftarrow PQ$;

3. 时间复杂度分析

计算 Skyline 向量在最坏情况下的时间复杂度是 $Q \notin$ Skyline。对于任意的 Skyline 向量 v，构建达到 v 的 Skyline 团组在最坏情况下的时间复杂度是 $O(C_n^l)$。因为最多有 C_n^l 个 Skyline 向量，为所有 Skyline 向量构建 Skyline 团组在最坏情况下的时间复杂度是 $O(C_n^l \times C_{|T|}^l)$。因此，计算基于 MIN 函数的 Skyline 团组的时间复杂度是 $O(|T| \times l \times (C_{|T|}^l) + C_n^l \times C_{|T|}^l)$。其中 $O(C_n^l \times C_{|T|}^l)$ 占了很大部分。如图 5.8 所示，因为我们的算法只需要构建很少一部分 Skyline 向量的 Skyline 团组，我们的算法极大地提高了基于 MIN 的 Skyline 团组上进行 TKD 查询的效率。

5.4 位图索引方法

尽管我们的方法能够极大地提高基于 Skyline 团组 TKD 查询的效率，但是我们注意到分数计算的花费太昂贵了。因为我们需要重复检测被 Skyline 团组中一个元组所支配的元组，所以这导致了很严重的重复计算问题。因此，在本节中我们提出一个位图缩影方法来计算 Skyline 团组的分数。

5.4.1 计算团组的分数

$\mathrm{dom}(Q)$ 指代了被元组 Q 所支配的元组的集合，所以 $\mathrm{score}(G) = |\bigcup_{Q \in G} \mathrm{dom}(Q)|$。为了高效地计算 $\mathrm{score}(G)$，我们为团组中的每一个元组都维持了一个位向量，接下来我们可以使用快速的位运算来计算团组的分数。

定义 5.8 $([Q])$ $[Q]$ 指代了 $[Q]$ 的位向量。$[Q]$ 总共有 $|D|$ 位，一位对应着 D 中的一个元组。如果一个元组 Q^j 被 Q 支配，那么第 j 位被置为 1。否则，这一位被置为 0。

基于定义 5.8，$\mathrm{score}(G)$ 等于 $[Q^1] [Q^2] | \cdots | [Q^l] (G = \{Q^1, Q^2, \cdots, Q^l\})$ 中 "1" 的个数。比如，$[Q^2] = 0000110000$，$[Q^3] = 0000000111$。如果 $G = \{Q^2, Q^3\}$，$\mathrm{score}(G)$ 等于 $[Q^2]$，$[Q^3] = 0000110111$ 中 "1" 的个数。因此 $\mathrm{score}(G) = 5$。

1. 计算基于 Permutation 和 SUM Skyline 团组的分数

在引理 5.1 中，我们证明了对于任意的元组 $Q^i \in G$（G 是基于 Permutation 的一个 Skyline 团组），我们得到 $Q^i \in$ Skyline 或者 $\exists Q^j \in G$ 并且 $Q^j \in$ Skyline$\rightarrow$ $Q^j < Q^i$。我们证明这个引理对于严格单调函数也是成立的，比如说 SUM。

引理 5.7 对于定义 5.2 中的严格单调函数，如果 $G \in G$-Skyline 并且 $G = \{Q^1, Q^2, \cdots, Q^l\}$，那么对于任意 $Q^i \in G$，我们得到 $Q^i \in$ Skyline 或者 $\exists Q^j \in G$ 并且 $Q^j \in$ Skyline$\rightarrow Q^j < Q^i$。

证明： 我们用反证法证明。假设 $Q^j < Q^i$ 并且 $Q^j \in$ Skyline，如果 $Q^j \notin G$，我们能够使用 Q^j 代替 G 中的 Q^i，这个新的团组被标记为 G'。因为 $Q^j < Q^i$，我们假设 $Q_t^j > Q_t^i$，所以我们得到 $f(Q_t^1, \cdots, Q_t^i, \cdots, Q_t^l) < f(Q_t^1, \cdots, Q_t^j, \cdots, Q_t^l)$。在其他维度，我们得到 $f(Q_{t'}^1, \cdots, Q_{t'}^i, \cdots, Q_{t'}^l) \leq f(Q_{t'}^1, \cdots, Q_{t'}^j, \cdots, Q_{t'}^l)$。因此，$G' <_f G$，这与 $G \in G$-Skyline 矛盾。因此，对于定义 5.2 中的严格单调函数，如果 $G \in G$-Skyline，那么对于任意 $Q^i \in G$，我们可以得到 $Q^i \in$ Skyline 或者 $\exists Q^j \in G$ 并且 $Q^j \in$ Skyline$\rightarrow Q^j < Q^i$。

基于引理 5.1 和引理 5.7，我们不需要为 D 中所有的元组 Q 计算$[Q]$，我们只需要为 Skyline 中的元组 Q 计算$[Q]$。

引理 5.8 对于定义 5.1 和定义 5.2 中的严格单调函数，我们知道如果 $Q \in G$ 并且 $Q \notin$ Skyline，那么 Q 对于 $score(G)$ 没有贡献。因此$[Q]$按如下方式进行修改：$G' \leq_g G$。

2. 计算基于 MAX 和 MIN Skyline 团组的分数

我们发现对于 MAX 和 MIN，我们也不需要计算 D 中所有元组 Q 的$[Q]$。

引理 5.9 对于定义 5.2 中的 MAX 和 MIN，如果 $\exists Q^i \in G$（$G \in G$-Skyline）并且 Q^i 至少被 k 个元组所支配，那么：要么(1) $\exists Q^j \in G$ and $Q^j < Q^i$，要么(2)将 G 从 S_k 中移除是安全的.

证明： 显然，存在一个元组 $Q^j \in G$ 并且 $Q^j < Q^i$ 是可能的。在这种情况下，我们得到 $score(G) = score(G \setminus \{Q^i\})$。

在第二种情况下，所有支配 Q^i 的元组都不在 G 中。如果 $Q^j < Q^i$，我们

使用 Q^j 代替 G 中的 Q^i，这个新的团组被定义为 G'。由于 $Q^j < Q^i$ 并且所有其他元组都是一样的，所以在基于 MAX 和 MIN 时有 $G' \leq_g G$。由于 G 是一个 Skyline 团组，我们得到 G' 和 G 共享相同的 Skyline 向量，这就表明 G' 也是基于 MAX 和 MIN 的 Skyline 团组。更进一步，我们得到 $\text{socre}(G') \geqslant \text{score}(G')$。由于 Q^i 至少被 k 个元组所支配，我们得到至少有 k 个 Skyline 团组的分数等于或者大于 $\text{score}(G)$。因此，将 G 排除在 S_k 之外是安全的。

我们使用 $(k-1)$-skyband 来代表被最多被 $k-1$ 个元组所支配的元组的集合。基于引理 5.9，我们只需要为 $(k-1)$-skyband 中的元组计算位向量。

引理 5.10 对于 MAX 和 MIN，因为如果 $Q \notin (k-1)$-skyband，那么：要么 Q 对于 $\text{score}(G)$ 没有共享，要么将包含 Q 的团组从 S_k 中移除是安全的，所以所有在 $(k-1)$-skyband 之外的团组将不会对基于 MAX 和 MIN Skyline 团组上 TKD 查询的结果造成影响。我们将 $[Q]$ 进行如图 5.9 所示修改。

256 bits	'1',148×'0',6×'1',76×'0',25×'1'
31−bit blocks	'1',30×'0' ¦ 31×'0' ¦ 31×'0' ¦ 31×'0' ¦ 25×'0',6×'1' ¦ 31×'0' ¦ 31×'0' ¦ 14×'0',17×'1' ¦ 8×'1'
blocks in hex	40000000 ¦ 40000000 ¦ 80000000 ¦ 80000000 ¦ 0000003F ¦ 80000000 ¦ 80000000 ¦ 0001FFFF ¦ 000000FF
words（hex）	40000000 ¦ 80000003 ¦ 0000003F ¦ 80000002 ¦ 0001FFFF ¦ 000000FF

图 5.9 一个位图索引压缩的例子

3. 时间复杂度分析

如果我们使用当前的 Skyline 算法计算所有的 Skyline 团组，那么我们需要为所有的团组计算分数。对于任意一个 Skyline 团组 G，暴力方法计算 $\text{score}(G)$ 需要将 G 中的每一个元组和 D 中的所有的元组比较，所以计算 $\text{score}(G)$ 的时间复杂度是 $O(l \times n)$。因此，计算所有 Skyline 团组分数的时间复杂度是 $O(|G\text{-Skyline}| \times l \times n)$。在我们的算法中，如果所有的 Skyline 团组都有着相同的分数，我们需要计算所有 Skyline 团组的分数。对于任意的 Skyline 团组 G，我们需要通过位图索引进行 $l-1$ 位运算来计算 $\text{score}(G')$。对于 Permutation 和 SUM，计算 Skyline 中元组的位向量的时间复杂度是 $O(|G\text{-Skyline}| \times l +$

|Skyline|×n)。因此，计算基于 Permutation 和 SUM 的 Skyline 团组分数的时间复杂度是 $O(|G\text{-}Skyline|\times l + |Skyline|\times n)$。|Band| 代表$(k-1)$-skyband 的大小。计算 $(k-1)$-skyband 中元组位向量的时间复杂度是 $O(|Band|\times n)$。因此，计算基于 MAX 和 MIN Skyline 团组分数的时间复杂度是 $O(|G\text{-}Skyline|\times l + |Band|\times n)$。显然，我们的位图索引方法极大地减少了分数计算的时间复杂度。

5.4.2 位图索引压缩

我们发现位图索引的空间开销过大对于内存来说是一个挑战。比如，如果 $|D|=10^6$，我们需要 10^{12} 位为 D 中所有元组存储位图。为了解决这个问题，我们将文献[117]中提出的位图压缩技术融合到我们的方法当中。

我们将位图索引压缩成两种类型的 word。它们分别是 literal word 和 fill word。每一个 word 的第一位(最左边)用来区分 literal word 和 fill word。假设一个 word 由 32 位组成。由于第一位被占用了，所以位图被切分为大小为 31 位的块。

表 5.5 实验用到的算法

暴力解法： 使用当前的 Skyline 团组算法， 并且使用暴力解法计算分数	TKD 方法： 使用 TKD 算法，并且使用 暴力解法计算分数	TKD 方法： 使用 TKD 算法，并且使用位 图索引计算分数
BPer BSUM BMAX BMIN	TPer TSUM TMAX TMIN	TPer + TSUM + TMAX + TMIN +

对于一个 literal word，第一位被设置为"0"，剩下的位和位图一样。对于一个 fill word，第一位被设置为"1"，第二位表明了填充类型(全"0"或者全"1")，接下来的 30 位用来存储 31 位块的数量。

例 5.4.1 如图 5.9 所示，256 位首先被分割为 31 位大小的块。接下来，我们压缩相连的全都包含"0"和"1"的 31 位数据块。比如，三个"80000000"被压缩位"80000003"。我们将第 6 个 word 标记为 activeword。它存储了最后几个不能被压缩为正常 word 的位。我们还需要一个 word 来存储 activeword 中有效的位。因此，如图 5.9 所示，8 个 word 大小的 bitmap 被压缩为 7 个 word。

通过上述的例子我们知道，如果 $[Q]$ 包含全为"0"，那么压缩比例会非常高。比如，如果 $|D|=10^6$ 并且 $[Q]$ 全为"0"，那么我只需要 3 个 word 就能代表 $[Q]$。因此，结合引理 5.8 和引理 5.10，位图压缩技术极大地减少了位图索引的空间开销。

5.5 实 验 分 析

在这一节中，我们将用进行了大量的实验来验证我们算法的性能和扩展性。这台服务器有 64 GB 大小的内存并且有两个主频为 2.0G Hz 的 8 核 Intel Xeon E7-4820 处理器。我们实现了表 5.5 中所有的算法。所有的算法都由 C++ 实现。为了验证我们算法的扩展性，我们按照文献[3]中的方法生成了正相关、独立分布和反相关数据集。对于真实数据集，我们使用文献[57]中的 NBA 数据集。这个数据集包含了 17 264 名运动员信息，每个运动员有 8 个维度。

5.5.1　Skyline 团组的输出大小

我们使用 NBA 数据集的前 4 个维度进行实验。因为当 $l \geqslant 4$ 时，计算所有的 Skyline 团组的计算量太大。在不同定义下的 Skyline 团组的输出大小如表 5.6 所示。

我们可以发现：当增大 l 时，$|G\text{-Skyline}|$ 在所有定义下迅速增大。因为输出太大，使得用户不能迅速做出决定。因此，研究 Skyline 团组上的 TKD 查询是非常有意义的。

表 5.6　NBA 数据集上（$d=4$）不同定义的 Skyline 团组的输出大小

l	SUM	MAX	MIN	Permutation
4	7 685	1	2 284	2.2M
5	18 709	17 260	4 022	38M
6	40 186	0.3B	6 399	0.5B

NBAdataset. M：million，B：billion

5.5.2 位图索引压缩比例

我们使用 n^w 个 word 来代表位图索引。位图压缩比例计算如下：

$$\text{Compressionratio} = \frac{|\text{word}| \times n^w}{n \times n}$$

表 5.7 不同数据集下的压缩比例

Dataset	n	d	Compresssionratio Skyline	$(k-1)$-Skyband
NBA	17 264	8	5.9×10^{-3}	6.0×10^{-3}
Corr	1M	6	1.1×10^{-4}	2.0×10^{-4}
Indep	1M	6	4.2×10^{-4}	7.0×10^{-4}
Anti	1M	6	9.8×10^{-5}	9.9×10^{-5}

我们将 k 设置为 5 并且 word 大小是 32 位。元组按照 L_1 模量的降序排序，不同数据集的压缩比例如表 5.7 所示。我们可以发现：位图压缩技术在不同数据集下都非常高效。因此，我们可以极大地减少位图索引的空间开销，这使得我们的算法能够在大数据集上运行。

5.5.3 不同 Skyline 团组定义下的实验分析

在这一节中，我们对不同定义下的 Skyline 团组进行实验。我们使用 NBA 数据集进行实验。我们研究了参数 n、d、l 和 k 对实验的影响。

1. 基于 Permutation 的 Skyline 团组

我们比较 BPer、TPer 和 TPer+ 在不同设定下的性能。通过图 5.10 我们发现：这三个算法的运行时间随着 n、d 和 l 的增加而指数增加，但是随着 k 的增加保持稳定。

实验结果如图 5.10(a)~(d) 所示，TPer 的运行时间是 BPer 的一半，因为 TPer 不需要生成所有的 Skyline 团组。这极大地提高了基于 Permutation 上进行 TKD 查询的效率。通过这 4 个子图我们发现 TPer+ 的运行速度比 BPer 快 1~2 个数量级。因为位图索引算法极大地减少了分数计算的运算量。

(a) 实验结果与 n 的关系

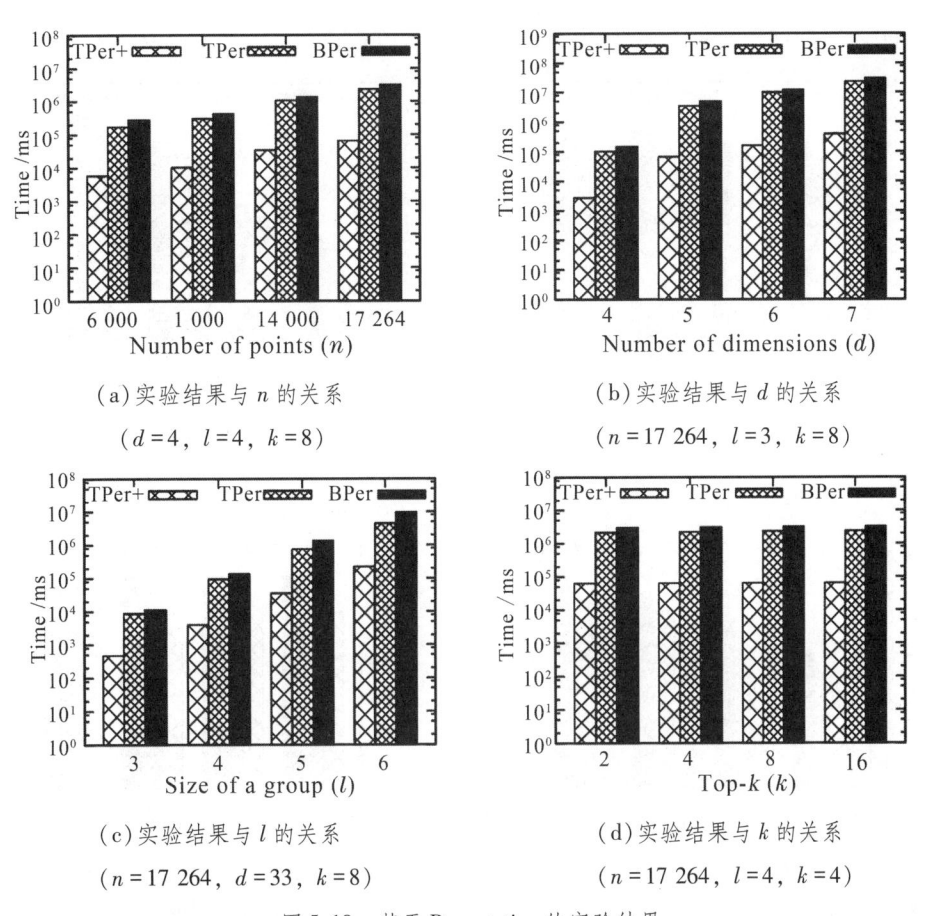

($d=4$, $l=4$, $k=8$)

(b) 实验结果与 d 的关系

($n=17\,264$, $l=3$, $k=8$)

(c) 实验结果与 l 的关系

($n=17\,264$, $d=33$, $k=8$)

(d) 实验结果与 k 的关系

($n=17\,264$, $l=4$, $k=4$)

图 5.10 基于 Permutation 的实验结果

综上所述，我们的算法结合了有效的剪枝技术和高效的位图索引方法，能够在不同的环境下快速完成基于 Permutation 的 Skyline 团组的 TKD 查询。

2. 基于 SUM 的 Skyline 团组

我们比较 BSUM、TSUM 和 TSUM+ 在不同环境下的性能。通过 5.3.2 小节我们知道：BSUM 需要处理 $(k-1)$-skyband 中的所有元组，而我们的算法可以在处理所有元组之前就返回 Top-k 支配 Skyline 团组。通过实验我们发现，在大多数情况下我们的算法在处理 $(k-1)$-skyband 中不到一半元组的时候就能返回 Top-k 支配 Skyline 团组。

与 Permutation 相似，这三个算法的运行时间随着 n、d 和 l 的增加指数增加，而三个算法的运行时间随着 k 增加保持稳定。通过图 5.11(a)~(d) 我们可以发现：在所有环境下 TSUM+ 和 TSUM 的运行速度比 BSUM 快。TSUM 比 BSUM 快 6.1 倍到 7.5 倍，TSUM+ 比 BSUM 快 10.7 倍到 15.3 倍。实验结果

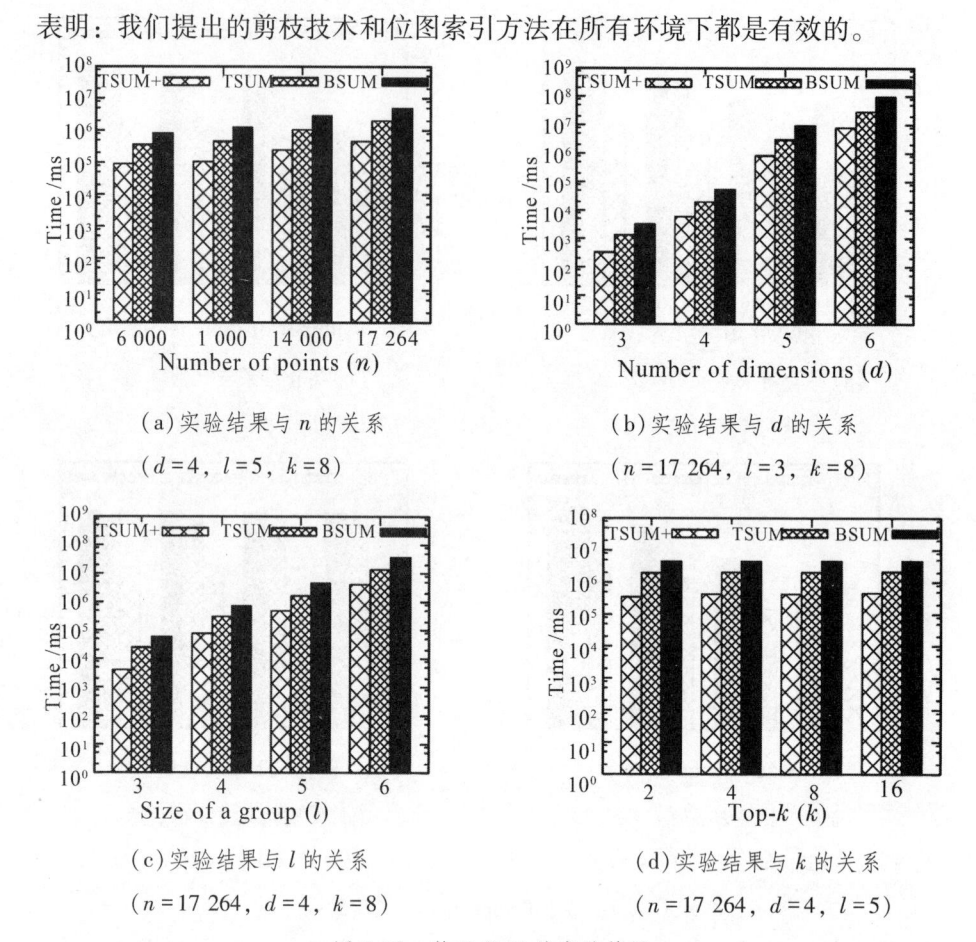

表明：我们提出的剪枝技术和位图索引方法在所有环境下都是有效的。

(a) 实验结果与 n 的关系

($d=4$，$l=5$，$k=8$)

(b) 实验结果与 d 的关系

($n=17\,264$，$l=3$，$k=8$)

(c) 实验结果与 l 的关系

($n=17\,264$，$d=4$，$k=8$)

(d) 实验结果与 k 的关系

($n=17\,264$，$d=4$，$l=5$)

图 5.11　基于 SUM 的实验结果

3. 基于 MAX 的 Skyline 团组

通过 5.3.3 小节我们知道：BMAX 需要为所有的 Skyline 向量构建 Skyline 团组，而我们的算法可以在最多处理 k 个 Skyline 向量之后就返回 Top-k 支配 Skyline 团组，如图 5.12 所示，这三个算法的运行时间随着 n 和 d 的增加而指数增加，而三个算法的运行时间随着 l 和 k 的增加保持稳定。通过图 5.12 (a)~(d) 我们可以发现：TMAX + 和 TMAX 的运行速度在所有情况下都比 BMAX 快。更进一步，我们发现 TMAX + 相对于 BMAX 的加速比随着 n、d 和 l 的增加而增加。因此，在有挑战的数据集上，TMAX + 能够达到更好的性能。

对于 MAX 我们有一个重要发现：当 $1 \geqslant d$ 时，只有一个 Skyline 向量，这个向量在每个维度上都取最大值。因此，当构建 Skyline 团组的时候，在找到能够包含所有维度上最大值的元组之后，剩下的元组可以时任意的。因此，

Skyline 团组的输出可以是巨大的。如图 5.12(c) 所示，在 $l=6$ 的情况下三个算法的运行时间比其他情况大出非常多。尽管我们的剪枝技术在 $l \geqslant d$ 时不起作用，但是通过使用位图索引高效地计算分数，TMAX+ 能够达到比 BMAX 更好的性能如图 5.12(c) 所示。实验结果表明 TMAX+ 的运行速度是 BMAX 的 1.5 倍。

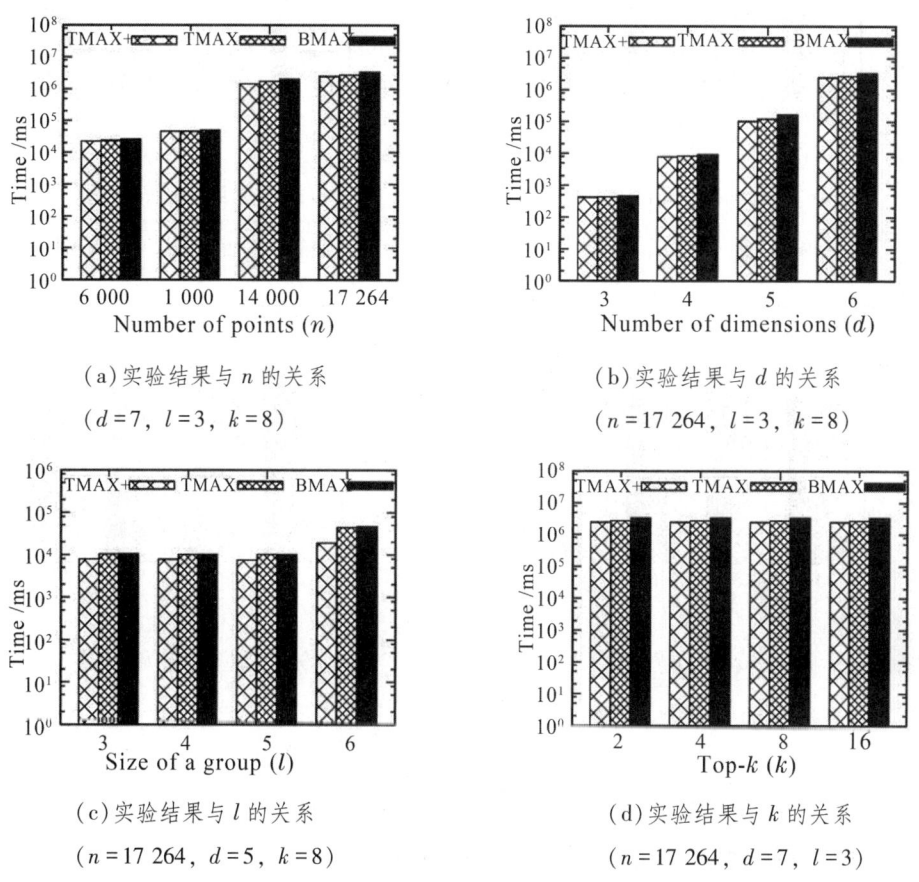

(a) 实验结果与 n 的关系

($d=7$, $l=3$, $k=8$)

(b) 实验结果与 d 的关系

($n=17\,264$, $l=3$, $k=8$)

(c) 实验结果与 l 的关系

($n=17\,264$, $d=5$, $k=8$)

(d) 实验结果与 k 的关系

($n=17\,264$, $d=7$, $l=3$)

图 5.12　基于 MAX 的实验结果

4. 基于 MIN 的 Skyline 团组

如图 5.13 所示，三个算法的运行时间随着 n、d 和 l 的增加指数增加，而这三个算法的运行时间随着 k 增加保持不变。通过图 5.13(a)~(b) 我们可以发现：TMIN+ 和 TMIN 在所有情况下都比 BMIN 快。与 MAX 相似，TMIN+ 相对于 BMIN 的加速比随着 n、d 和 l 的增加而增加。因此 TMIN+ 能够在有挑战的数据集上达到更好的性能。图 5.13 中的实验结果表明 TMIN+ 的运行速度是 BMIN 的 1.3 倍。

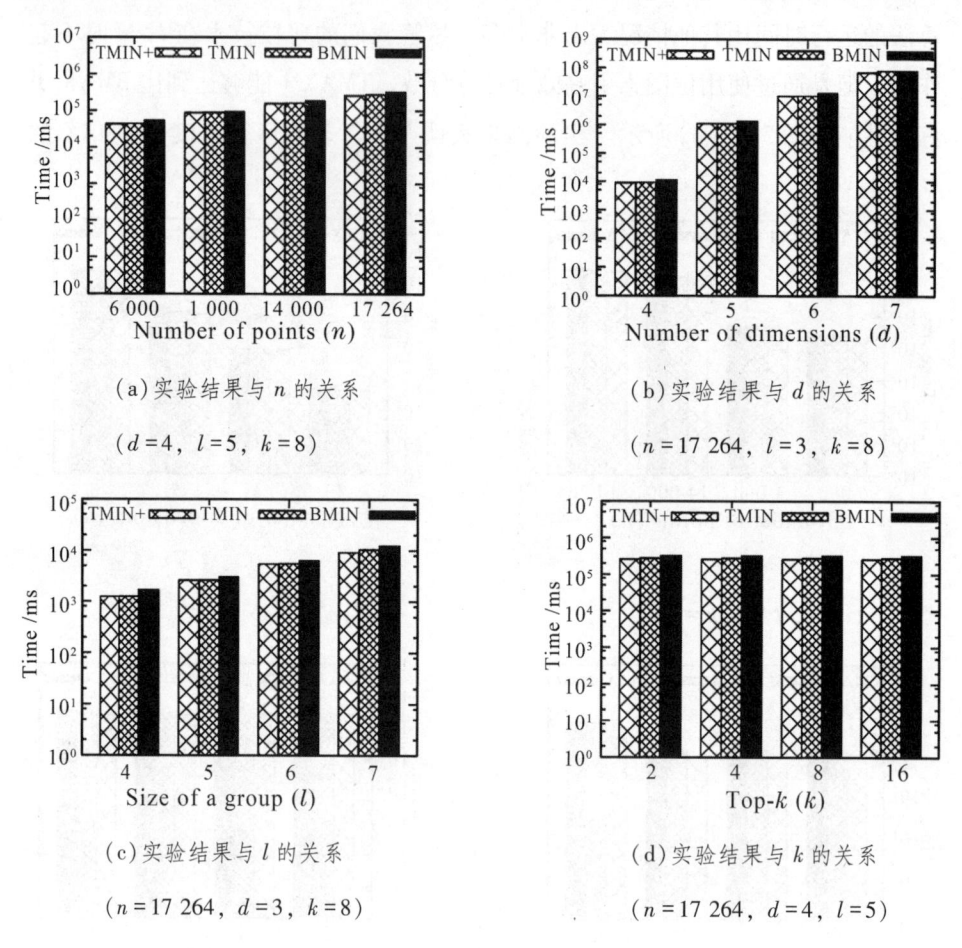

图 5.13 基于 MIN 的实验结果

5.5.4 不同数据分布情况下的实验分析

在这一小节中，我们展示了在不同数据分布情况我们算法的性能。如图 5.14、图 5.15 和图 5.16 所示，在不同数据分布情况下算法的运行时间差别非常大。

在大小相同的正相关数据集中，TPer+、TSUM+、TMAX+ 和 TMIN+ 的运行时间是最小的。其中的原因是大量的数据元组在输入剪枝中被剪枝了。所以正相关数据集上的计算量比独立分布和反相关数据集小得多。在反相关数据集上，因为一个元组很难被另一个元组所支配，所以有更多的元组能够构建 Skyline 团组。显然，反相关数据集上的计算量是三种数据分布中最大的。我们可以发现：在独立分布和反相关数据集上，算法的运行时间随着 d 的增加而指数增加。因此，当 $d \geqslant 5$ 时，TPer 和 BPer 不能在合理的时间内完成计算。更进一步，如图 5.16 所示，当 $d \geqslant 5$ 时，三种算法都不能在合理的时间内完成在反相关数据集上的计算。因此，我们省略了相关的图形。

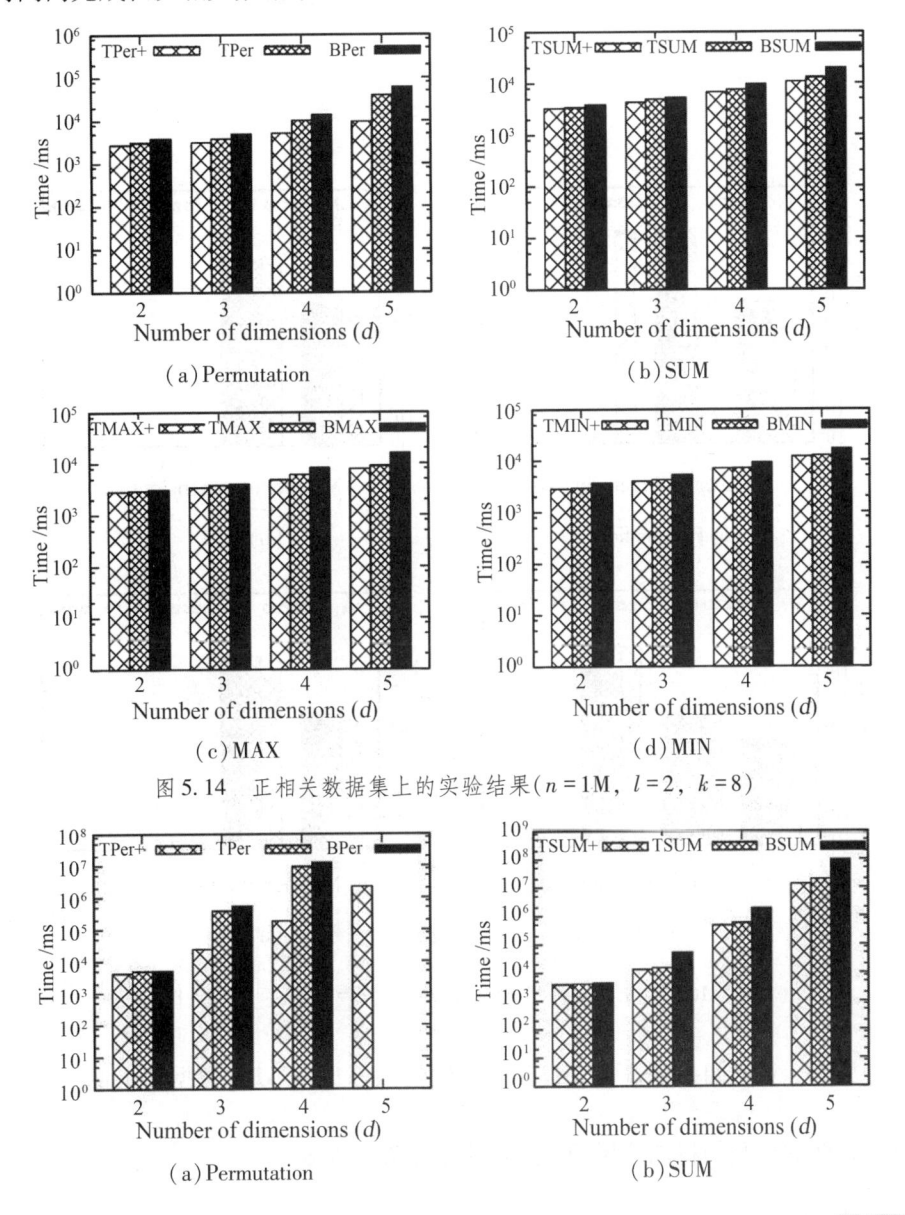

(a) Permutation

(b) SUM

(c) MAX

(d) MIN

图 5.14 正相关数据集上的实验结果（$n = 1\text{M}$，$l = 2$，$k = 8$）

(a) Permutation

(b) SUM

(c) MAX (d) MIN

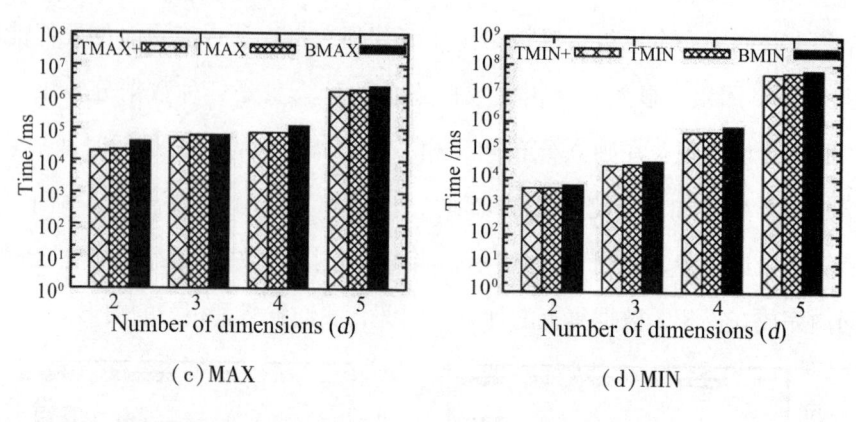

图 5.15 独立分布数据集上的实验结果（$n=1\text{M}$，$l=2$，$k=8$）

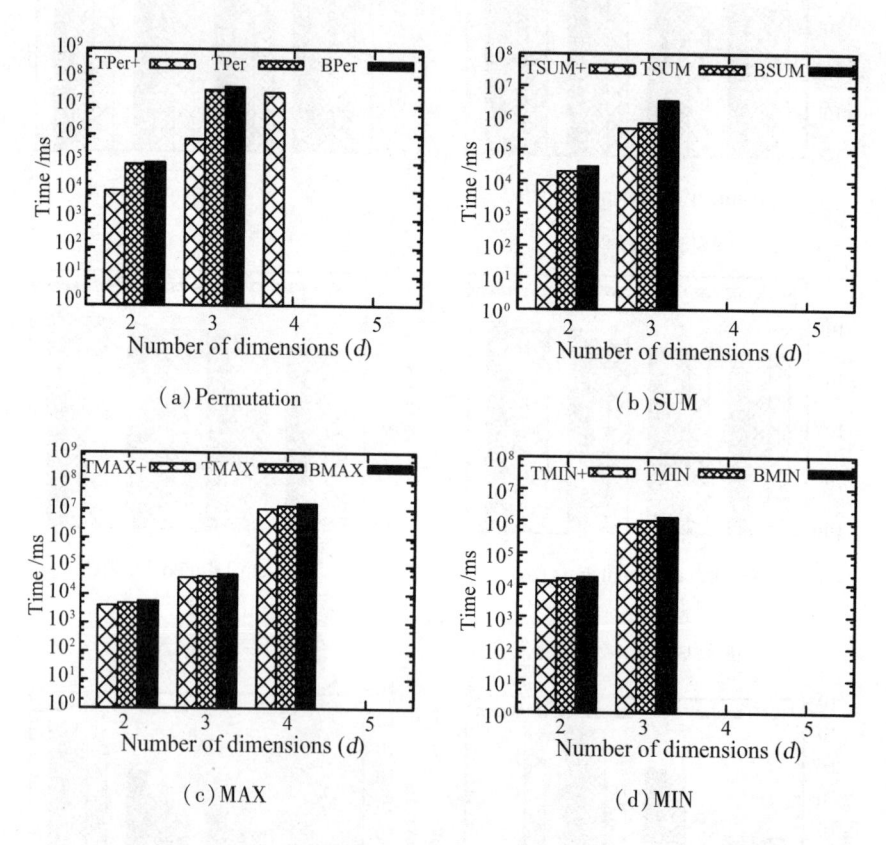

(a) Permutation (b) SUM

(c) MAX (d) MIN

图 5.16 反相关数据集上的实验结果（$n=1\text{M}$，$l=2$，$k=8$）

尽管运行时间差别非常大，我们算法的加速比与 NBA 数据集上的实验结果是相似的。我们将加速比的实验结果展示在表 5.8 中。

表5.8 不同数据分布下的加速比（$n=1M$，$l=2$，$d=3$，$k=8$）

Dataset	n	d	Compresssionratio Skyline	$(k-1)$-Skyband
NBA	17 264	8	5.9×10^{-3}	6.0×10^{-3}
Corr	1M	6	1.1×10^{-4}	2.0×10^{-4}
Indep	1M	6	4.2×10^{-4}	7.0×10^{-4}
Anti	1M	6	9.8×10^{-5}	9.9×10^{-5}

表5.8中的实验结果表明：我们的算法在有挑战的数据集上的能够达到更好的性能。这与在NBA数据集上的实验结果是相似的。通过图5.14、图5.15和图5.16中的实验结果我们可以发现：我们的算法在不同的数据分布情况下都能保持优势。这验证了我们算法可扩展性。

5.6 本章小节

在本章中我们对不同定义下的Skyline团组上进行TKD查询进行了系统的实验。据我们所知，我们是第一个研究在Skyline团组上TKD查询的。我们开发出多种多样的剪枝技术，基于这些技术我们能够在生成所有Skyline团组之前就返回Top-k支配Skyline团组。我们通过位图索引方法极大地提高了分数计算的性能。通过使用位图压缩技术，我们极大地减少了位图索引的开销，使得我们的算法的能够运行在内存内。我们通过大量的实验在真实和合成数据集上验证了我们算法的性能和扩展性。

第 6 章

基于区间树刺探的并行 n-of-N Skyline 查询方法

近年来，不确定数据流广泛存在于环境监测、金融数据分析、在线购物和无线传感器网络等众多现实应用中，使得不确定数据流的查询处理受到人们的广泛关注并涌现出了大量的研究成果。作为多目标决策和偏好查询的重要方法，Skyline 查询是不确定数据流上的一种重要查询操作，在诸如金融领域、互联网领域以及环境监测等众多现实应用中发挥着重大作用。然而，目前已有的不确定数据流 Skyline 查询方法主要针对全窗口模型上的数据流进行 Skyline 查询处理，难以满足用户对不同查询范围进行同时查询的需求。

针对已有查询方法因难以同时支持多个不同尺寸窗口查询而导致灵活性不足且查询效率不高的问题，提出了一种基于区间树刺探的并行 n-of-N Skyline 查询方法 PnNS。在 PnNS 方法中，首先，利用一种滑动窗口划分策略将全局滑动窗口划分为多个局部滑动窗口，从而将不确定数据流的集中式查询处理过程并行化。其次，通过一种区间编码策略将不确定数据流的 n-of-N Skyline 查询转化为刺探查询，从而提高查询的效率。同时，为进一步优化查询处理的过程：一方面，通过一种流数据映射策略将最新到达的流数据元组映射至相应的局部窗口，以最大程度实现计算节点之间的负载均衡；另一方面，基于空间索引结构 R 树组织不确定流数据元组，以减少流数据之间支配关系的测试开销。

6.1 基本概念与问题描述

6.1.1 基本概念

1. 滑动窗口模型

由于数据流的无限到达特性以及计算资源的相对局限性，导致在设计数据流查询算法时必须考虑所要查询处理的流数据范围。通常情况下，已有的数据流 Skyline 查询研究工作主要采用滑动窗口模型，从而将查询的流数据元组聚焦于最近到达的流数据上。为简单起见，本章采用基于计数的滑动窗口模型来处理并行 n-of-N Skyline 查询。如图 6.1 所示为一个典型的基于计数的滑动窗口模型的示例。由图 6.1 可知，基于计数的滑动窗口模型以 FIFO (First-In-First-Out) 的方式对流数据元组进行查询处理，即最先到达的流数据元组最先处理和过期。为方便描述，本章中使用 DS 表示整个不确定数据流，且用 DS_N 表示 DS 中最近到达的 N 个流数据元组，其代表 PnNS 方法所考虑的流数据查询范围。

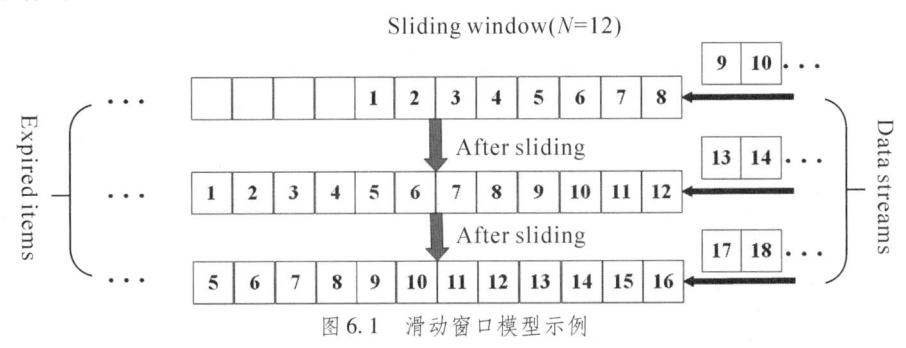

图 6.1 滑动窗口模型示例

2. 存储和索引结构

为了提高流数据元组间支配关系测试的效率，本章定义了一个空间索引结构 RST 树来组织局部滑动窗口和局部候选集中的流数据元组。RST 树主要根据 R 树来定义实现，从而高效解决高维空间上的搜索问题。如图 6.2 所示为一个 RST 的示例。由图 6.2 可知，RST 树的叶子节点存储流数据元组，而非叶子节点存储流数据的索引。同时，为了提高刺入查询处理的效率，本章使用一个类红黑树结构 RBI（即自平衡二叉树）来存储所有的刺入查询区间。

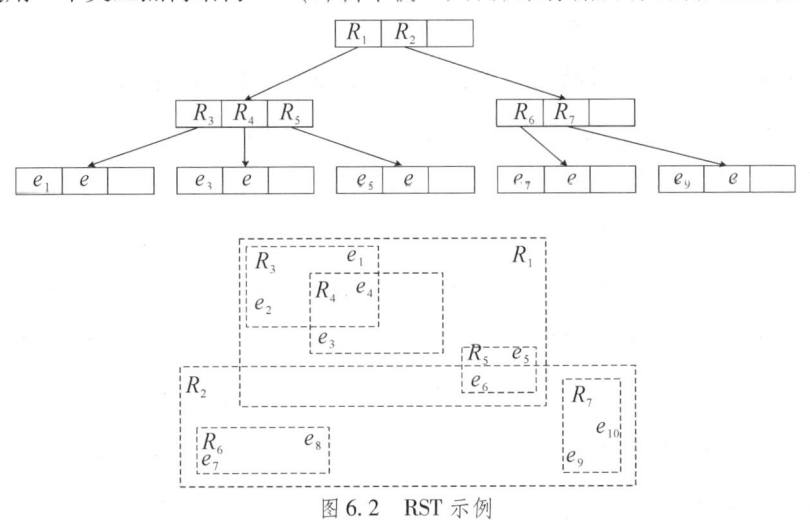

图 6.2 RST 示例

3. 基本查询定义

定义 6.1 (**流数据支配关系**)对于任意两个 d 维空间上的流数据元组 s 和 t,s 支配 t(标记为 $s<t$),当且仅当在所有维度 b 上均有 $s_i \leqslant t_i$,且至少存在一个维度 b 使得 $Sky(O)$。

定义 6.2 (**不确定流数据 Skyline 概率**)对于数据流 DS_N 中的不确定流数据元组 e,其成为 Skyline 的概率可定义为

$$P_{sky}(e) = P(e) \times \prod_{e' \in DS_N, e' < e} (1 - P(e')) \tag{3.1}$$

定义 6.3 (**不确定流数据 q-Skylines**)给定一个概率阈值 $q(0<q\leqslant 1)$,不确定数据流 DS_N 中的 q-Skylines 可以定义为 DS_N 的一个子集,其中每个流数据元组的 Skyline 概率均大于等于 q。即对于每一个 q-Skylines 中的流数据元组 e,均满足 $P_{sky}(e) \geqslant q$。

定义 6.4 ($P_{new}(e)$)对于每一个 DS_N 中的流数据元组 e,$P_{new}(e)$ 表示那些比 e 更早到达且支配 e 的所有流数据元组均不存在的概率,且通过在原有 $P_{new}(e)$ 定义的基础上新增流数据元组 e 的存在概率来进一步缩小查询范围,即

$$P_{new}(e) = P(e) \times \prod_{e' \in DS_N, e' < e, k(e') > k(e)} (1 - P(e'))$$

定义 6.5 (**候选集合 $S_{N,q}$**)对于任意流数据元组 $e \in DS_N$,$S_{N,q}$ 定义为 DS_N 的一个子集,其中每个元素的 $P_{new}(e)$ 均大于等于 q,即

$$S_{N,q} = \{e \in DS_N \mid P_{new}(e) \geqslant q\}$$

定义 6.6 (**流数据元组 e 的关键支配关系**))在候选集合 $S_{N,q}$ 中,如果 e' 是早于 e 到达并支配 e 的到达最晚的流数据元组,那么就称 e' 支配 $e(e'<e)$ 为流数据元组 e 的关键支配关系,且 e' 为 e 的关键祖先(criticalancestor)。为便于描述,用 a_e 表示 e 的关键祖先。如果 a_e 存在,那么其满足:$k(a_e) = \max\{k(e') \mid e'<e \cap k(e')<k(e)\}$;如果 a_e 不存在,那么假定 $k(a_e)=0$。

定义 6.7 (**n-of-N 数据流模型**)N 表示包含最近 N 个流数据元组的当前滑动窗口,$n(n\leqslant N)$ 表示最近 n 个流数据元组。n-of-N 数据流模型能够处理任意 $n(n\leqslant N)$ 个最近到达流数据元组的 Skyline 查询,大小为 N 的滑动窗口为 $n=N$ 时的一个特例。

定义 6.8 （不确定 n-of-N Skyline）在数据流 DS_N 中，不确定 n-of-N Skyline 定义为 DS_N 的一个子集，其中每个流数据元组 e 在最近 n 个数据元组上的 Skyline 概率均大于等于 q。如图 6.3 所示为一个计算不确定 n-of-N Skyline 的示例。

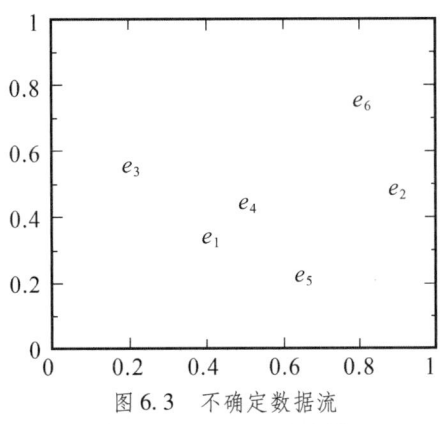

图 6.3　不确定数据流

表 6.1　流数据不确定性

流数据元组	e_1	e_2	e_3	e_4	e_5	e_6
存在概率	0.1	0.7	0.6	0.85	0.8	0.9

由图 6.3 可知，不确定数据流中包含 6 个流数据元组，并假定它们到达的先后顺序为 e_1、e_2、e_3、e_4、e_5 和 e_6。同时，表 6.1 给出了上述所有流数据元组的存在概率并假定概率阈值为 $q=0.5$。当滑动窗口大小为 6（即 $N=6$）且查询范围为最近 3 个流数据元组（即 $n=3$）时，根据定义 6.8 可知待查询的流数据元组为 e_4、e_5 和 e_6。对于流数据元组 e_6，显然 e_4 和 e_5 均支配它，则 e_6 的 Skyline 概率为 $P_{sky}(e_6)=0.9\times(1-0.8)\times(1-0.85)=0.027<0.5$。类似地，由于最近 3 个流数据元组中不存在支配 e_4 和 e_5 的流数据元组，所以 e_4 和 e_5 的 Skyline 概率分别为 $P_{sky}(e_4)=0.85>0.5$ 和 $P_{sky}(e_5)=0.8>0.5$。因此，当 $n=3$ 时数据流上的不确定 n-of-N Skyline 为 $\{e_4,e_5\}$。此外，当 n 等于 N 即 $n=6$ 时，根据定义 6.8 可知，待查询的流数据元组为 e_1、e_2、e_3、e_4、e_5 和 e_6。同理可得，数据元组 e_6 的 Skyline 概率为 $P_{sky}(e_6)=0.9\times(1-0.8)\times(1-0.85)\times(1-0.6)\times(1-0.1)=0.00972<0.5$；$e_5$ 的 Skyline 概率为

$P_{sky}(e_5) = 0.8 > 0.5$；e_4 的 Skyline 概率为 $P_{sky}(e_4) = 0.72 > 0.5$；$e_3$ 的 Skyline 概率为 $P_{sky}(e_3) = 0.6 > 0.5$；e_2 的 Skyline 概率为 $P_{sky}(e_2) = 0.0189 < 0.5$；$e_1$ 的 Skyline 概率为 $P_{sky}(e_3) = 0.1 < 0.5$。因此 $n = 6$ 时，数据流上的不确定 n-of-N Skyline 为 $\{e_3, e_4, e_5\}$。

6.1.2 问题描述

对于持续不间断更新的不确定数据流 DS，使用大小为 N 的滑动窗口对其进行建模，且该窗口中的流数据元组集合为 DS_N，研究一种基于区间树刺探的并行 n-of-N Skyline 查询方法，且该方法能够高效精确地返回 DS_N 中每次查询的不确定 n-of-N Skyline 结果。

为方便论述，将本章中经常使用的符号总结在表 6.2 中。

表 6.2 本章中经常使用的符号及其含义

符号	含义
q	指定的概率值
DS	持续不间断更新的不确定数据流
D	S_N 中最近 N 个流数据元组的集合
W	不确定数据流 DS 对应的全局滑动窗口
$\|W\|$	全局滑动窗口 W 的长度
W_i	计算节点 P_i 所维护的局部滑动窗口
$k(e)$	DS 中第 $k(e)$ 个到达的流数据 e 的时间标签
e_{new}	滑动窗口 W 中最新到达的流数据元组
e_{old}	滑动窗口 W 中过期的流数据元组
$P(e)$	流数据元组 e 的存在概率
$P_{sky}(e)$	流数据元组 e 对于滑动窗口 W 的 Skyline 概率
e'	DS_N 上的候选集合
RBI	刺探查询区间树
RST	基于 R 树的流数据索引结构

6.2 并行不确定 *n*-of-*N* 查询模型设计

在基于区间树刺探的并行 *n*-of-*N* Skyline 查询方法 PnNS 中，主要通过将全局滑动窗口中的计算任务映射至各计算节点，从而实现 Skyline 查询的并行处理。在此基础上，采用了一种区间编码策略将 *n*-of-*N* Skyline 查询转化为刺探查询，从而提高查询的效率。在并行不确定 *n*-of-*N* 查询模型设计中，主要包含四个方面的研究内容：第一，研究 PnNS 方法所采用的并行 *n*-of-*N* 查询框架；第二，研究滑动窗口划分和流数据映射策略；第三，研究将 *n*-of-*N* Skyline 查询转化为刺探查询的查询区间编码策略；第四，研究通过迭代处理返回 Skyline 查询结果。

6.2.1 并行 *n*-of-*N* 查询框架

在 PnNS 方法中，主要通过在各个局部滑动窗口上进行并行迭代查询处理来获得不确定 *n*-of-*N* Skyline 结果。首先，监控节点 M 将全局滑动窗口中的流数据划分至各局部滑动窗口，并将最新到达的流数据元组 e_{new} 映射至相应计算节点 P_i；其次，各计算节点在其维护的局部滑动窗口上处理不确定 *n*-of-*N* Skyline 的查询计算；最后，结果收集节点 Q 从各个计算节点收集所有的 *n*-of-*N* Skyline 查询结果。

由图 6.4 可知，并行 *n*-of-*N* 查询处理框架主要包含如下所示三种类型的节点：

- 监控节点 M(monitor node)：该节点负责维护全局滑动窗口，以及将最新到达的流数据元组映射至参与并行处理的计算节点 P_i；
- 计算节点 P_i(compute node)：该节点负责更新其所维护的局部滑动窗口，并计算不确定 *n*-of-*N* Skyline 查询；
- 收集节点 Q(collector node)：该节点负责从所有计算节点收集不确定 *n*-of-*N* Skyline 查询的结果。

在迭代查询处理的过程中，三种类型的节点协同完成不确定 n-of-N Skyline 查询的并行计算处理。此外，为简化 PnNS 方法的实现过程，本章将根节点同时作为监控节点和收集节点，且将子节点作为计算节点。

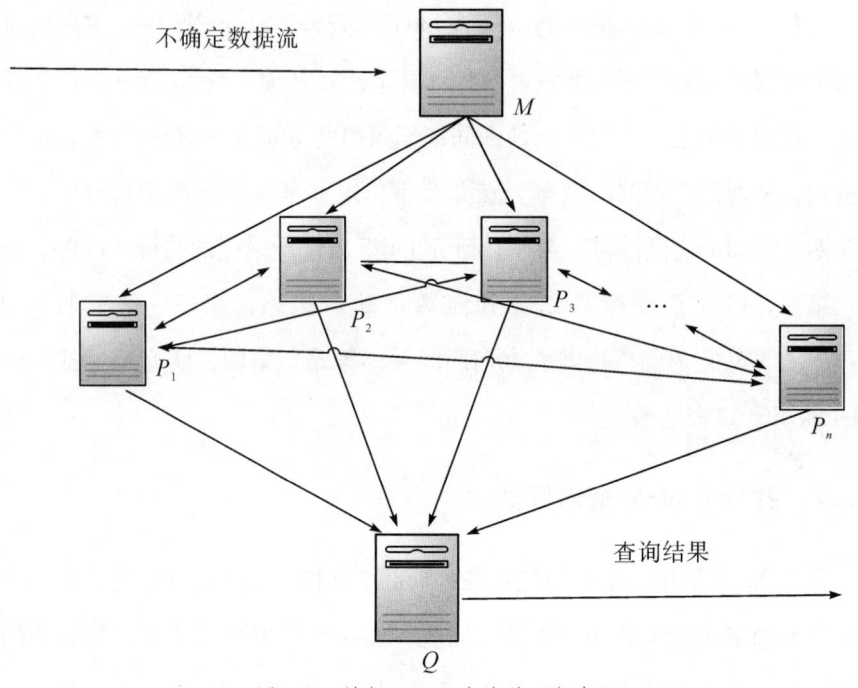

图 6.4 并行 n-of-N 查询处理框架

6.2.2 窗口划分与流数据映射策略

为实现 n-of-N 流模型上不确定 Skyline 查询的并行处理，需要合理地将 Skyline 查询的任务分配至每个计算节点，并协调它们共同完成不确定 n-of-N Skyline 查询的任务。由于不确定 n-of-N Skyline 查询主要是对全局滑动窗口中的不确定流数据元组进行计算处理，所以可根据某种方法将全局滑动窗口划分为多个局部滑动窗口，并将局部滑动窗口的 Skyline 查询计算任务分配至各计算节点 $P_i(1 \leqslant i \leqslant n)$，从而使不确定 n-of-N Skyline 查询并行化。此外，假设所有的计算节点拥有相同的计算处理性能，例如计算能力、数据存储能力以及网络带宽等。因此，在本章中将全局滑动窗口平均地划分为多个局部滑动窗口，且计算节点 $P_i(1 \leqslant i \leqslant n)$ 维护局部滑动窗口 W_i。

考虑到不确定流数据本身的高维特性，本章采用基于 R 树的空间索引结

第6章 基于区间树刺探的并行 n-of-N Skyline 查询方法

构 RST 树来组织各计算节点上的局部滑动窗口和局部候选集合，极大提高了不确定流数据元组间支配关系测试的效率。为实现负载均衡的目标从而使得各计算节点 $P_i(1 \leq i \leq n)$ 能够高效计算流数据元组间的支配关系，可将最新到达的流数据元组按轮转方式映射至各计算节点维护的局部滑动窗口，例如将第一个流数据元组映射至局部滑动窗口 W_i，第二个映射至 W_{i+1}，并将后续到达的流数据依次映射至 W_{i+2}，W_{i+3}，…，W_i，W_{i+1}。如图 3.5 所示，根据一个简单的轮转式流数据映射策略，监控节点 M 首先将流数据元组 e_1 映射至局部滑动窗口 W_i，然后将 e_2 映射至 W_2，接着 e_3 映射至 W_3，以后的流数据元组映射过程均按此方式进行。

	不确定流数据的到达顺序 $|W_1|=|W_2|=|W_3|=5$		
	18 17 16 15 14 13 12 11 10 9 8 7 6 5 4 3 2 1		
1	1		
2	1	2	
3	1	2	3
15	13 10 7 4 1	14 11 8 5 2	15 12 9 6 3
16	13 10 7 4 16	14 11 8 5 2	15 12 9 6 3
17	13 10 7 4 16	14 11 8 5 17	15 12 9 6 3
18	13 10 7 4 16	14 11 8 5 17	15 12 9 6 18
19	13 10 7 19 16	14 11 8 5 17	15 12 9 6 18
	W_1	W_2	W_3

图 6.5 滑动窗口划分和流数据映射示例

此外，由于 PnNS 方法的主要任务是当新的流数据元组 e_{new} 到达时对各计算节点维护的局部候选集合进行更新，这就使得各候选集合的尺寸可能不同从而造成其他负载均衡问题，即某些计算节点需要更新较大尺寸的局部候选集合，而其他节点只需对尺寸较小的候选集合进行更新。因此，为了解决此问题，提出了一种将最新到达的流数据元组 e_{new} 映射至各局部候选集合的映射策略。首先，由于不存在比 e_{new} 更晚到达的流数据元组，所以根据定义 3.4 显然有 $P_{new}(e_{new}) = P(e_{new})$。其次，如果 e_{new} 满足 $P(e_{new}) < q$，那么无须将 e_{new} 映射至任何局部候选集合；否则若 $P(e_{new}) \geq q$，则将 e_{new} 按轮转方式映射至局

部候选集合。

如图 6.6 所示，给定 3 个局部候选集合和 8 个流数据元组，并假设流数据元组的到达顺序为 e_1 至 e_8。为便于论述，可根据定义 3.4 将 $P_{new}(e_{new})$ 替换为 $P(e_{new})$。因此，当 $P(e_i) < q(i=2, 4, 5)$ 时，无须将 e_2、e_4 和 e_5 映射至任何局部候选集合；当 $P(e_i) \geqslant q(i=1, 3, 6, 7, 8)$ 时，将 e_1、e_3、e_6、e_7 和 e_8 按轮转方式映射至局部候选集合。综上，将流数据元组 e_1 和 e_7 映射至第一个候选集合，e_3 和 e_8 映射至第二个候选集合且 e_6 映射至第三个候选集合。

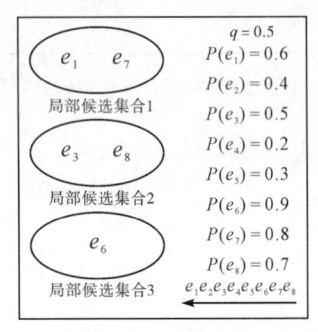

图 6.6 流数据与局部候选集合映射示例

6.2.3 查询区间编码策略

为计算 n-of-N 流模型上不确定流数据的 q-Skyline，需要为每个局部滑动窗口维护一个候选集合，然后将候选集合中的流数据元组 e 根据 LIN 等人提出的方法映射到刺探查询区间上，从而将 DS_N 上的 Skyline 查询转化为刺探查询。令 M 表示当前到达的总流数据元组总数量，则根据 LIN 等人的方法，如果流数据元组 e 满足 $M - n + 1 \in (k(a), k(e)]$，那么 e 是 DS_N 上的一个 Skyline 对象。此即意味着，区间 $(k(a), k(e)]$ 为使得 e 属于 DS_N 的 Skyline 的 $M - n + 1$ 有效范围。根据这一分析，只需合理计算流数据元组 e 对应区间的左端点，就能够将 n-of-N Skyline 查询转化为基于区间的刺探查询。

定义 6.9 （刺探查询区间）为提高查询处理的总体效率，本章采用红黑树（即自平衡二叉树）来组织所有的刺探查询区间。为便于论述，采用 Inv 表示单个查询区间，且其包含三个属性：流数据元组（Tuple）、查询区间左端点（Left）和查询区间右端点（Right）。则流数据元组 e 的区间左端点计算如下（右

第6章　基于区间树刺探的并行 n-of-N Skyline 查询方法

端点仍为其时间标签 $k(e)$）：

- 对每个流数据元组 $e \in S_{N,q}$，计算早于 e 到达且支配 e 的流数据元组，假定这样的对象有 m 个，并且按照到达的先后顺序记作 c_1，c_2，…，c_m；

- 对每个流数据元组 $e \in S_{N,q}$，如果 $P_{new}(e) < q$，则无须将 e 及其查询区间插入本章定义的红黑区间树 RBI；

- 令 $l = \min\{k \mid 1 \leqslant k \leqslant m \cap P_{new}(e) \times \prod_{i=k}^{m}(1-P(c_i)) \geqslant q\}$，如果 l 存在，那么 e 的区间左端点为 Left $= 0(l=1)$ 或者 Left $= k(c_{l-1})(l>1)$；

- 否则，$m=0$ 时区间左端点为 Left $=0$，$m \neq 0$ 时区间左端点为 $k(c_m)$。

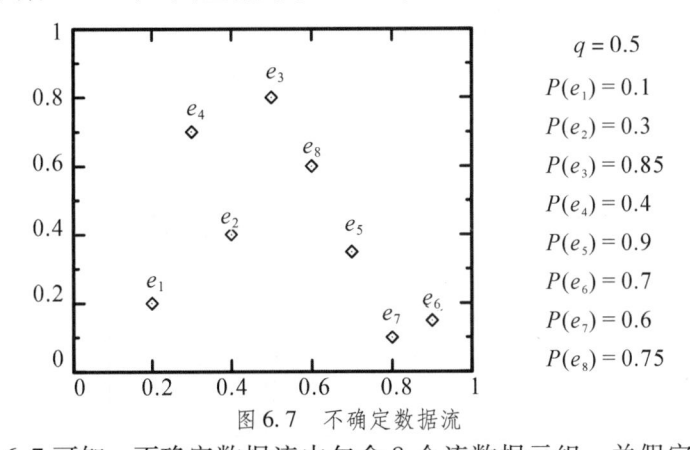

$q = 0.5$
$P(e_1) = 0.1$
$P(e_2) = 0.3$
$P(e_3) = 0.85$
$P(e_4) = 0.4$
$P(e_5) = 0.9$
$P(e_6) = 0.7$
$P(e_7) = 0.6$
$P(e_8) = 0.75$

图 6.7　不确定数据流

由图 6.7 可知，不确定数据流中包含 8 个流数据元组，并假定它们到达的先后顺序为 e_1，e_2，…，e_8。当滑动窗口尺寸为 $N=8$ 且查询范围为最近 4 个到达的流数据时（即 $n=4$），首先，根据定义 6.4 可知 $P_{new}(e_1) = 0.1 < q$，$P_{new}(e_2) = 0.3 < q$，$P_{new}(e_4) = 0.4 < q$，$P_{new}(e_6) = P(e_6) \times (1 - P(e_7)) = 0.7 \times (1-0.6) = 0.28 < q$，$P_{new}(e_3) = P(e_3) \times (1 - P(e_4)) = 0.85 \times (1-0.4) = 0.51 > q$，$P_{new}(e_5) = 0.9 > q$，$P_{new}(e_7) = 0.6 > q$ 且 $P_{new}(e_8) = 0.75 > q$。因此根据定义 6.5，候选集合为 $\{e_3, e_5, e_7, e_8\}$。其次，由于 e_1 和 e_2 为早于 e_3 到达且支配 e_3 的流数据元组，所以由 $P_{new}(e_3) \times (1-P(e_2)) = 0.51 \times 0.7 = 0.357 < q$，得 e_3 的区间左端点为 Left $= 2$，且 e_2 为 e_3 的关键支配祖先；对于 e_5，由 $P_{new}(e_5) \times (1-P(e_1)) = 0.9 \times 0.9 = 0.81 > q$，得 e_5 的区间左端点为 0；由于不存在早于 e_7 到达且支配 e_7 的流数据元组，所以 e_7 的区间左端点为 0；对于 e_8，则由 $P_{new}(e_8) \times (1-P(e_2)) = 0.75 \times 0.7 = 0.525 > q$ 及

$P_{new}(e_8) \times (1-P(e_2)) \times (1-P(e_1)) = 0.75 \times 0.7 \times 0.9 = 0.4725 < q$，得 e_8 的区间左端点为2。最后，对上述计算所得查询区间进行刺入查询可得 n-of-N Skyline 查询的结果为 e_5、e_7 和 e_8。

6.2.4 基于迭代的处理过程

不同于传统的集中式不确定数据流的 n-of-N Skyline 查询，PnNS 方法在滑动窗口模型的基础上对连续不断到达的流数据进行迭代查询处理，从而提高 Skyline 查询的效率。如图 6.8 所示，并行不确定 n-of-N Skyline 查询的单个迭代处理过程主要包含以下四个阶段。

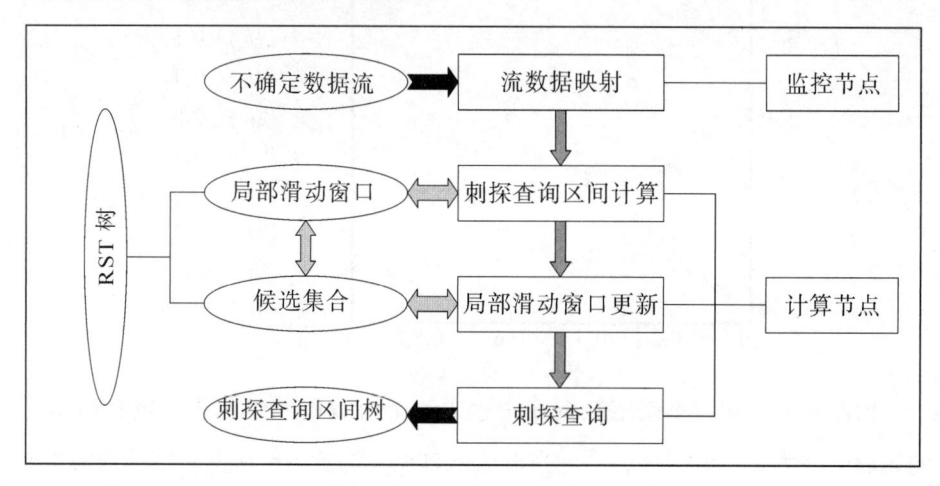

图 6.8 单个迭代查询处理流程

- **流数据映射阶段**：当新的流数据元组到达时，监控节点 M 按照轮转方式将 e_{new} 映射至计算节点 P_i。

- **刺探查询区间计算阶段**：P_i 协同其他计算节点 $P_j(1 \leqslant j \leqslant n, j \neq i)$ 计算 e_{new} 的 Skyline 概率及其刺探查询区间，并更新候选集合。

- **局部滑动窗口更新阶段**：首先，P_i 删除局部滑动窗口和候选集合中因新的流数据元组 e_{new} 的到来而过期的流数据元组；其次，更新候选集合 $S_{N,q}$ 中所有被 e_{new} 支配的流数据元组的 Skyline 概率及其刺探查询区间；最后，更新刺探查询区间树 RBI。

- **刺探查询阶段**：以 $M-n+1$ 为刺入点对 RBI 进行刺入查询，得到 n-of-

N Skyline 查询的结果。

定理 6.1 当新的流数据元组 e_{new} 到达时,记 e 为候选集合中不被 e_{new} 支配的流数据元组且其刺探查询区间为 $(Left, k(e)]$。令过期的时间标签为 $M-N+1$,则直接删除过期的流数据元组而无须更新 e 的刺探查询区间。

证明: 如果 e 不被时间标签为 $M-N+1$ 的流数据元组所支配,那么无须更新其查询区间左端点。根据定义 6.9,只有当 $M-N+1=Left$ 时,才需将 e 的查询区间左端点更新为 0。当新的流数据元组 e_{new} 到达时,区间树 RBI 上执行刺探查询的刺入点更新为 $(M+1)-n+1$。显然有 $(M+1)-n+1 > M-n+1$ 且 $(M+1)-n+1 > 0$,则 $(M+1)-n+1$ 属于区间 $(0, k(e)]$ 等价于 $(M+1)-n+1$ 属于 $(Left, k(e)]$,故定理成立。

6.3 并行不确定 *n*-of-*N* 查询算法设计

6.3.1 窗口划分算法与流数据映射算法

在 PnNS 方法中,由于参与不确定数据流 *n*-of-*N* Skyline 查询处理的计算节点的综合处理性能几乎一致,所以可将全局滑动窗口中的流数据元组平均发送至各计算节点维护的局部滑动窗口。PnNS 方法的全局滑动窗口划分算法可归纳为算法 6.1。在全局滑动窗口划分算法中,首先计算各个局部滑动窗口的理论长度(如算法第 1 行)。在此基础上,计算各局部滑动窗口的实际长度(如算法第 3~4 行)。

算法 6.1 全局滑动窗口划分算法

输入:全局滑动窗口的长度为 $|W|$;总的计算节点数目为 n

输出:每个局部滑动窗的长度为 $|W_i|$ $(1 \leqslant i \leqslant n)$

1　计算每个局部滑动窗口理论上的平均长度 $w = |W|/n$;

2　获得前 $n-1$ 个局部滑动窗口的长度为 $|W_i| = w (1 \leqslant i \leqslant n-1)$;

3　获得第 n 个局部滑动窗口的长度为 $|W_n| = |W| - w \times (n-1)$;

实际上，参与不确定数据流的 n-of-N Skyline 查询处理的计算节点在处理能力方面通常有着较大差别。为有效解决所有计算节点上的负载均衡问题，可根据文献[97]中的面向负载均衡的滑动窗口划分算法，将全局滑动窗口按照各个计算节点的综合处理能力进行均衡地划分。

在流数据映射算法（算法 6.2）中，根据一个简单的轮转式流数据映射策略，首先将 e_{new} 映射至计算节点 P_i 维护的局部滑动窗口 W_i，然后将 e_{new1} 映射至 W_{i+1}，接着 e_{new2} 映射至 W_{i+2}，以后的流数据映射过程均按此方式进行，从而最大化流数据间支配关系测试的效率（如算法第 1~3 行）。特别地，计算节点 P_i 将在 e_{new} 到达时删除局部滑动窗口 W_i 中过期的流数据元组 e_{old}。由于并行不确定 n-of-N Skyline 查询的关键是当 e_{new} 到达时计算其 Skyline 概率值、刺探查询区间以及更新候选集合，这就使得各局部候选集合的大小必须几乎相同，从而最大化各节点计算资源的利用率。因此，如果流数据元组 e_{new} 满足成为候选集合中元素的条件，那么按照轮转方式将其映射到相应的计算节点 P_j（如算法第 4~9 行）。

算法 6.2 流数据映射算法

输入：最新到达的流数据 e_{new}；总的计算节点数目 n

输出：包含 e_{new} 的局部滑动窗口 W_i；包含 e_{new} 的计算节点 P_j

1   **foreach** 局部滑动窗口 $W_i(1 \leq i \leq n)$ **do**

2   **if** $k(e_{new}) \% n = (i-1)$ **then**

3   **return** W_i;

4    $P_{new}(e_{new}) = P(e_{new})$;

5   **if** $P_{new}(e_{new}) \geq q$ **then**

6   根据 e_{new} 满足 $P_{new}(e_{new}) \geq q$ 的顺序赋予其一个序列值 $h(e_{new})$;

7   **foreach** 计算节点 $P_j(1 \leq j \leq n)$ **do**

8   **if** $s < t$ **then**

9   **return** P_j;

6.3.2　并行不确定 *n*-of-*N*Skyline 查询处理算法

当处理并行不确定 *n*-of-*N* Skyline 查询时，首先，监控节点更新全局滑动窗口并将最新到达的流数据元组 e_{new} 映射至计算节点 P_i；其次，P_i 协同其他计算节点计算 e_{new} 的 Skyline 概率及其刺探查询区间；最后，各个计算节点更新其所维护的局部候选集合，并进行刺探查询返回结果。并行不确定 *n*-of-*N* Skyline 查询的计算过程如算法 6.3 所示。

算法 6.3　并行不确定 *n*-of-*N* Skyline 查询算法

输入：不确定数据流

输出：全局 *q*-Skyline 集合

1　**while**（新的流数据元组 e_{new} 到达监控节点 M）**do**
2　　M 更新全局滑动窗口为 $W = W + e_{new} - e_{old}$；
3　　M 确定 e_{new} 所属的局部滑动窗口 W_j 并将其传输至计算节点 P_j；
4　　P_j 更新局部滑动窗口为 $W_j = W_j + e_{new} - e_{old}$；
5　　M 根据算法 6.2 将 e_{new} 映射至计算节点 P_i；
6　　M 将 P_i 和 e_{new} 传输至其他计算节点 $P_k (1 \leq k \leq n, k \neq i)$；
7　　P_i 根据算法 6.4 计算 e_{new} 的刺探查询区间；
8　　**foreach** 计算节点 $P_i (1 \leq i \leq n)$ **do**
9　　　　根据算法 6.5 更新局部候选集合；
10　　　根据算法 6.6 使用 $M - n + 1$ 对 RBI 进行刺入查询；
11　　　返回全局 *q*-Skyline 集合至结果收集节点 Q；

在并行不确定 *n*-of-*N* Skyline 查询算法中，首先，M 将 e_{new} 映射至相应的计算节点，并更新局部滑动窗口 W_j（如算法第 1～5 行）；其次，P_i 计算 e_{new} 的刺探查询区间并将计算结果插入 RBI（如算法第 6～7 行）；再次，每个计算节点 $P_{sky,k}(e_{new}) = P(e_{new}) \times \prod_{e' \in DS_{N}, e' <_{ke_{new}}} (1 - P(e')) = P(e_{new}) \times \prod_{j=1}^{n} P_k^j(e_{new})$ 重新计算局部候选集合中被 e_{new} 支配的流数据元组的刺探查询区间，并更新 RBI

(如算法第 8~9 行);最后,各个计算节点以 $M-n+1$ 为刺入点对其维护的 RBI 进行刺入查询,并发送全局 q-Skyline 集合至结果收集节点 Q(如算法第 10~11 行)。

6.3.3 查询区间计算算法

当 e_{new} 到达时,计算节点 P_i 利用 DS_N 上所有支配 e_{new} 的不确定流数据元组(即$\{e \in DS_N \mid e < e_{new}\}$)计算 e_{new} 的 Skyline 概率,并计算其刺探查询区间。PnNS 方法的查询区间计算过程如算法 6.4 所示。

算法 6.4　刺探查询区间计算算法

输入:最新到达的流数据 e_{new};拥有 e_{new} 的计算节点 P_i

输出:e_{new} 的刺探查询区间

1　$P_{new}(e_{new}):=1$;

2　P_i 计算其局部滑动窗口中所有支配 e_{new} 的流数据元组;

3　**foreach** 计算节点 $P_j(1 \leqslant j \leqslant n, j \neq i)$　**do**

4　　计算其局部滑动窗口中所有支配 e_{new} 的流数据元组;

5　　将计算所得的流数据元组传输至 P_i;

6　P_i 使用上述所有流数据元组计算 e_{new} 的 Skyline 概率;

7　根据定义 6.9 计算 e_{new} 的刺探查询区间;

8　计算 e_{new} 的支配关系集合;

在刺探查询区间计算算法中,首先,计算节点 P_i 从其维护的局部滑动窗口 W_i 中获取所有支配 e_{new} 的流数据元组(如算法第 2 行);其次,所有别的计算节点 $P_j(1 \leqslant j \leqslant n, j \neq i)$ 在各自局部滑动窗口中查找所有支配 e_{new} 的流数据元组,并将它们传输至 P_i(如算法第 3~5 行);再次,P_i 使用上述所有支配 e_{new} 的流数据元组计算 e_{new} 的 Skyline 概率,并根据定义 6.8 计算 e_{new} 的刺探查询区间 $[k(a), k(e_{new})]$(如算法第 6~7 行);最后,将所有支配 e_{new} 且使得 $P_{sky}(e_{new}) \geqslant q$ 的流数据元组作为 e_{new} 的支配关系集合(如算法第 8 行)。

6.3.4 候选集合更新算法

如算法 6.5 所示，各个计算节点 $P_i(1 \leq i \leq n)$。首先，计算候选集合 $S_{N,q}$ 中被 e_{new} 支配的流数据元组集合 $DO(e_{new})$（如算法第 1~2 行）；其次，使用 4 条启发式优化规则来更新每个流数据元组 $e \in DO(e_{new})$ 的刺探查询区间（如算法第 3~18 行）。启发式规则具体描述如下：

规则 1 新的流数据元组 e_{new} 到达后，如果 $P(e_{new}) > (1-q)$，那么将所有的 $e \in DO(e_{new})$ 从 $S_{N,q}$ 删除，并将 e 相应的查询区间从 RBI 删除。

规则 2 新的流数据元组 e_{new} 到达后，如果 $e_{new} < e$，并且 $P_{new}(e) < q$，那么将 e 从 $S_{N,q}$ 删除，并将 e 相应的查询区间从 RBI 删除。

规则 3 新的流数据元组 e_{new} 到达后，如果 $(k(a), k(e_{new})]$，$k(a_e) > M - N + 1$ 且 $(1 - P(a_e)) \times P_{new}(e) < q$，那么将 e 的区间左端点更新为 $k(a_e)$。

规则 4 如果流数据元组 $e \in DO(e_{new})$ 不符合规则 1~3 的条件，那么使用 e 的支配关系集合重新计算其查询区间左端点。

引理 6.1 对于候选集合中被 e_{new} 支配的流数据元组 e（即 $e \in S_{N,q} \cap e_{new} < e$），其更新后的区间左端点 $e.\text{Left}$ 显然满足 $k(a) \leq e.\text{Left} \leq k(a_e)$。因此，可直接使用算法 6.4 中所得所有支配 e_{new} 流数据元组重新计算 e 的 n-of-N Skyline 概率值及其刺探查询区间左端点。

证明：新的流数据元组 e_{new} 到达后，如果存在一个流数据元组 $e \in S_{N,q}$ 且 $e_{new} < e$，显然有 $P_{sky}(e) \times (1 - P(e_{new})) < P_{sky}(e)$。那么当 $P_{sky}(e) \times (1 - P(e_{new}))$ 大于等于概率阈值 q 时，e 的区间左端点保持不变；否则，e 的区间左端点将向右移动即 $e.\text{Left} > k(a)$。此外，根据 a_e 的定义有 $e.\text{Left} \leq k(a_e)$。因此，可使用所有支配 e 且时间标签为 $k(a)$ 至 $k(a_e)$ 的流数据元组重新计算 e 的区间左端点。

算法 6.5 候选集合更新算法

1	**foreach** 计算节点 $P_i(1 \leq i \leq n)$ **do**
2	计算被 e_{new} 支配的集合 $DO(e_{new})$;
3	**if** $P(e_{new}) > (1-q)$ **then**
4	将流数据元组 $e \in DO(e_{new})$ 从 $S_{N,q}$ 删除;
5	将 $e \in DO(e_{new})$ 的查询区间从 RBI 删除;
6	**else**
7	**foreach** $e \in DO(e_{new})$ **do**
8	$P_{new}(e)^{*} = (1 - P(e_{new}))$;
9	**if** $P_{new}(e) < q$ **then**
10	将 e 从 $S_{N,q}$ 删除;
11	将 e 的查询区间从 RBI 删除;
12	**else**
13	$P_{sky}(e)^{*} = (1 - P(e_{new}))$;
14	**if** $P_{sky}(e) < q$ **then**
15	**if** $k(a_e) > M - N + 1$ **then**
16	**if** $P_{new}(e) * (1 - P(a_e)) < q$ **then**
17	将 e 的区间左端点更新为 $k(a_e)$;
18	**else**
19	使用 e 的支配关系集合计算其 n-of-N Skyline 概率;
20	计算 e 的查询区间左端点;

在候选集合更新算法中,如果 $P(e_{new}) > (1-q)$,那么根据定义 6.4 显然有 $P_{new}(e) < q$,其中 e 为被 e_{new} 支配的流数据元组。因此,规则 1 直接删除所有被 e_{new} 支配的流数据元组,从而避免不必要的计算(如算法第 3~5 行)。规则 2 可以避免更新那些将被删除的流数据元组的刺探查询区间(如算法第 7~11 行)。规则 3 可以直接确定部分流数据元组的刺探查询区间左端点,避免了重计算过程(如算法第 13~17 行)。规则 4 使用算法 6.4 中所得 e 的支配关系集合,重新计算其 Skyline 概率值以及刺探查询区间(如算法第 18~20 行)。

6.3.5 刺探查询算法

算法 6.6　刺探查询算法

输入：刺入点 $M-n+1$；刺探查询区间树

输出：全局 q-Skyline 集合

1　　**if** $M \geqslant N$ **then**
2　　　　**foreach** RBI 节点 **do**
3　　　　　　**if** $e.\text{Left} < M-n+1 \leqslant e.\text{Right}$ **then**
4　　　　　　　　将 e 加入全局 q-Skyline 集合；
5　　**return** 全局 q-Skyline 集合；

在刺探查询算法中，首先，检测全局滑动窗口是否填充完毕，若是，则进行刺入查询（如算法第 1 行）；其次，以 $M-n+1$ 为刺入点查询 RBI 树，若 e 的查询区间满足 $e \in \text{DO}(e_{\text{new}})$，则将 e 加入全局 q-Skyline 集合（如算法第 2~4 行）；最后，返回 n-of-N Skyline 查询结果至结果收集节点（如算法第 5 行）。

6.4　实验结果与分析

6.4.1　实验环境设置

本章涉及的所有实验均部署在 TH-1 高性能计算环境上，该计算环境包括 128 个 64 位的计算节点和 1 个四核的 64 位管理节点，通过 InfiniBand 高速互连组成，采用全局共享并行文件系统和 Linux 操作系统。本章中所有的算法均采用 C++ 实现，并运行于 Linux 操作系统上。此外，使用 MPI 实现并行计算处理。特别地，本章所有的实验测试结果为 10 次查询的平均值。

本章采用合成数据和真实数据生成的不确定数据流进行实验测试，具体描述如下：

● **合成数据**：本章采用文献［19］提出的独立型（Independent）、正相关（Correlated）和反相关（Anti-correlated）三种类型的合成数据为所有的实验测试生成不确定数据流，这三种类型的数据描述如图 6.10 所示。此外，在生成不确定数据流时，使用正态分布来随机产生并赋予每个流数据元组一个存在概率。其中，正态分布的均值为 $\mu=0.6$，标准方差为 $\sigma=0.3$。

• **真实数据**：实验中用以生成不确定数据流的真实数据（IPUMS）收集自网站 www.ipums.org，包括人口、就业、生育和互联网等领域的当前调查数据。此外，通过为每个流数据指派一个存在概率而赋予其不确定性。其中，存在概率由均值为 $\mu=0.6$ 且标准方差为 $\sigma=0.3$ 的正态分布随机产生。

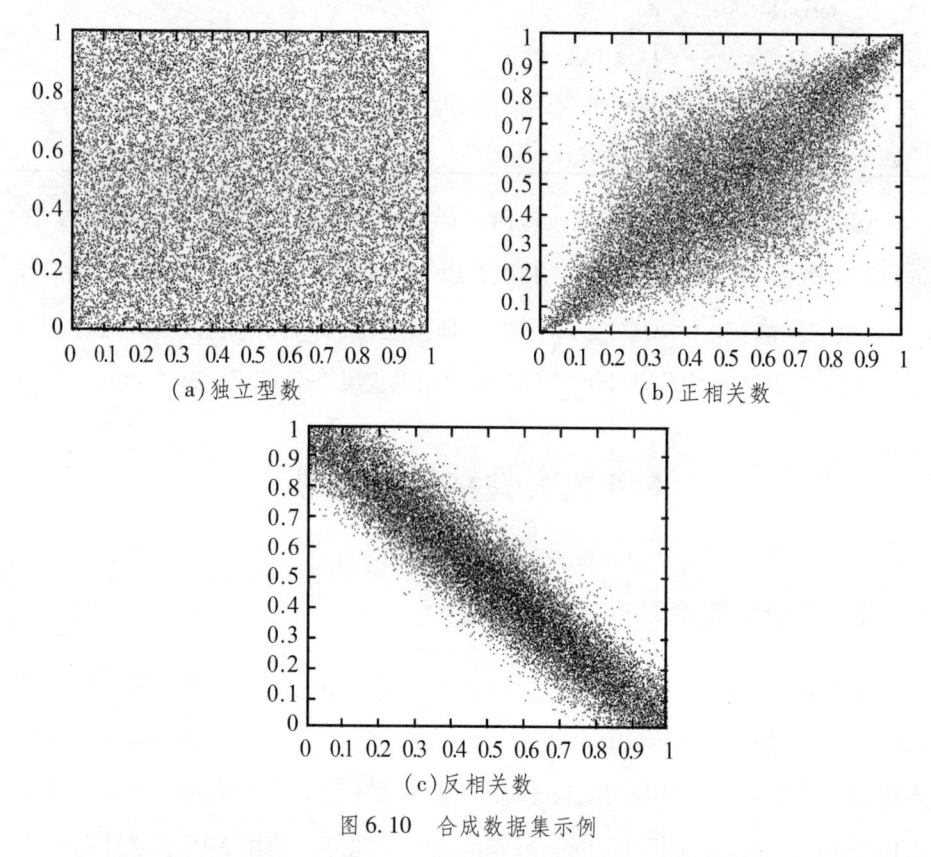

（a）独立型数

（b）正相关数

（c）反相关数

图 6.10 合成数据集示例

在本章所有的实验中，主要从全局窗口长度、滑动粒度、流数据的维度、计算节点数目、概率阈值和查询范围六个方面对本章提出的并行查询方法 PnNS 进行性能评估。此外，由于所有的实验只关注连续查询的计算性能，所以所有的实验结果均不包括滑动窗口初始化的时间。实验中的六个方面具体描述如下：

• **全局窗口长度 |W|**：在实验中，道过对 |W| 分别赋值 0.1M、0.5M、

1M、2M、3M、4M 和 5M 来比较查询的效率，其中 1M 代表一百万条流数据。

- 滑动粒度 m：在实验中，通过对 m 分别赋值 1、10、100 和 1 000 来比较 PnNS 方法查询的效率。

- 流数据的维度 d，即数据的属性空间：在实验中，通过对 d 分别赋值 2、3、4、5 和 6 来比较查询的效率。

- 计算节点数目 t：在实验中，通过对 t 分别赋值 1、2、4、8、16 和 32 来比较查询的效率。

- 概率阈值 q，即用来筛选流数据元组的概率值：在实验中，通过对 q 分别赋值 0.1、0.3、0.5、0.7 和 0.9 来比较查询的效率。

- 查询范围 n，即最近 n 个到达的流数据元组：在实验中，通过对 n 分别赋值 0.2M、0.4M、0.6M、0.8M 和 1M 来比较查询的效率。

表 6.3 中总结了实验涉及的参数及其取值，如无特别指出粗体显示的数值即为缺省的参数值。

表 6.3　系统参数

参数	参数值
$\|W\|$	0.1M、0.5M、**1M**、2M、3M、4M、5M
m	1、10、**100**、1 000
d	2、**3**、4、5、6
t	1、2、4、**8**、16、32
q	0.1、0.3、**0.5**、0.7、0.9
n	0.2M、0.4M、**0.6M**、0.8M、1M

6.4.2　全局窗口长度对性能的影响

为了测试全局滑动窗口长度 $|W|$ 对 PnNS 方法的影响，实验中将 $|W|$ 由 0.1M 增加至 5M，以评估 PnNS 方法的性能。根据 6.2.2 小节的描述，可将全局滑动窗口划分为一系列长度相同的局部滑动窗口，即均为 $|W_i|=|W|/n(1 \leq i \leq n)$，以实现计算节点间的负载均衡，其中 n 指计算节点的数目。

由图 6.11 所示的结果可知,随着全局滑动窗口长度从 0.1M 增加至 5M,每次更新的时间不断增大。产生该现象的主要原因是,当全局滑动窗口的规模逐渐增大时,每个计算节点需要处理的 n-of-N Skyline 查询任务越多。此外,计算节点之间流数据传输的通信开销(transmission)、e_{new} 的刺探查询区间计算开销(computing)、局部候选集合的更新开销(updating)以及 RST 和 RBI 树的存储开销(storing)随着全局滑动窗口长度的增加而不断增大。

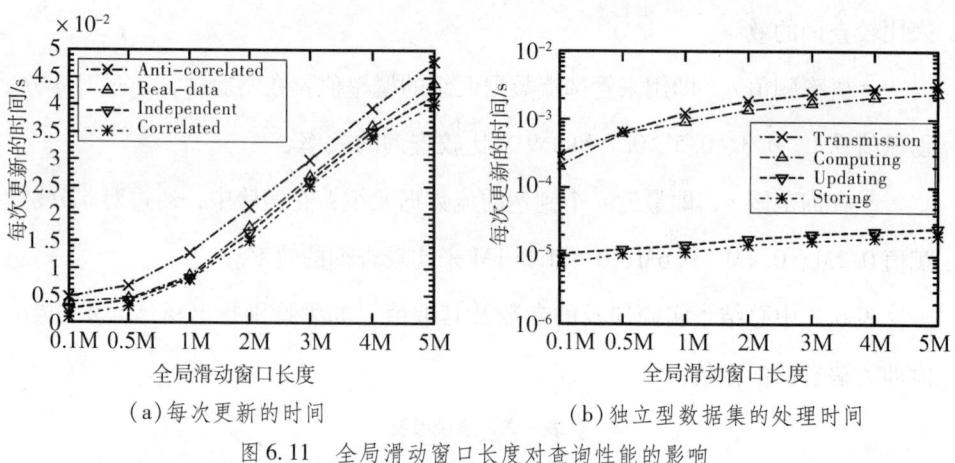

(a)每次更新的时间

(b)独立型数据集的处理时间

图 6.11　全局滑动窗口长度对查询性能的影响

6.4.3　窗口滑动粒度对性能的影响

为了评估窗口滑动粒度 m 即每次到达的流数据数目对 PnNS 方法的影响,实验中将 m 从 1 按指数逐级增加至 1 000,以评估 PnNS 方法的性能。如图 6.12(a)所示,每次更新的时间随着窗口滑动粒度 m 的增大而不断增加。其主要原因在于,当窗口滑动粒度越大时,其每次更新时计算 e_{new} 的刺探查询区间和更新局部滑动窗口的时间开销相对增加。

此外,由图 6.12(b)可知,计算节点之间流数据传输的通信开销、e_{new} 的刺探查询区间计算开销、局部候选集合的更新开销以及 RST 和 RBI 树的存储开销随着每次更新到达的流数据数目的增加而不断增大。该结果的主要原因在于,当窗口滑动粒度 m 增大时,其每次更新时所传输、计算、更新和存储的流数据元组数目更多。

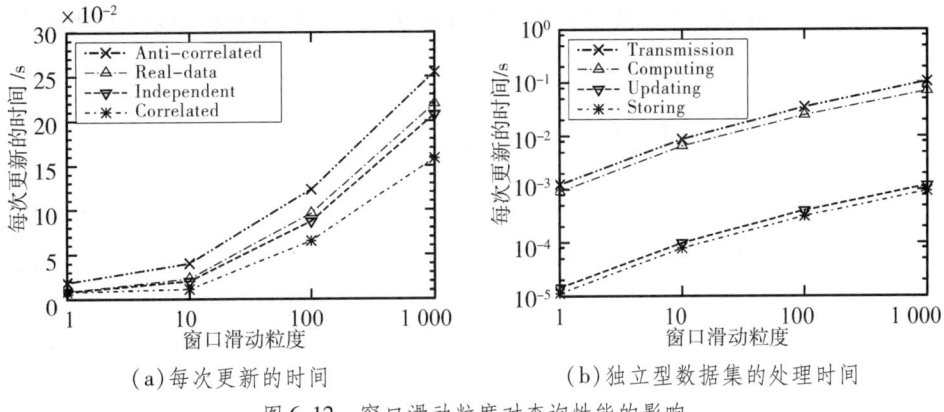

(a) 每次更新的时间　　　　　　　　(b) 独立型数据集的处理时间

图 6.12　窗口滑动粒度对查询性能的影响

6.4.4　流数据的维度对性能的影响

为了测试流数据维度 d 对 PnNS 方法的影响，实验中分别为 d 赋值 2、3、4、5 和 6，以评估 PnNS 方法的性能。如图 6.18(a)所示，随着数据维度 d 从 2 逐渐增加至 6，每次更新的时间开销不断增大。这是因为，当流数据维度增加时，测试支配关系的计算开销不断增大。同时，由图 6.13(b)可知，计算节点之间流数据传输的通信开销、e_{new} 的刺探查询区间计算开销、局部候选集合的更新开销以及 RST 和 RBI 树的存储开销随着流数据维度的增加而不断增大。产生该结果的主要原因在于，当 d 增加时，流数据元组的尺寸相应增大，使得每次更新需要更多的时间开销。

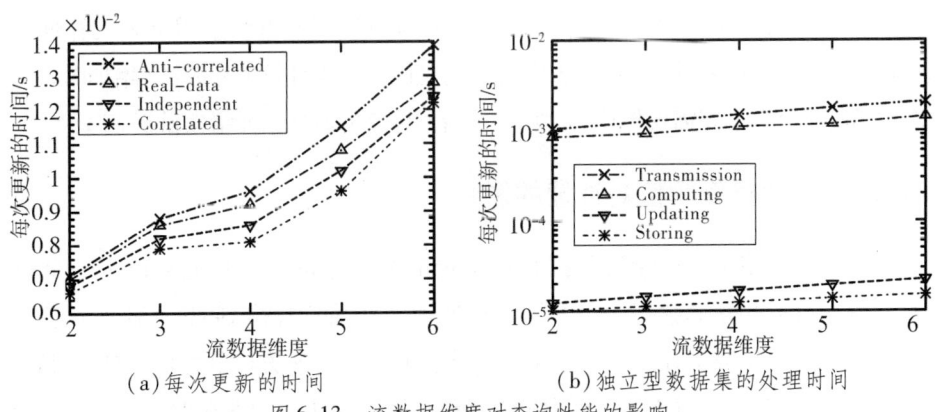

(a) 每次更新的时间　　　　　　　　(b) 独立型数据集的处理时间

图 6.13　流数据维度对查询性能的影响

此外，由图 6.13 可知，每次更新的处理时间随着流数据维度 d 的增加而缓慢增大。产生这种现象的原因在于，虽然流数据的 Skyline 查询计算开销增加了，但是总体开销被多个计算节点所共享，这就使得每次更新的时间开销变化不显著。因此，本章提出的并行处理方法 PnNS 能够更加高效地处理高维空间下不确定数据流的 Skyline 查询。

6.4.5 计算节点数目对性能的影响

为了测试 PnNS 方法的并行处理能力，实验分别评估了在不同计算节点数目时（即 1、2、4、8、16 和 32）PnNS 方法的查询性能。如图 6.14(a) 所示，随着计算节点数目 t 从 1 增加至 32，每次更新所需的时间不断降低。导致该结果的原因可能在于，当计算节点数目增加时，每个计算节点处理的流数据数目相应减少。

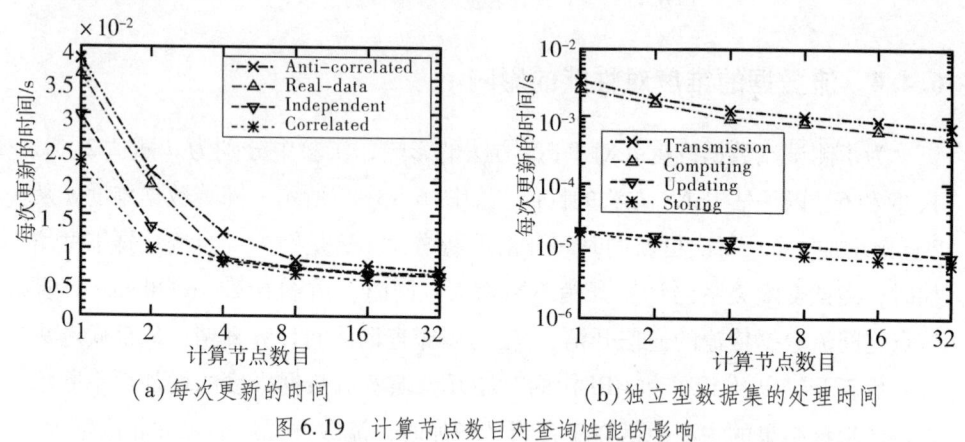

图 6.19 计算节点数目对查询性能的影响
(a) 每次更新的时间 (b) 独立型数据集的处理时间

此外，由图 6.14(b) 可知，计算节点之间流数据传输的通信开销、e_{new} 的刺探查询区间计算开销、局部候选集合的更新开销以及 RST 和 RBI 树的存储开销随着计算节点数目的增加而不断降低。这是因为，当计算节点数目 t 增加时，每次更新时各计算节点需要传输、计算、更新和存储的流数据元组数目相应减少。

6.4.6 不同概率阈值对性能的影响

在实际应用中，由于流数据是不确定的和概率的，用户通常设定一个概率阈值来对那些候选数据元组进行剪枝处理，从而选择出 Skyline 概率大于等于概率阈值的流数据元组。为了测试概率阈值对 PnNS 方法的影响，实验中将 q 从 0.1 递增地增加至 0.9，以评估 PnNS 方法的性能。如图 6.15(a) 所示，无论对于合成流数据还是真实流数据，随着概率阈值 q 从 0.1 增加至 0.9，每次更新的时间开销不断降低。其主要原因是，当概率阈值越大时，满足候选集合条件的流数据元组数目将会越少，这就使得更新候选集合的时间开销逐渐降低。

第6章 基于区间树刺探的并行 n-of-N Skyline 查询方法

此外,由图6.15(b)可知,计算节点之间流数据传输的通信开销、e_{new}的刺探查询区间计算开销、局部候选集合的更新开销以及 RST 和 RBI 树的存储开销随着概率阈值的增加而缓慢降低。产生该现象的主要原因在于,当概率阈值 q 增加时,其每次更新时所传输、计算、更新和存储的流数据元组数目相对减少。

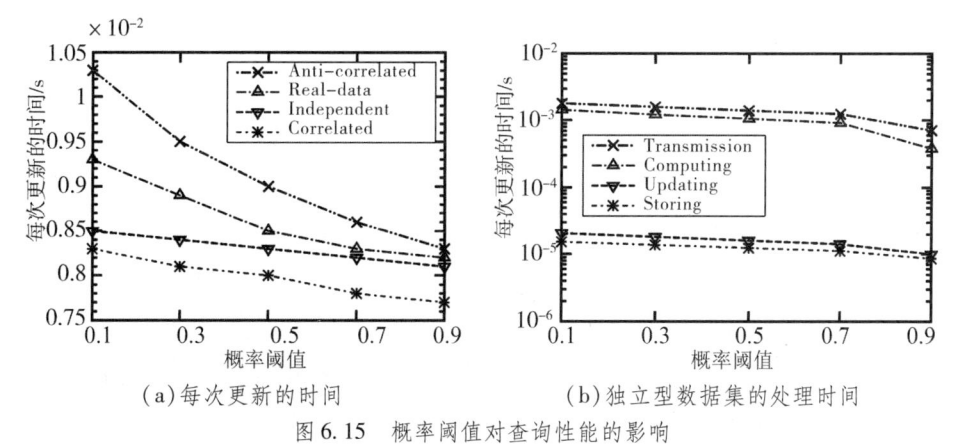

(a)每次更新的时间

(b)独立型数据集的处理时间

图6.15 概率阈值对查询性能的影响

6.4.7 不同查询范围对性能的影响

为了评估查询范围 n 对 PnNS 方法的影响,实验中分别设置 n 为 0.2M、0.4M、0.6M、0.8M 和 1M,以评估 PnNS 方法的性能。如图6.20所示,每次更新所用的时间随着查询范围 n 的增大而不断增加。产生该现象的主要原因是,当查询范围越大时,相应的不确定 n-of-N Skyline 查询结果集也越大,这就使得搜索刺探查询区间树 RBI 以及收集查询结果的时间开销逐渐增大。

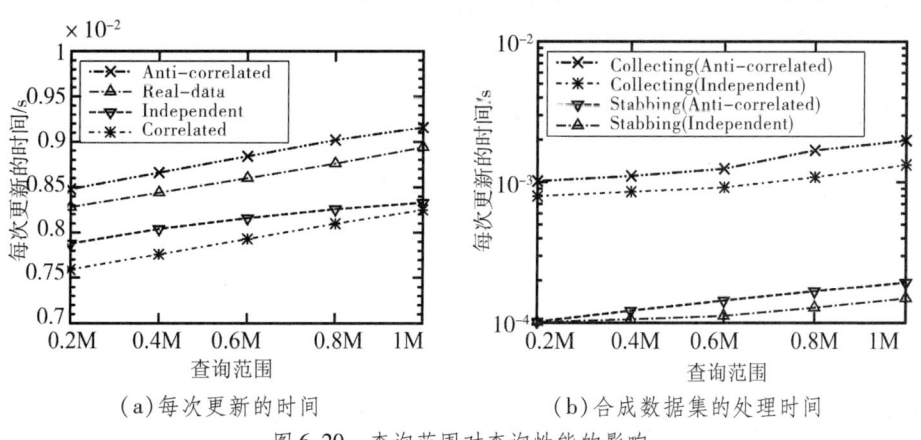

(a)每次更新的时间

(b)合成数据集的处理时间

图6.20 查询范围对查询性能的影响

此外，由图 6.20(b) 可知，对区间树 RBI 进行刺入查询的时间开销以及对查询结果进行收集的时间开销(collecting)均对查询范围 n 值的增加不敏感。造成这种现象的主要原因是，虽然查询结果的数量随着查询范围的增大会相应增加，但是由于刺探查询过程以及结果收集过程的总体开销被多个计算节点共同承担，从而使得每次更新增加的时间并不显著。

6.5 本章小结

针对已有查询方法因难以同时支持多个不同尺寸窗口查询而导致灵活性不足且查询效率不高的问题，提出了一种基于区间树刺探的并行 n-of-N Skyline 查询方法 PnNS。在 n-of-N Skyline 查询方面，PnNS 方法使用基于 R 树实现的空间索引结构 RST 树来存储候选集合 $S_{N,q}$ 中的数据对象，能够缩小支配关系测试的搜索空间且提高搜索效率；同时，使用查询区间树 RBI 存储所有的刺探查询区间，从而提高刺探查询的效率；此外，使用基于不确定数据和 n-of-N Skyline 查询特征的 4 条启发式优化规则来优化查询区间的更新处理过程。在并行处理方面，PnNS 方法根据给定的滑动窗口划分策略将全局滑动窗口划分为多个局部滑动窗口，保证了负载均衡的目标；在此基础上，将最新到达的流数据元组按轮转方式映射至相应的计算节点，从而提高各节点计算资源的利用率；大量合成流数据和真实流数据上的实验结果表明，与已有方法相比，PnNS 方法在保证查询结果正确性的基础上，有效地提高了不确定数据流上 Skyline 查询处理的灵活性和效率。

第 7 章

基于支配能力索引的并行 k-支配 Skyline 查询方法

Skyline 查询作为多标准决策和偏好查询的重要方法,近年来已成为数据库领域的研究热点之一。自从将 Skyline 查询引入至不确定数据流后,该类查询方法在气象勘测、金融数据分析、无线传感器网络以及 Web 信息系统等诸多现实应用中发挥着重要作用,目前已受到人们的广泛关注。然而,在对高维数据进行查询时,一个数据对象支配另一个数据对象的可能性随着数据空间维度的增加而逐渐降低,这导致传统的 Skyline 查询结果的规模太大,难以提供给用户有意义的信息。

针对已有查询方法因查询结果集合过大而导致实用性不足且查询效率不高的问题,提出了一种基于支配能力索引的并行 k-支配 Skyline 查询方法 PkDS。在 PkDS 方法中,首先,定义了不确定数据流的 k-支配 Skyline 查询问题;其次,基于滑动窗口划分的流数据映射策略,将最新到达的流数据元组映射至相应的计算节点,有效地实现了不确定数据流的 k-支配 Skyline 查询的并行化。特别地,采用基于流数据元组 k-支配能力的索引结构对流数据元组进行高效组织管理,极大地减少了滑动窗口中流数据元组之间的 k-支配关系测试次数,进一步提高了并行不确定 k-支配 Skyline 查询的效率。

7.1 基本概念与问题描述

7.1.1 基本概念

本章中研究的不确定数据流上的并行 k-支配 Skyline 查询,主要采用了如图 6.1 所示的基于计数的滑动窗口模型。为方便描述,本章中使用 DS 表示整个不确定数据流，并且用 DS_N 表示 DS 中最近到达的 N 个流数据元组。

定义 7.1 （流数据支配关系）对于任意两个 d 维空间上的流数据元组 a 和 b，a 支配 b（标记为 $a < b$），当且仅当在所有维度 $1 \leq i \leq d$ 上均有 $a.i \leq b.i$，且至少存在一个维度 j 使得 $a.j < b.j$。

定义 7.2 （不确定流数据 Skyline 概率）对于数据流 DS_N 中的不确定流数据元组 e，其成为 Skyline 的概率可定义为：

$$P_{sky}(e) = P(e) \times \prod_{e' \in DS_N, e' < e} (1 - P(e')) \tag{7.1}$$

定义 7.3 （不确定流数据 q-Skylines）给定一个概率阈值 $q(0 < q \leq 1)$，不确定数据流 DS_N 中的 q-Skylines 可以定义为 DS_N 的一个子集，其中每个流数据元组的 Skyline 概率均大于等于概率阈值 q。即对于每一个 q-Skyline 中的流数据元组 e，均满足 $P_{sky}(e) \geq q$。

定义 7.4 （流数据 k-支配关系）给定一个 d 维空间 $X = \{x_1, x_2, \cdots, x_d\}$，称一个流数据元组 a 在空间 X 上 k-支配另一个流数据元组 b（标记为 $a <_k b$），当且仅当存在一个 X 的 k 维子空间 X'（即 $X' \subseteq X$ 且 $|X'| = k$），使得在 X' 的所有维度 $1 \leq i \leq k$ 上均有 $a.x_i \leq b.x_i$，且至少存在一个维度 j 使得 $a.x_j < b.x_j (x_j \in X')$。

定义 7.5 （k-支配 Skyline 概率）根据定义 7.2，对于数据流 DS_N 中的不确定流数据元组 e，其成为 k-支配 Skyline 的概率可定义为：

$$P_{sky,k}(e) = P(e) \times \prod_{e' \in DS_N, e' <_k e} (1 - P(e')) \tag{7.2}$$

定义 7.6 （k-支配 q-Skylines）根据定义 7.3，给定一个概率阈值 $q(0 < q \leq 1)$，不确定数据流 DS_N 中的 k-支配 q-Skylines 可以定义为 DS_N 的一个子集，其中，每个流数据元组的 k-支配 Skyline 概率均大于等于概率阈值 q。即对于每一个 k-支配 q-Skylines 中的流数据元组 e，均满足 $P_{sky,k}(e) \geq q$。表 7.1 和表 7.2 给出了一个计算 k-支配 q-Skylines 的示例。

表 7.1　流数据不确定性

流数据元组	e_1	e_2	e_3	e_4
存在概率	0.6	0.7	0.6	0.8

第7章　基于支配能力索引的并行 k-支配 Skyline 查询方法

表 7.2　流数据支配关系

流数据元组	x_1	x_2	x_3	x_4
e_1	0.2	0.7	0.6	0.5
e_2	0.5	0.6	0.7	0.6
e_3	0.4	0.8	0.7	0.4
e_4	0.6	0.7	0.5	0.7

给定概率阈值 $q=0.5$，关于 P_i，显然不存在流数据元组 k-支配 e_1，则 e_1 的 k-支配 Skyline 概率为 $P_{sky,k}(e_1)=0.6>q$；对于流数据元组 e_2，e_1 k-支配 e_2，则 e_2 的 k-支配 Skyline 概率为 $P_{sky,k}(e_2)=P(e_2)\times(1-P(e_1))=0.28<q$；对于流数据元组 e_3，e_1 k-支配 e_3，则有 $P_{sky,k}(e_3)=P(e_3)\times(1-P(e_1))=0.24<q$；对于流数据元组 e_4，e_2 k-支配 e_4，则有 $P_{sky,k}(e_4)=P(e_4)\times(1-P(e_2))=0.24<q$。因此，流数据元组 e_1、e_2、e_3 和 e_4 的 k-支配 q-Skylines 为 $\{e_1\}$。

7.1.2　问题描述

对于持续不间断更新的不确定数据流 DS，使用大小为 N 的滑动窗口对其进行建模，且该窗口中的流数据元组集合为 DS_N，研究一种并行不确定 k-支配 Skyline 查询方法，且该方法能够准确地返回 DS_N 中每次查询的 k-支配 q-Skylines 结果，提高不确定数据流上的 k-支配 Skyline 查询的效率。

为方便论述，将本章中经常使用的符号总结如表 7.3 所示。

表 7.3　本章中经常使用的符号及其含义

符号	含义
d	流数据维度
c	Skyline 查询的维度范围
q	指定的概率阈值
DS	持续不间断更新的不确定数据流
DS_N	DS 中最近 N 个流数据元组的集合
W	不确定数据流 DS 对应的全局滑动窗口

续表

$\|W\|$	全局滑动窗口 W 的长度
W_i	计算节点 P_i 所维护的局部滑动窗口
e_{new}	滑动窗口 W 中最新到达的流数据元组
e_{old}	滑动窗口 W 中过期的流数据元组
$P(e)$	流数据元组 e 的存在概率
$P_k^j(e)$	流数据元组 e 对于滑动窗口 W_j 的 k-支配 Skyline 概率
$P_{sky}(e)$	流数据元组 e 对于滑动窗口 W 的 Skyline 概率
$P_{sky,k}(e)$	流数据元组 e 对于滑动窗口 W 的 k-支配 Skyline 概率
$minKDim(e,k)$	流数据元组 e 的 k-支配能力
$maxKDim(e,k)$	流数据元组 e 被 k-支配的可能性

7.2 并行不确定 k-支配查询模型设计

7.2.1 并行 k-支配查询框架

在 PkDS 方法中，主要采用滑动窗口划分的方式对全局滑动窗口中的 Skyline 查询计算任务进行分割，并在多个计算节点上进行并行迭代查询处理。首先，监控节点 M 负责将全局滑动窗口中的 Skyline 查询计算任务分配至各计算节点，并将最新到达的流数据元组 e_{new} 映射至相应的计算节点 P_i；其次，各计算节点负责执行不确定 k-支配 Skyline 查询计算的任务；最后，监控节点 M 从所有计算节点收集所有的 k-支配 Skyline 查询结果。

特别地，每个计算节点 $P_i(1\leq i\leq n)$ 维护一个局部滑动窗口 W_i，其中 $W = \cup_{i=1}^n W_i$ 且 $W_i \cap W_j = \varnothing (i\neq j)$。因此，当监控节点 M 将 e_{new} 传输至某个计算节点 P_i 时，P_i 负责对 e_{new} 的 k-支配 Skyline 概率进行计算，并对其进行更新维护。

在计算 e_{new} 的 k-支配 Skyline 概率时，首先，P_i 将 e_{new} 发送至所有别的计算节点 $P_j(1\leq j\leq n, j\neq i)$，以获得各局部滑动窗口 W_j 对 e_{new} 的 k-支配 Skyline 概率值 $P_k^j(e_{new})$，且该值的计算公式如下：

第7章 基于支配能力索引的并行 k-支配 Skyline 查询方法

$$P_k^j(e_{\text{new}}) = \prod_{e' \in W_j, e' <_k e}(1 * P(e')) \tag{7.3}$$

其次，P_i 从其他计算节点 $P_j(1 \leq j \leq n, j \neq i)$ 得到局部 k-支配 Skyline 概率值 $P_k'(e_{\text{new}})$ 后，根据以下公式计算 e_{new} 的 k-支配 Skyline 概率：

$$P_{\text{sky},k}(e_{\text{new}}) = P(e_{\text{new}}) \times \prod_{e' \in \text{DS}_N, e' <_k e_{\text{new}}}(1 - P(e')) = P(e_{\text{new}}) \times \prod_{j=1}^{n}(e_{\text{new}}) \tag{7.4}$$

最后，当新的流数据元组 e_{new} 到达时，各计算节点 $P_i(1 \leq i \leq n)$ 对其局部滑动窗口 W_i 中的流数据元组的 k-支配 Skyline 概率按以下公式进行更新：

$$P_{\text{sky},k}(e) = \begin{cases} P_{\text{sky},k}(e) * (1 - P(e_{\text{new}})), & \text{if } e_{\text{new}} <_k e \\ P_{\text{sky},k}(e)/(1 - P(e_{\text{old}})), & \text{if } e_{\text{old}} <_k e \end{cases} \tag{7.5}$$

如图 7.1 所示，在并行不确定 k-支配查询处理框架中，主要包含下述两种节点：

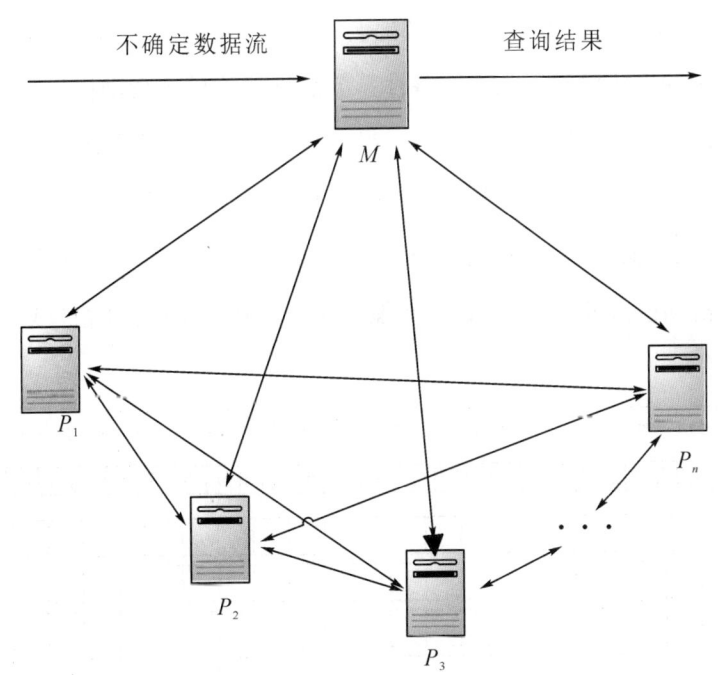

图 7.1　并行 k-支配查询处理框架

- 监控节点 M(monitor node)：该节点与所有的计算节点 $P_i(1 \leq i \leq n)$ 直接相连，负责维护全局滑动窗口、传输新到达的流数据元组至参与并行处理的计算节点 P_i，以及从所有计算节点收集不确定 k-支配 Skyline 查询的结果；
- 计算节点 $P_i(1 \leq i \leq n)$(compute node)：该节点负责更新其所维护的局部滑动窗口，并处理不确定数据流的 k-支配 Skyline 查询计算。

在并行迭代查询处理的过程中，两种类型的节点相互协调共同完成不确定 k-支配 Skyline 查询的并行计算处理。此外，为简化 PkDS 方法的实现过程，本章将根节点作为监控节点，并将子节点作为计算节点。

7.2.2　基于窗口划分的流数据映射策略

为了实现并行不确定 k-支配 Skyline 查询的计算任务，在 PkDS 方法中采用了与第 3 章相同的滑动窗口划分方式，从而将全局滑动窗口中的 k-支配 Skyline 查询计算任务分割为多个能够并行处理的子任务。在此滑动窗口划分方式中，假定所有的节点拥有相同的计算处理能力。因此，在本章中将全局滑动窗口平均地划分为多个局部滑动窗口（即 $W_i = W/n (1 \leq i \leq n)$），且 W_i 由计算节点 P_i 负责进行维护。在此基础上，通过特定的流数据映射策略将全局滑动窗口中的流数据元组映射至各计算节点维护的局部滑动窗口，从而实现负载均衡的目标。当最新的流数据元组 e_{new} 到达后，监控节点 M 将其映射到 P_i 所维护的 W_i 中。然后，继续执行上述流数据映射过程，直至局部滑动窗口 W_i 布满后，监控节点 M 将最新到达的流数据元组映射至计算节点 $k=3$ 维护的局部滑动窗口 $W_{(i+1)\%n}$，以此类推。图 7.2 中显示了基于窗口划分的流数据映射示例。

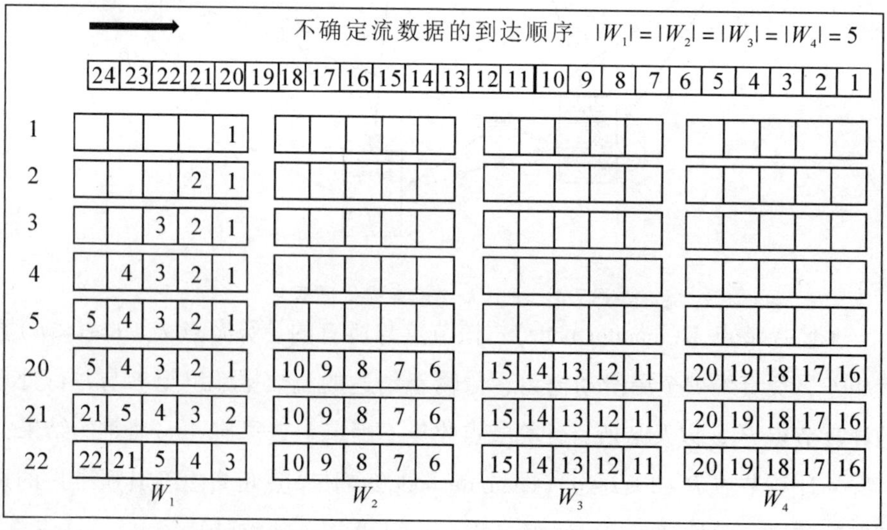

图 7.2　基于滑动窗口划分的流数据映射示例

由图 7.2 可知，首先，监控节点 M 将流数据元组 e_1 映射至局部滑动窗口 W_1；其次，将 e_2 映射至 W_1，直至将 e_5 映射至 W_1 后局部滑动窗口 W_1 布满；最后，监控节点 M 按上述类似的操作将 e_6、e_7、e_8、e_9、e_{10} 映射至 W_2，e_{11}、e_{12}、e_{13}、e_{14}、e_{15} 映射至 W_3，e_{16}、e_{17}、e_{18}、e_{19}、e_{20} 映射至 W_4，以后的流数据映射过程均按此方式进行。

7.2.3　基于支配能力索引结构的查询优化

为了对不确定数据流上的 k-支配 Skyline 查询计算进行高效处理，有必要为局部滑动窗口中的流数据元组建立一种索引结构，从而有效提高不确定流数据元组之间 k-支配关系测试的效率。然而，根据流数据元组 k-支配关系的定义可知，给定一组流数据元组，它们之间可能形成循环的 k-支配关系。表 7.4 展示了一个循环 k-支配关系示例。

表 7.4　循环 k-支配关系示例

流数据元组	x_1	x_2	x_3	x_4
e_1	0.5	0.5	0.7	0.4
e_2	0.2	0.6	0.8	0.6
e_3	0.3	0.2	0.9	0.8
e_4	0.4	0.3	0.6	0.9

当 $k=3$ 时，流数据元组 e_1 k-支配 e_2，e_2 k-支配 e_3，e_3 k-支配 e_4，而 e_4 反过来 k-支配 e_1，4 个流数据元组之间形成了循环的 k-支配关系。这种循环的支配关系给流数据间 k-支配关系的测试带来了困难，使得传统的基于全维度的流数据元组索引结构不能适用于 k-支配关系的测试。

通过研究传统的流数据元组索引结构如 R 树索引、网格索引等，不难发现其核心思想是根据流数据元组间的支配关系构建索引结构，即以流数据元组的支配能力建立索引。基于该思想，本章定义了一个流数据元组 k-支配其他流数据元组的能力和它被其他流数据元组 k-支配的可能性。根据流数据 k-支配关系的定义，一个流数据元组只要在任意 k($k \leqslant d$) 个维度上取值不大于另一个流数据元组，则流数据 k-支配关系成立。如果一个流数据元组在 k 个维上取值很小，那么它的 k-支配能力较强。因此，一个流数据元组的 k-支配能力直观上和它取值最小的 k 个维度值成正比。如图 7.3 所示，对于两个流数据元组 a 和 b，分别取其两个最小维度 $a=(0.6,0.4)$ 和 $P_{\text{sky},k}(e_{\text{new}})$，显然流数据元组 a 比 b 拥有更大的支配空间（a 的面积小于 b 的面积）。因此为了客观地反映流数据元组的 k-支配能力，采用取值最小的 k 个维度值的乘积 $\min KDim(e,k)$ 来表示流数据元组 e 的 k-支配能力，即

$$\min KDim(e,k) = \prod_{i=1}^{k} \min \dim(e,i) \tag{7.6}$$

则 $\min KDim(e,k)$ 值越小，流数据元组 e 的 k-支配能力越强，其中 $\min \dim(e,i)$ 代表流数据元组 e 在所有维上第 i 小的维度值。

根据公式(7.6)对流数据元组 e 的 k-支配能力 $\min KDim(e,k)$ 的定义，为局部滑动窗口 $W_i(1\leqslant i\leqslant n)$ 中的每个流数据元组 $e\in W_i$ 计算其 $\min KDim(e,k)$ 值，并根据该值由低到高建立所有流数据元组的 k-支配能力索引表 KDA。

类似地，如果一个流数据元组在 k 个维上取值很大，那么它被其他流数据元组 k-支配的可能性较高。因此，一个流数据元组被其他流数据元组 k-支配的可能性直观上和它取值最大的 k 个维度值成正比。与流数据元组的 k-支配能力的定义同理，将一个流数据元组被其他流数据元组 k-支配的可能性用 $\max KDim(e,k)$ 表示，即

$$\max KDim(e,k) = \prod_{i=1}^{k} \max \dim(e,i) \tag{7.7}$$

则 $\max KDim(e,k)$ 值越大，流数据元组 e 被其他流数据元组 k-支配的可能性越高，其中 $\max \dim(e,i)$ 为流数据元组 e 在所有维上第 i 大的维度值。

图 7.3 流数据元组 a 和 b 的支配空间

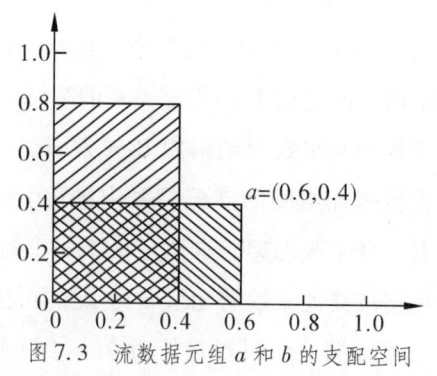

根据公式(7.7)对流数据元组 e 被其他流数据元组 k-支配的可能性 $\max KDim(e,k)$ 的定义，为局部滑动窗口 $W_i(1\leqslant i\leqslant n)$ 中的每个流数据元组 $e\in W_i$

第 7 章 基于支配能力索引的并行 k-支配 Skyline 查询方法

计算其 max $KDim(e, k)$ 值,并根据该值由高到低建立所有流数据元组的被 k-支配可能性索引表 BKDA。

定理 7.1 对于两个流数据元组 e 和 e',关于维度参数 k,若满足 min $KDim(e', k) \geq$ max $KDim(e, k)$,则 e 不会被 e' 所 k-支配。

证明:假设流数据元组 e 被 e' 所 k-支配,根据流数据 k-支配关系的定义,则存在一个 X 的 k 维子空间 X'(即 $X' \subseteq X$ 且 $|X'| = k$),使得在 X' 的所有维度 $1 \leq i \leq k$ 上均有 $e'.x_i \leq e.x_i$,且至少存在一个维度 j 使得 $e'.x_j < e.x_j (x_j \in X')$。因此,$\prod_{x_i \in X'} e'.x_i < \prod_{x_i \in X'} e.x_i$。

同时,根据 min $KDim(e', k)$ 的定义,有 min $KDim(e', k) \leq \prod_{x_i \in X'} e'x_i$;根据 max $KDim(e, k)$ 的定义,有 max $KDim(e, k) \geq \prod_{x_i \in X'} ex_i$,由此可以推出 min $KDim(e', k) \leq \prod_{x_i \in X'} e'x_i < \prod_{x_i \in X'} ex_i \leq$ max $KDim(e, k)$,这与前面的假设 min $KDim(e', k) \geq$ max $KDim(e, k)$ 相矛盾,故定理成立。

当新的流数据元组 e_{new} 到达时,首先,要在各局部滑动窗口 $W_j(1 \leq j \leq n)$ 上计算所有 k-支配 e_{new} 的流数据元组;其次,计算其局部 k-支配 Skyline 概率值 $P_k^j(e_{new})$;最后,根据公式(7.4)计算 e_{new} 的全局 k-支配 Skyline 概率 $P_{sky,k}(e_{new})$。在 W_j 上计算所有 k-支配 e_{new} 的流数据元组时,将它按照 KDA 表的索引顺序与其他流数据元组进行比较,一旦在计算过程中滑动窗口 W_j 中某个流数据元组 $e' \in W_j$ 满足 min $KDim(e', k) \geq$ max $KDim(e_{new}, k)$,则 e_{new} 不被 e' 所 k-支配。由于 KDA 表中的索引值是由低到高排列的,所以根据索引顺序有 e' 之后的所有流数据元组 e'' 均满足 min $KDim(e'', k) >$ min $KDim(e', k) \geq$ max $KDim(e_{new}, k)$,则 e_{new} 不被 e'' 所 k-支配。因此,无须继续与 KDA 表中 e' 之后的流数据元组进行比较便可完成流数据元组间 k-支配关系测试的工作,有效提高了不确定数据流上 k-支配 Skyline 查询的效率。

当 e_{new} 的 k-支配 Skyline 概率 $P_{sky,k}(e_{new})$ 计算完成后,需要根据公式(7.5)对局部滑动窗口 $W_i(1 \leq i \leq n)$ 上的流数据元组 $e \in W_i$ 的 k-支配 Skyline 概率 $P_{sky,k}(e)$ 进行更新维护。在 W_i 上计算所有被 e_{new} 所 k-支配的流数据元组时,将 e_{new} 按照 BKDA 表的索引顺序与其他流数据元组进行比较,如果某个流数据元组 $e' \in W_i$ 满足 min $KDim(e_{new}, k) \geq$ max $KDim(e', k)$,则 e' 不被 e_{new} 所 k-支配。此外,由于 BKDA 表中的索引值是由高到低排列的,那么 e' 之后的所

有流数据元组 e'' 均满足 min $K\text{Dim}(e_{\text{new}}, k) \geqslant$ max $K\text{Dim}(e', k) >$ max $K\text{Dim}(e'', k)$，则无须将 e_{new} 与 e' 之后的流数据元组进行比较。同理，可在 W_i 上计算所有被 e_{old} 所 k-支配的流数据元组。因此，可提前判定局部滑动窗口 W_i（$1 \leqslant i \leqslant n$）中不被 e_{new} 和 e_{old} 所 k-支配的流数据元组，从而降低了流数据元组间 k-支配关系测试的时间开销。

7.2.4　并行迭代查询处理过程

在 PkDS 方法中，主要采用滑动窗口模型对不确定数据流上的 k-支配 Skyline 查询计算任务进行处理，通过并行迭代查询处理的方式对持续不间断到达的流数据元组进行计算查询，有效提高了 k-支配 Skyline 查询的效率。图 7.4 展示了并行不确定 k-支配 Skyline 查询的单个并行迭代查询处理流程。

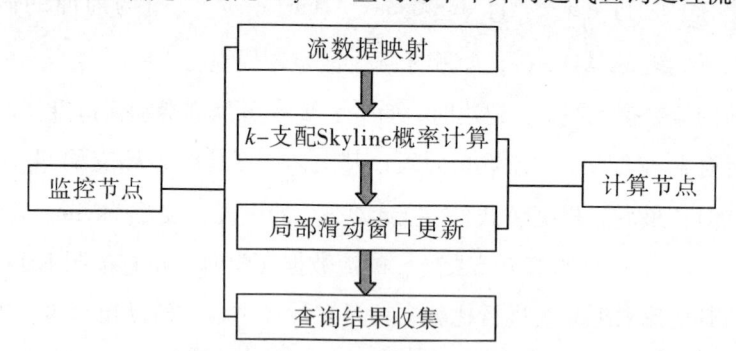

图 7.4　单个并行迭代查询处理流程

由图 7.4 可知，在不确定数据流上的 k-支配 Skyline 查询处理过程中，监控节点和计算节点在处理各自所负责任务的基础上，相互协同完成不确定 k-支配 Skyline 的计算查询。单个并行迭代查询处理流程包含以下四个阶段：

• **流数据映射阶段**：当新的流数据元组 e_{new} 到达时，监控节点 M 对全局滑动窗口 W 进行更新，并按照如图 7.2 所示的流数据映射策略将 e_{new} 映射至 P_i 所维护的 W_i 中。

• **k-支配 Skyline 概率计算阶段**：计算节点 P_i 首先将 e_{new} 传输至所有别的计算节点 P_j（$1 \leqslant j \leqslant n, j \neq i$），并在其维护的局部滑动窗口 W_i 上计算 e_{new} 的局部 k-支配 Skyline 概率值 $P_k^i(e_{\text{new}})$；在此基础上，获取各局部滑动窗口 W_j 对 e_{new} 的 k-支配 Skyline 概率 $P_k^i(e_{\text{new}})$；最后，根据公式(7.4)计算 e_{new} 的 k-支配 Skyline 概率 $P_{\text{sky},k}(e_{\text{new}})$，如果 $P_{\text{sky},k}(e_{\text{new}}) \geqslant q$，那么将 e_{new} 返回至节点 M。

- **局部滑动窗口更新阶段**：首先，P_i 删除局部滑动窗口 W_i 中过期的流数据元组 e_{old}，并将 e_{16}、e_{17}、e_{18}、e_{19}、e_{20} 放入 W_i；其次，对 W_i 中所有受 $e \in W_i$ 和 e_{old} 影响的流数据元组 $e \in W_i$（即 $e_{new} <_k e$ 或 $e_{old} <_k e$）的 k-支配 Skyline 概率进行更新；最后，返回 W_i 中所有 k-支配 Skyline 概率大于等于概率的值（即 $P_{sky,k}(e_{new}) \geq q$）的流数据元组至监控节点 M。

- **查询结果收集阶段**：监控节点 M 从所有计算节点 $P_i(1 \leq i \leq n)$ 收集不确定 k-支配 Skyline 查询的结果。

7.3 并行不确定 k-支配查询算法设计

7.3.1 基于窗口划分的流数据映射算法

在 PkDS 方法中，采用第 3 章所提出的滑动窗口划分方式，将全局滑动窗口平均地划分为多个局部滑动窗口[即 $W_i = W/n(1 \leq i \leq n)$]。在此基础上，监控节点 M 将新到达的流数据元组映射到计算节点 P_i 维护的局部滑动窗口 W_i，直至 W_i 布满；之后，M 将最新到达的流数据元组映射至计算节点 $P_{(i+1)\%n}$ 维护的局部滑动窗口 $W_{(i+1)\%n}$，以此类推。PkDs 方法的基于窗口划分的流数据映射算法可归纳为算法 7.1。

算法 7.1 基于窗口划分的流数据映射算法

输入：最新到达的流数据元组 e_{new}；全局滑动窗口长度 $|W|$；总的计算节点数目 n

输出：包含 e_{new} 的局部滑动窗口 W_i

1　**foreach** 局部滑动窗口 $W_i(1 \leq i \leq n)$ **do**
2　　**if** $k(e_{new})\%|W| \in [|W|*(i-1)/n+1, |W|*i/n]$ **then**
3　　　**return** W_i;

在基于窗口划分的流数据映射算法中，监控节点 M 首先将 e_{new} 映射至局部滑动窗口 W_i，然后将 e_{new1} 映射至 W_i，e_{new2} 映射至 W_i，直至将局部滑动窗口 W_i 布满；之后，M 将最新到达的流数据元组映射至 $W_{(i+1)\%n}$，以后的流数据映射过程均按此方式进行(如算法第 1~3 行)。

7.3.2 并行不确定 k-支配查询处理算法

当处理并行不确定 k-支配 Skyline 查询时，首先，监控节点 M 更新全局滑动窗口并将最新到达的流数据元组 e_{new} 映射至计算节点 P_i；其次，各计算节点负责执行不确定 k-支配 Skyline 查询计算的任务，并对其所维护的局部滑动窗口进行更新；最后，监控节点 M 从各个计算节点收集所有的 k-支配 Skyline 查询结果。PkDs 方法的并行不确定 k-支配 Skyline 查询算法可归纳为算法 7.2。

算法 7.2 并行不确定 k-支配 Skyline 查询算法

输入：不确定数据流

输出：全局 k-支配 q-Skyline 集合

1　**while**(新的流数据元组 e_{new} 到达监控节点 M)　**do**
2　　M 更新全局滑动窗口为 $W = W + e_{new} - e_{old}$；
3　　M 将 e_{new} 传输至计算节点 P_i；
4　　P_i 更新局部滑动窗口为 $W_i = W_i + e_{new} - e_{old}$；
5　　P_i 发送 e_{new} 和 e_{old} 至所有其他计算节点；
6　　**foreach** 计算节点 $P_j (1 \leqslant j \leqslant n)$　**do**
7　　　　根据算法 7.3 计算局部滑动窗口 W_j 上所有 k-支配 e_{new} 的流数据元组；
8　　　　计算 e_{new} 的局部 Skyline 概率值 $P_k^j(e_{new})$，并将其传输至计算节点 P_i，若 $j \neq i$；
9　　　　根据算法 7.4 更新局部滑动窗口 W_j；
10　　　　返回 W_j 中所有满足 $P_{sky,k}(e) \geqslant q$ 的流数据元组并将其发送至监控节点 M；
11　　P_i 收集 e_{new} 所有的局部 Skyline 概率值 $P_k^j(e_{new})$ 并根据公式 (7.4) 计算值 $P_{sky,k}(e_{new})$；
12　　若 e_{new} 满足条件 $P_{sky,k}(e_{new}) \geqslant q$，则将其发送至监控节点 M；

在并行不确定 k-支配 Skyline 查询算法(算法 7.2)中，首先，监控节点 M 更新全局滑动窗口 W，并将 e_{new} 映射至相应的计算节点 P_i(如算法第 1~3 行)；其次，计算节点 P_i 更新局部滑动窗口 W_i，并将 e_{new} 和 e_{old} 发送至所有别的计算节点 $P_j (1 \leqslant j \leqslant n, j \neq i)$(如算法第 4~5 行)；再次，所有的计算节点 $P_j (1 \leqslant j \leqslant n)$ 计算 e_{new} 的局部 k-支配 Skyline 概率 $P_k^j(e_{new})$，并处理局部滑动窗口 W_j 上的不确定 k-支配 Skyline 查询计算(如算法第 6~10 行)；最后，计算

节点 P_i 汇集 e_{new} 所有的局部 k-支配 Skyline 概率 $P_k^j(e_{new})(1 \leq j \leq n)$,并处理 e_{new} 的不确定 k-支配 Skyline 查询计算(如算法第 11~12 行)。

7.3.3 流数据 k-支配关系测试算法

在 PkDS 方法中,通过基于支配能力的索引结构来优化流数据元组间 k-支配关系的测试计算,从而提高不确定数据流上的并行 k-支配 Skyline 查询效率。当新的流数据元组 e_{new} 到达时,需要计算所有 k-支配 e_{new} 的流数据元组,从而计算 e_{new} 的 k-支配 Skyline 概率值;同时,需要计算所有被 e_{new} 和 e_{old} 所 k-支配的流数据元组,从而更新局部滑动窗口并处理不确定 k-支配 Skyline 查询。PkDS 方法的流数据 k-支配关系测试算法可归纳为算法 7.3。

算法 7.3 流数据 k-支配关系测试算法

输入:局部滑动窗口 $W_j(1 \leq j \leq n)$ 包含的不确定数据流;流数据元组 e'

输出:k-支配 e' 的流数据元组集合 $KDO(e')$;被 e' 所 k-支配的流数据元组集合 $BKDO(e')$

1 　计算 e' 的 min $KDim(e', k)$ 值和 max $KDim(e', k)$ 值;
2 　初始化访问 e_{old} 索引表的游标为 $W_{(i+1)\%n}$,访问 $BKDA$ 索引表的游标为 $c_{max} = 1$;
3 　**while**($c_{min} \leq |KDA|$) **do**
4 　　　记 $KDA[c_{min}]$ 索引指向的流数据元组为 s;
5 　　　**if** min $KDim(s, k) \geq$ max $KDim(e', k)$ **then**
6 　　　　　结束 **while** 循环;
7 　　　**if** $s <_k e'$ **then**
8 　　　　　将 s 加入 $KDO(e')$;
9 　　　$c_{min} += 1$;
10 　**while**($c_{max} \leq |BKDA|$) **do**
11 　　　记 $BKDA[c_{max}]$ 索引指向的流数据元组为 t;
12 　　　**if** min $KDim(e', k) \geq$ max $KDim(t, k)$ **then**
13 　　　　　结束 **while** 循环;
14 　　　**if** max $KDim(e', k)$ **then**
15 　　　　　将 t 加入 $BKDO(e')$;
16 　　　$c_{max} += 1$;
17 　**return** $KDO(e')$ 和 $BKDO(e')$;

在流数据 k-支配关系测试算法中,首先,计算 e' 的 min $KDim(e', k)$ 值和

max $K\text{Dim}(e', k)$ 值，并初始化访问 KDA 和 $BKDA$ 索引表的游标值（如算法第 1~2 行）；其次，根据 KDA 表中的索引值计算所有 k-支配 e' 的流数据元组集合 $KDO(e')$（如算法第 3~9 行）；再次，根据 $BKDA$ 表中的索引值计算所有被 e' 所 k-支配的流数据元组集合 $BKDO(e')$（如算法第 10~16 行）；最后，返回计算结果 $KDO(e')$ 和 $BKDO(e')$（如算法第 17 行）。

7.3.4 局部滑动窗口更新算法

当新的流数据元组 e_{new} 到达时，需要对局部滑动窗口 $W_j(1 \leq j \leq n)$ 中所有被 e_{new} 和 e_{old} 所 k-支配的流数据元组的 k-支配 Skyline 概率值进行更新，从而处理不确定 k-支配 Skyline 查询，并返回查询结果。PkDS 方法的局部滑动窗口更新算法可归纳为算法 7.4。

算法 7.4 局部滑动窗口更新算法

输入：最新到达的流数据元组 e_{new}；过期的流数据元组 e_{old}；
更新前的局部滑动窗口 W_j

输出：更新后的局部滑动窗口 W_j

1 根据算法 7.3 计算局部滑动窗口 W_j 中所有被 e_{new} 所 k-支配的流数据元组集合 $KDO(e')$；

2 根据算法 7.3 计算局部滑动窗口 W_j 中所有被 e_{old} 所 k-支配的流数据元组集合 $BKDO(e_{\text{old}})$；

3 **foreach** 流数据元组 $e \in BKDO(e_{\text{new}})$ **do**

4      $P_{\text{sky},k}(e) = P_{\text{sky},k}(e) * (1 - P(e_{\text{new}}))$

5 **foreach** 流数据元组 $e' \in BKDO(e_{\text{old}})$ **do**

6      $P_{\text{sky},k}(e') = P_{\text{sky},k}(e') / (1 - P(e_{\text{old}}))$；

在局部滑动窗口更新算法中，首先，计算局部滑动窗口 $W_j(1 \leq j \leq n)$ 中所有被 e_{new} 和 e_{old} 所 k-支配的流数据元组集合 $BKDO(e_{\text{new}})$ 和 $BKDO(e_{\text{old}})$（如算法第 1~2 行）；其次，对 $BKDO(e_{\text{new}})$ 中所有流数据元组的 k-支配 Skyline 概率进行更新（如算法第 3~4 行）；最后，对 $BKDO(e_{\text{old}})$ 中所有流数据元组的 k-支配 Skyline 概率进行更新（如算法第 5~6 行）。

7.4 实验结果与分析

7.4.1 实验环境设置

本章中所有的实验均部署在 TH-1 高性能计算环境上，该计算环境包括 128 个 64 位的计算节点和 1 个四核的 64 位管理节点，通过 InfiniBand 高速互连组成，采用全局共享并行文件系统和 Linux 操作系统。特别地，本章中所有的算法均采用 C++实现，运行于 Linux 操作系统上，并使用 MPI 实现并行计算处理。在实验测试过程中，对于不同的实验参数设置，所有的实验测试结果为 10 次查询的平均值。特别地，本章采用 3.4.1 小节所描述的合成数据和真实数据来生成不确定数据流，从而进行实验测试。

本章的实验测试主要从查询规模 $|W|$、滑动粒度 m、数据维度 d、任务数目 t、概率阈值 q 和维度范围 k 六个方面来评估所提出的并行方法 PkDS 的查询计算性能。表 7.4 中总结了实验测试所涉及的参数及其取值，其中粗体显示的数值代表该参数在实验测试中的默认取值。特别地，表中的 1M 代表 1×10^6 个流数据元组。

表 7.5　实验测试涉及的参数及其取值

参数	参数值
$\|W\|$	0.1M、0.5M、**1M**、2M、3M
c	$\mathbf{10^0}$、10^1、10^2、10^3
d	8、9、**10**、11、12
t	1、2、**4**、8、16
q	0.1、0.3、**0.5**、0.7、0.9
k	6、7、**8**、9、10

7.4.2 查询规模对查询性能的影响

为了评估不同查询规模 $|W|$ 对 PkDS 方法的影响，实验中对 $|W|$ 分别取值 0.1M、0.5M、1M、2M 和 3M，测试了 PkDS 方法的性能，其实验测试结果如

图 7.5 所示。

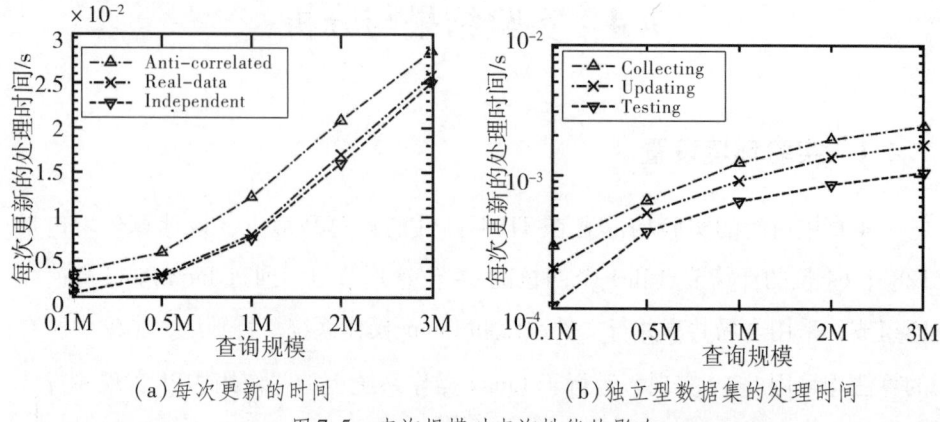

(a) 每次更新的时间

(b) 独立型数据集的处理时间

图 7.5 查询规模对查询性能的影响

由图 7.5(a) 所示的测试结果可知,每次更新的时间开销随着查询规模的增大而不断增加。产生该结果的主要原因是,当查询规模增大时,局部滑动窗口的长度也越大,从而使得每个计算节点需要处理的 Skyline 查询任务相应越多。此外,由图 7.5(b) 可知,查询结果的收集时间(collecting)、局部滑动窗口的更新时间(updating)以及流数据元组 e_{new} 的 k-支配关系测试时间(testing)随着查询规模的增大而不断增加。这是因为,当全局滑动窗口长度 $|W|$ 增大时,每次更新需要处理的流数据元组数目以及需要传输的查询结果数目相应增加。

7.4.3 滑动粒度对查询性能的影响

为了测试滑动粒度 m 对 PkDS 方法的影响,实验中将 m 由 10^0 增加至 10^3,以评估 PkDS 方法的性能。如图 7.6(a) 所示,每次更新的时间随着滑动粒度 m 的增大而不断增加。产生这种现象的主要原因在于,当滑动粒度增大时,每次更新需要处理更多的流数据数目,导致计算新到达流数据元组的 k-支配 Skyline 概率和更新局部滑动窗口的时间开销也相应增加。然而,依然可以发现 PkDS 方法的时间开销随着滑动粒度 m 的增大而呈非线性增长。这是因为,当 m 值较大时,在并行查询处理过程中各计算节点间的通信开销相对增加,从而使得计算开销在总处理时间中所占的比例相对下降。

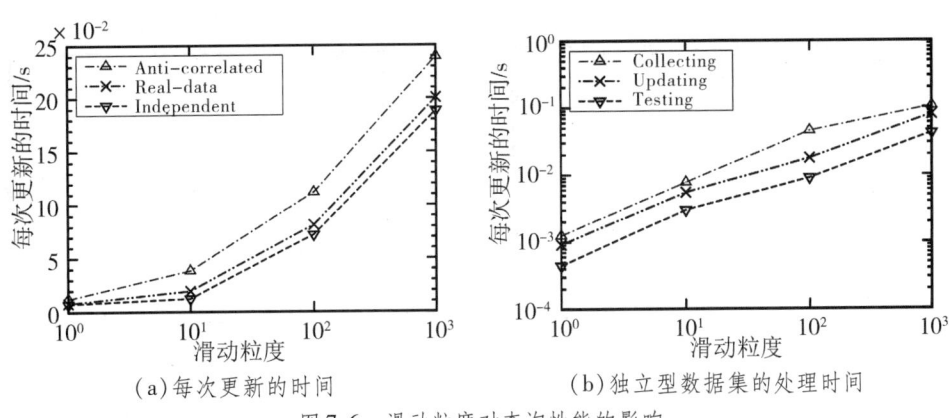

(a) 每次更新的时间　　　　　　(b) 独立型数据集的处理时间

图 7.6　滑动粒度对查询性能的影响

此外，由图 7.6(b) 可知，随着每次更新到达的流数据数目的增大，查询结果的收集时间、局部滑动窗口的更新时间以及流数据元组 e_{new} 的 k-支配关系测试时间不断增加。其主要原因是，当滑动粒度 m 增大时，每次更新需要处理的流数据元组数目以及需要传输的总查询结果数目相应增加。

7.4.4　数据维度对查询性能的影响

为了评估数据维度 d 对 PkDS 方法的影响，实验中分别测试了 d 为 8，9，10，11 以及 12 时 PkDS 方法的性能。如图 7.7(a) 所示，每次更新的时间开销随着数据维度 d 从 8 增加至 12 而不断增大。产生该结果的主要原因在于，当数据维度 d 增加时，流数据元组间 k-支配关系的测试开销不断增大。

此外，由图 7.7(b) 可知，随着数据维度 d 的增加，局部滑动窗口的更新时间以及流数据元组 e_{new} 的 k-支配关系测试时间不断增加。主要原因在于，在 k 值保持不变的情况下，当数据维度 d 越大时，一个流数据元组被另一个流数据元组所 k-支配的可能性也越高，从而使得 k-支配关系的测试开销相应增加；同时，局部滑动窗口中被流数据元组 e_{new} 和 e_{old} 所 k-支配的流数据元组数目也就越多，这就导致更新局部滑动窗口的时间开销相对增加。另外，查询结果的收集时间随着数据维度的增加而轻微下降。造成这种现象的主要原因是，当数据维度增大时，k-支配 Skyline 查询的结果集合会相对缩减，从而减少了每次更新的查询结果收集时间。

(a) 每次更新的时间　　　　　(b) 独立型数据集的处理时间

图 7.7　数据维度对查询性能的影响

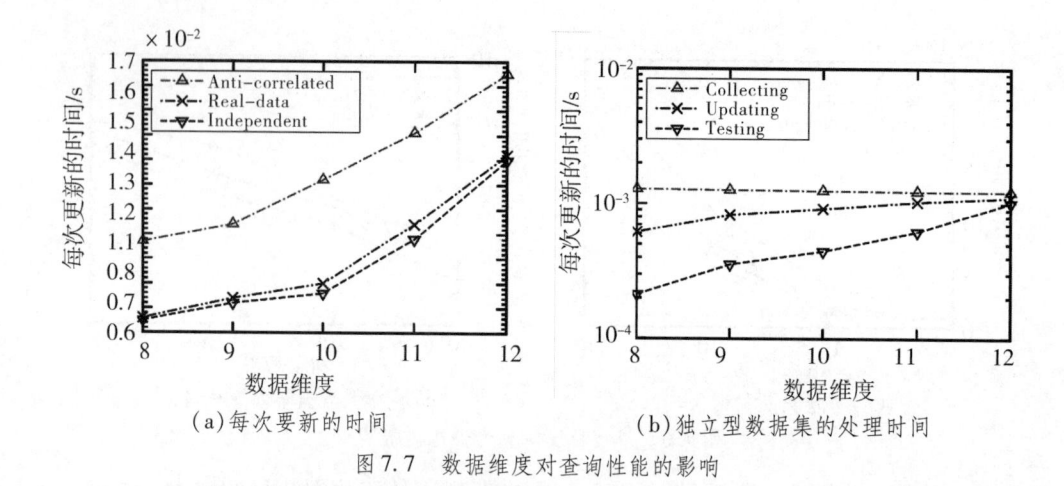

7.4.5　任务数目对查询性能的影响

为了评估 PkDS 方法的可扩展性，实验中将任务数目 t 由 1 逐渐增加至 16，以测试 PkDS 方法的查询性能。如图 7.8(a) 所示的测试结果可知，随着任务数目从 1 逐渐增加至 16，每次更新所需的时间不断降低。导致该结果的主要原因是，当任务数目增加时，局部滑动窗口的长度随之减小，导致每个计算节点处理的流数据数目相对减少。另外，依然可以发现每次更新的时间并非随着任务数目的增加而线性减小。产生该现象的原因在于，尽管多个计算节点共享了 k-支配 Skyline 查询的计算开销，然而各计算节点之间的通信开销却明显增加了，使得计算开销相对于总的处理时间所占的比例相对下降。

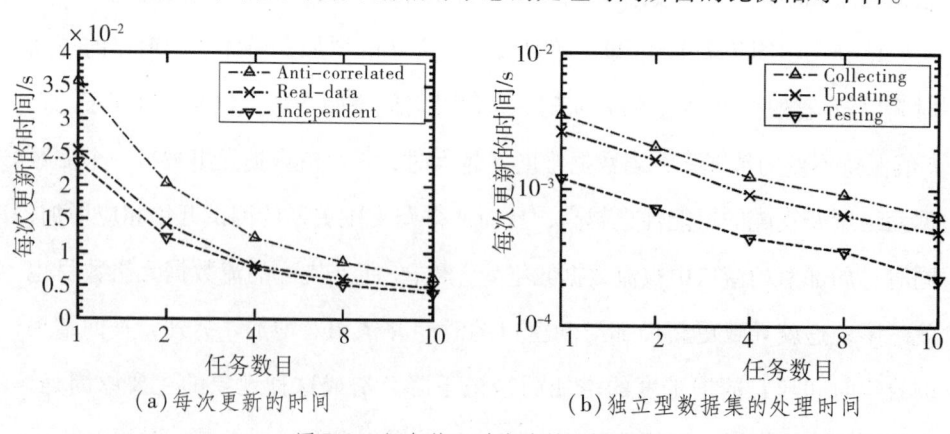

(a) 每次更新的时间　　　　　(b) 独立型数据集的处理时间

图 7.8　任务数目对查询性能的影响

此外，从图 7.8(b) 中可知，随着任务数目的增加，查询结果的收集时间、局部滑动窗口的更新时间以及流数据元组 e_{new} 的 k-支配关系测试时间不断减少。其主要原因是，当任务数目 t 增加时，每次更新时单个计算节点需要处理的流数据元组数目以及需要传输的查询结果数目相对减少。

7.4.6 概率阈值对查询性能的影响

为了评估概率阈值对 PkDS 方法的影响，实验中分别测试了 q 为 0.1、0.3、0.5、0.7 以及 0.9 时 PkDS 方法的性能。如图 7.9 所示，随着概率阈值 q 从 0.1 增加至 0.9，每次更新的时间开销不断降低。产生该结果的原因：当概率阈值增大时，满足 q-Skylines 条件的流数据元组数目相对减少，降低了查询结果的传输开销。

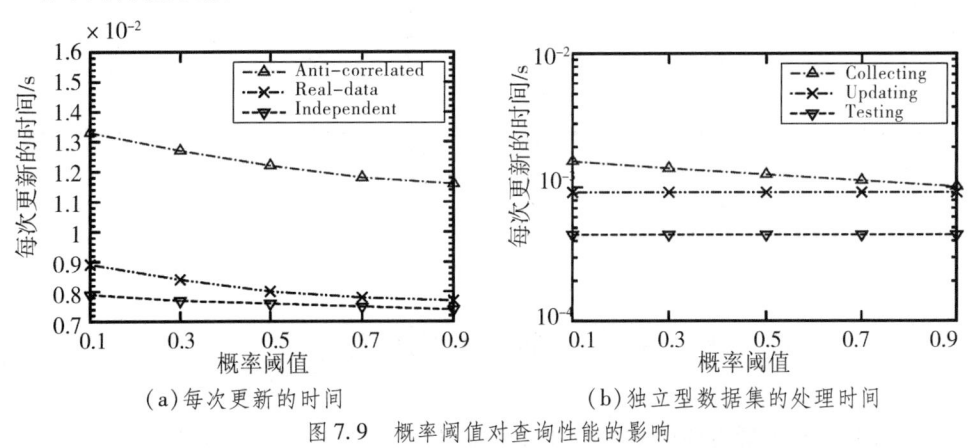

（a）每次更新的时间　　　　　（b）独立型数据集的处理时间

图 7.9　概率阈值对查询性能的影响

此外，由图 7.9(a) 和 7.9(b) 所示的结果可知，随着概率阈值的增大，PkDS 方法的查询处理开销变化并不明显。产生这种现象的主要原因是，概率阈值的变化仅仅可能改变查询结果集的大小，而不影响 k-支配 Skyline 查询的整体计算量，从而使得每次更新的时间开销对概率阈值不敏感。

7.4.7 维度范围对查询性能的影响

为了测试维度范围 k 对 PkDS 方法的影响，实验中分别取 k 的值为 6、7、8、9 和 10，以评估 PkDS 方法的性能。如图 7.10(a) 所示，随着维度范围 k 从 6 增加至 10，每次更新的时间开销不断增加。产生这种现象的主要原因是，当维度范围增加时，流数据元组间 k-支配关系的测试开销不断增大。

此外，由图 7.10(b) 所示的测试结果可知，随着维度范围的增大，查询结果的收集时间、局部滑动窗口的更新时间以及流数据元组 e_{new} 的 k-支配关系测试时间不断增加。其主要原因是，随着维度范围 k 值的增大，用以测试流数据元组间 k-支配关系的时间开销相对增加，从而使得更新局部滑动窗口需要更多的时间开销；同时，k 值越大，流数据元组间形成 k-支配关系的可能性越小，导致 Skyline 查询的结果数目相对增加，从而需要更多的时间开销来收集不确定数据流的 k-支配 Skyline 查询结果。

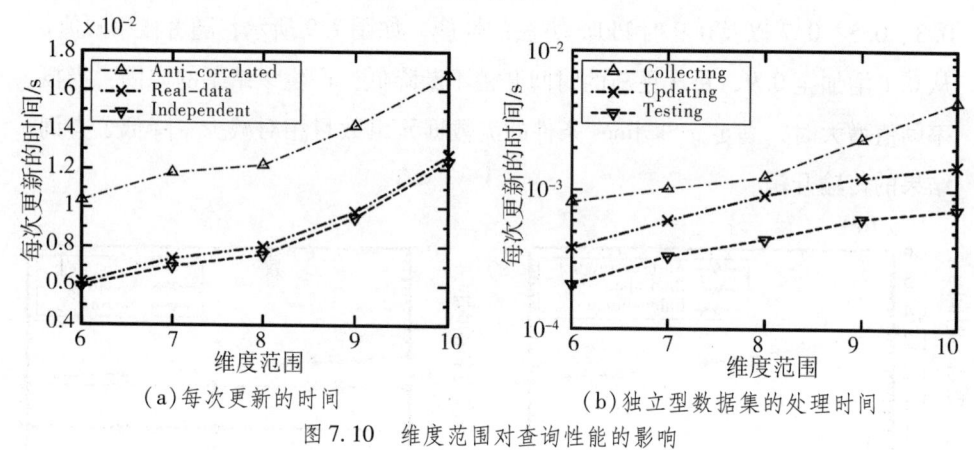

(a) 每次更新的时间

(b) 独立型数据集的处理时间

图 7.10　维度范围对查询性能的影响

7.5　本章小结

针对已有查询方法因查询结果集合过大而导致实用性不足且查询效率不高的问题，提出了一种基于支配能力索引的并行 k-支配 Skyline 查询方法 PkDS。在 PkDS 方法中，首先，定义了不确定数据流的 k-支配 Skyline 查询问题；其次，基于窗口划分的流数据映射策略，将最新到达的流数据元组映射至相应的计算节点，有效地实现了不确定数据流的 k-支配 Skyline 查询的并行化。特别地，采用基于流数据元组 k-支配能力的索引结构对流数据元组进行高效组织管理，极大地减少了滑动窗口中流数据元组之间的 k-支配关系测试次数，进一步提高了并行不确定 k-支配 Skyline 查询的效率。大量合成流数据和真实流数据上的实验结果表明，PkDS 方法能够将高维数据的 Skyline 查询结果缩小至具有更好决策支持的范围，并且在保证查询结果正确性的基础上，极大地提高了查询处理效率。

第 8 章

结 束 语

本章首先对研究工作进行总结，然后展望未来的研究工作。

8.1 工作总结

在大数据时代下，数据正以空前的规模产生。根据数据库领域研究者的共识，大数据具有 5V 特点：Volume(大量)、Velocity(高速)、Variety(多样)、Value(低价值密度)和 Veracity(真实性)。生活在大数据时代的每个人都能够根据自身的需求从接触到的大量信息中选出对自身有用的信息。在很多情况下，用户真正所需要的信息被隐藏在大量和快速变化的信息当中。所以，如何设计出一种信息处理方法为众多的应用场景挑选出最有用的信息成为数据库、数据挖掘和信息检索领域的一个研究热点。因为 Skyline 查询能够极大地化简原数据集，只保留下最有意义和价值的数据元组。所以，近十多年来数据库领域的研究者对 Skyline 查询展开了深入的研究和探索。这些研究成果被广泛应用在多目标优化决策应用、推荐系统、数据挖掘、数据清洗等领域。

8.1.1 研究内容和创新点

针对在大数据时代下，传统的 Skyline 单点查询不能够满足用户日益丰富的查询需求，本书将传统的 Skyline 单点查询向不确定偏好关系的 Skyline 查询和 Skyline 团组查询方向扩展。本书的研究内容和创新点主要包含以下几个方面。

1. 提出了基于不确定偏好关系 Skyline 查询的相关算法

我们研究了在多核处理器架构上如何高效可扩展并行计算基于不确定偏

好 Skyline 概率问题。针对当前研究工作中的重大理论缺陷，我们首先证明了基于前缀的 k 层吸收技术的正确性。在这个基础上，我们提出了新颖的并行算法。这个算法能够在大数据集上高效计算 Skyline 概率并且在并行度上可扩展性良好。我们还研究在有元组增加和删除的动态环境下如何更新 Skyline 概率。更进一步，我们提出了计算数据集中所有元素的 Skyline 概率的并行算法。基于真实和合成数据集的大量的实验结果表明我们的算法高效性。

2. 提出了 Skyline 团组的并行计算方法

针对 Skyline 团组计算量大，运算时间过长的问题，我们研究了如何使用多核处理器并行计算 Skyline 团组。我们首先设计了并行 Skyline 层次算法，Skyline 层次是一个非常重要的中间结果。在这个算法里，我们使用一个精细的全局贡献数据结构来最小化支配测试并行维护高吞吐量。基于 Skyline 层次，我们提出了一个并行算法计算 Skyline 团组。通过设计新的剪枝技术大幅度提高了我们并行算法的效率。通过将运行时间分解我们发现计算 Skyline 层次和 Skyline 团组中的最消耗时间的部分都被充分并行了。在真实和合成数据集的大量实验上证实了我们算法优秀的扩展能力和高效的并行性能。

3. Skyline 团组的 Top-k 支配查询相关算法

针对 Skyline 团组输出规模过大的问题，我们对不同定义下的 Skyline 团组上进行 TKD 查询进行了系统的实验。我们开发出多种多样的剪枝技术，基于这些技术我们能够在生成所有 Skyline 团组之前就返回 Top-k 支配 Skyline 团组。我们通过位图索引方法极大地提高了分数计算的性能。通过使用位图压缩技术，我们极大地减少了位图索引的开销，使得我们的算法的能够运行在内存内。我们通过大量的实验在真实和合成数据集上验证了我们算法的性能和扩展性。

不确定数据流作为一种特殊的数据流类型，广泛存在于环境监测、基于位置的服务、金融股市交易以及 Web 信息系统等众多实际应用中，对不确定数据流进行高效查询分析已成为当前大数据研究的一个重要研究领域。不确定数据流的 Skyline 查询作为不确定数据流分析的一个重要方面，在金融领域、互联网领域以及无线传感器网络等众多实际应用中发挥着重大作用，目前已成为大数据领域的一个研究热点。当前不确定数据流 Skyline 查询存在的主要挑战在于：一方面，由于现实应用中的不确定流数据往往源源不断高速到达，导致传统集中式查询处理方法难以满足高速增长的查询计算需求，迫切需要研究并行查询处理方法；另一方面，随着用户查询需求的多样性变化，使得传统 Skyline 查询定义在实用性方面存在不足，迫切需要研究新型查询定义下的查询处理方法。以上研究挑战表明，不确定数据流的并行 Skyline 查询技术研究具有极其重要的现实意义，且已成为当前 Skyline 查询分析技术研究的必然趋势。

8.1.2　主要贡献

本书针对不确定数据流开展并行 Skyline 查询技术的研究工作，重点围绕不确定数据流的并行 n-of-N Skyline 查询和并行 k-支配 Skyline 查询两个方面的问题开展研究工作。本书的主要贡献包括以下两个方面：

1. 基于区间树刺探的并行 n-of-N Skyline 查询方法

针对已有查询方法因难以同时支持多个不同尺寸窗口查询而导致灵活性不足且查询效率不高的问题，提出了一种基于区间树刺探的并行 n-of-N Skyline 查询方法 PnNS。

在 PnNS 方法中，首先利用一种滑动窗口划分策略将全局滑动窗口划分为多个局部滑动窗口，从而将不确定数据流的集中式查询处理过程并行化。其次通过一种查询区间编码策略将不确定数据流的 n-of-N Skyline 查询转化为刺探查询，从而提高查询的效率。同时，为进一步优化查询处理的过程，一方面通过一种流数据映射策略将最新到达的流数据元组映射至相应的局部窗口，以最大程度实现各计算节点上的负载均衡；另一方面基于空间索引结构 R 树组织不确定流数据元组，以减少流数据之间支配关系的测试开销。

实验结果表明，与已有方法相比，PnNS 方法在保证查询结果正确性的基础上，有效地提高了查询处理的灵活性和效率。

2. 基于支配能力索引的并行 k-支配 Skyline 查询方法

针对已有查询方法因查询结果集合过大而导致实用性不足且查询效率不高的问题，提出了一种基于支配能力索引的并行 k-支配 Skyline 查询方法 PkDS。

在 PkDS 方法中，首先，定义了不确定数据流的 k-支配 Skyline 查询问题；其次，基于窗口划分的流数据映射策略，将最新到达的流数据元组映射至计算节点，有效地实现了不确定数据流的 k-支配 Skyline 查询的并行化。特别地，采用基于流数据元组 k-支配能力的索引结构对流数据元组进行高效组织管理，极大地减少了滑动窗口中流数据元组之间的 k-支配关系测试次数，进一步提高了并行不确定 k-支配 Skyline 查询的效率。

实验结果表明，与已有方法相比，PKDS 方法能够将高维数据的 Skyline 查询结果缩小至具有更好决策支持的范围，并且在保证查询结果正确性的基础上，极大地提高了查询处理效率。

8.2 研究展望

在本书的基础上，拟针对以下三个方面的问题展开进一步研究：

（1）当前我们提出的并行算法只能快速计算数据集中一个元组成为 Skyline 元组的概率。下一步我们的研究方向是如何通过一次计算快速计算出数据集中全体元组成为 Skyline 的概率。一个可能的高效解决方案是为 Parallel-all 算法设计一个高效的恢复过程，这是下一步我们的研究重点。

（2）当前我们提出的并行算法只能快速计算静态数据集上的 Skyline 团组。下一步我们的研究方向是如何将我们的算法扩展到动态数据集，比如说数据流环境下。一个可能的高效的解决方案是为并行算法设计出高效的过滤索引，将过时的元组及时过滤出来，这是下一步我们的研究重点。

（3）当前我们提出的 Top-k 支配算法只能根据 Skyline 团组支配元组的数目返回最优的 k 个团组。下一步我们的研究方向是设计多种评价标准，比如说按照支配区域的大小选择最优团组。这是下一步我们的研究方向。

在本书的基础上，拟针对以下三个方面的问题展开更进一步的研究工作：

（1）并行不确定 k-支配 Skyline 查询索引结构优化。不确定数据流上的 k-支配 Skyline 查询对于解决由于流数据维度过高而导致 Skyline 查询结果规模过大的"维度灾难"问题提供了有力的支持。然而，已有的相关方法主要基于数据的 k-支配能力构建索引，从而提高查询的效率。因此，在未来工作中将研究建立更加复杂有效的流数据索引,从而提高不确定数据流上 k-支配 Skyline 查询的效率和可扩展性。

(2)并行不确定 n-of-N Skyline 查询扩展。n-of-N 流模型为解决不确定数据流 Skyline 查询的灵活性提供了有力的支持。然而,已有方法主要针对单一给定概率阈值进行 Skyline 查询。因此,在未来工作中将研究能够同时支持多个概率阈值的并行不确定 n-of-N Skyline 查询方法。

(3)不确定数据流 Skyline 查询应用扩展。随着经济的高速发展和社会的巨大进步,中短期天气预报、应用气象业务、台风与海洋天气预报等气象预报业务领域不断丰富和扩展,预报准确率逐步提高,对国家经济建设、生态环境建设和社会稳定发展做出了巨大贡献。与此同时,不确定数据流上的 Skyline 查询作为大数据分析的一个重要方面,能够对气象海洋观监测数据进行分析处理从而获取其中的热点信息并开展实时预警。因此,在未来工作中将研究利用不确定数据流的并行 n-of-N Skyline 查询方法和并行 k-支配 Skyline 查询方法对气象雷达数据、海洋浮标数据等监控信息进行有效分析,实时监测预警台风、龙卷风以及海啸等极端气候情况,从而更好地指导人们的日常生活。

参 考 文 献

[1] ABADI D, AGRAWAL R, AILAMAKI A, et al. The beckman report on database research[J]. Commun. ACM. 2016, 59 (2): 92-99.

[2] JAGADISH H V, GEHRKE J, LABRINIDIS A, et al. Big data and its technical challenges[J]. Commun. ACM. 2014, 57 (7): 86-94.

[3] BÖRZSÖNYI S, KOSSMANN D, STOCKER K. The skyline operator[C] // In Proceedings of the 17th International Conference on Data Engineering, April 2-6, 2001. Hei-delberg, Germany. 2001: 421-430.

[4] PREPARATA F P, SHAMOS M I. Computational geometry: an introduction [M]. Springer-Verlag, 1985.

[5] KUNG H T, LUCCIO F, PREPARATA F P. On finding the maxima of a set of vectors[J]. J. ACM. 1975, 22 (4): 469-476.

[6] ILYAS I F, BESKALES G, SOLIMAN M A. A survey of top-k query processing techniques in relational database systems[J]. ACM Comput. Surv. 2008, 40 (4): 1-58.

[7] TANG B, YIU M L, HUA K A. Exploit every bit: effective caching for high-dimensional nearest neighbor search[C] // In 33rd IEEE International Conference on Data Engineering, ICDE 2017. San Diego, CA, USA, April 19-22, 2017. 2017: 45-46.

[8] BÖHM C, KRIEGEL H. Determining the convex hull in large multidimensional databases[C] // In Data Warehousing and Knowledge Discovery, Third International Conference, DaWaK 2001, Munich, Germany, September 5-7, 2001. Pro-ceedings. 2001: 294-306.

[9] DELLIS E, SEEGER B. Efficient computation of reverse skyline queries[C] // In Pro-ceedings of the 33rd International Conference on Very Large Data Bases,

Univer-sity of Vienna, Austria, September 23-27, 2007. 2007: 291-302.

[10] LI C, OOI B C, TUNG A K H, et al. DADA: a data cube for dominant relationship analysis[C] // In Proceedings of the ACM SIGMOD International Conference on Management of Data, Chicago, Illinois, USA, June 27-29, 2006. 2006: 659-670.

[11] LIN X, YUAN Y, WANG W, et al. Stabbing the sky: efficient skyline computation over sliding windows[C] // In Proceedings of the 21st International Conference on Data Engineering, ICDE April 5-8, 2005. Tokyo, Japan. 2005: 502-513.

[12] HUANG X, JENSEN C S. In-Route skyline querying for location-based services[C] // In Web and Wireless Geographical Information Systems, 4th InternationalWork-shop, W2GIS 2004, Goyang, Korea, November 2004. Revised Selected Papers, 2004: 120-135.

[13] KRIEGEL H, RENZ M, SCHUBERT M. Route skyline queries: A multi-preference path planning approach[C] // In Proceedings of the 26th International Conference on Data Engineering, ICDE 2010, March 1-6, 2010. Long Beach, California, USA. 2010: 261-272.

[14] ALRIFAI M, SKOUTAS D, RISSE T. Selecting skyline services for QoS-based web service composition[C] // In Proceedings of the 19th International Conference on World Wide Web, WWW 2010, Raleigh, North Carolina, USA, April 26-30, 2010. 2010: 11-20.

[15] YUAN Y, LIN X, LIU Q, et al. Efficient computation of the skyline cube[C] // In Pro-ceedings of the 31st International Conference on Very Large Data Bases, Trond-heim, Norway, August 30-September 2, 2005. 2005: 241-252.

[16] CHEN B, RAMAKRISHNAN R, LeFevre K. Privacy skyline: privacy with multidimen-sional adversarial knowledge[C] // In Proceedings of the 33rd International Con-ference on Very Large Data Bases, University of Vienna, Austria, September 23-27, 2007. 2007: 770-781.

[17] LIN X, XU J, HU H. Authentication of location-based skyline queries[C] // In Pro-ceedings of the 20th ACM Conference on Information and Knowledge

Man-agement, CIKM 2011, Glasgow, United Kingdom, October 24-28, 2011. 2011: 1583-1588.

[18]CHEN L, LIAN X. Dynamic skyline queries in metric spaces[C]// In EDBT 2008, 11th International Conference on Extending Database Technology, Nantes, France, March 25-29, 2008. Proceedings, 2008: 333-343.

[19]KHALEFA M E, MOKBEL M F, LEVANDOSKI J J. Skyline query processing for uncertain data[C]// In Proceedings of the 19th ACM Conference on Information and Knowledge Management, CIKM 2010, Toronto, Ontario, Canada, October 26-30, 2010. 2010: 1293-1296.

[20]PEI J, JIANG B, LIN X, et al. Probabilistic skylines on uncertain data[C]// In Proceedings of the 33rd International Conference on Very Large Data Bases, Univer-sity of Vienna, Austria, September 23-27, 2007. 2007: 15-26.

[21]JIANG B, PEI J, LIN X, et al. Probabilistic skylines on uncertain data: model and bounding-pruning-refining methods[J]. J. Intell. Inf. Syst. 2012, 38 (1): 1-39.

[22]ZHANG Q, YE P, Lin X, et al. Skyline probability over uncertain preferences [C]// In Joint 2013 EDBT/ICDT Conferences, EDBT '13 Proceedings, Genoa, Italy, March 18-22, 2013. 2013: 395-405.

[23] PUJARI A K, KAGITA V R, GARG A, et al. Efficient computation for probabilistic skyline over uncertain preferences[J]. Inf. Sci. 2015, 324: 146-162.

[24] ZHANG N, LI C, HASSAN N, et al. On skyline groups[J]. IEEE Transactions on Knowledge and Data Engineering, 2014, 26 (4): 942-956.

[25]LI C, ZHANG N, HASSAN N, et al. On skyline groups[C]// In 21st ACM International Conference on Information and Knowledge Management, CIKM' 12, Maui, HI, USA, October 29-November 02, 2012. 2012: 2119-2123.

[26] IM H, PARK S. Group skyline computation[J]. Inf. Sci. 2012, 188: 151-169.

[27]CHOMICKI J, GODFREY P, GRYZ J, et al. Skyline with presorting[C]// In Proceed-ings of the 19th International Conference on Data Engineering, March

5-8, 2003. Bangalore, India. 2003: 717-719.

[28] GODFREY P, SHIPLEY R, GRYZ J. Maximal vector computation in large data sets[C] // In Proceedings of the 31st International Conference on Very Large Data Bases, Trondheim, Norway, August 30-September 2, 2005. 2005: 229-240.

[29] BARTOLINI I, CIACCIA P, PATELLA M. SaLSa: computing the skyline without scanning the whole sky[C] // In Proceedings of the 2006 ACM CIKM International Con-ference on Information and Knowledge Management, Arlington, Virginia, USA, November 6-11, 2006. 2006: 405-414.

[30] TAN K, ENG P, OOI B C. Efficient progressive skyline computation[C] // In VLDB 2001, Proceedings of 27th International Conference on Very Large Data Bases, September 11-14, 2001. Roma, Italy. 2001: 301-310.

[31] KOSSMANN D, RAMSAK F, ROST S. Shooting stars in the sky: an online algorithm for skyline queries[C] // In VLDB 2002, Proceedings of 28th International Con-ference on Very Large Data Bases, August 20-23, 2002. Hong Kong, China. 2002: 275-286.

[32] BECKMANN N, KRIEGEL H, SCHNEIDER R, et al. The R*-Tree: An efficient and robust access method for points and rectangles[C] // In Proceedings of the 1990 ACM SIGMOD International Conference on Management of Data, Atlantic City, NJ, May 23-25, 1990. 1990: 322-331.

[33] GUTTMAN A. R-Trees: A dynamic index structure for spatial searching[C] // In SIGMOD'84, Proceedings of Annual Meeting, Boston, Massachusetts, June 18-21, 1984. 1984: 47-57.

[34] PAPADIAS D, TAO Y, FU G, et al. An optimal and progressive algorithm for sky-line queries[C] // In Proceedings of the 2003 ACM SIGMOD International Conference on Management of Data, San Diego, California, USA, June 9-12, 2003. 2003: 467-478.

[35] PAPADIAS D, TAO Y, FU G, et al. Progressive skyline computation in database systems[J]. ACM Trans. Database Syst. 2005, 30 (1): 41-82.

[36] WELLMAN M P, DOYLE J. Modular utility representation for decision-

theoretic planning[C]. In International Conference on Artificial Intelligence Planning Systems, 1992: 236-242.

[37] KOUTRIKA G, IOANNIDIS Y E. Personalization of queries in database systems[C] // In Proceedings of the 20th International Conference on Data Engineering, ICDE 2004, 30 March-2 April 2004. Boston, MA, USA. 2004: 597-608.

[38] AGRAWAL R, RANTZAU R, TERZI E. Context-sensitive ranking[C] // In Proceedings of the ACM SIGMOD International Conference on Management of Data, Chicago, Illinois, USA, June 27-29, 2006. 2006: 383-394.

[39] SACHARIDIS D, ARVANITIS A, SELLIS T K. Probabilistic contextual skylines[C] // In Pro-ceedings of the 26th International Conference on Data Engineering, ICDE 2010, March 1-6, 2010. Long Beach, California, USA. 2010: 273-284.

[40] CHUNG Y, SU I, LEE C. Efficient computation of combinatorial skyline queries[J]. Inf. Syst. 2013, 38 (3): 369-387.

[41] LIU J, XIONG L, PEI J, et al. Finding pareto optimal groups: group-based sky-line[J]. PVLDB. 2015, 8 (13): 2086-2097.

[42] HOSE K, VLACHOU A. A survey of skyline processing in highly distributed environ-ments[J]. VLDB J. 2012, 21 (3): 359-384.

[43] BARTOLINI I, CIACCIA P, PATELLA M. The skyline of a probabilistic relation[J]. IEEE Transactions on Knowledge and Data Engineering, 2013, 25 (7): 1656-1669.

[44] TAO Y, PAPADIAS D. Maintaining sliding window skylines on data streams [J]. IEEE Transactions on Knowledge and Data Engineering, 2006, 18 (2): 377-391.

[45] KIM D, IM H, PARK S. Computing exact skyline probabilities for uncertain databases[J]. IEEE Transactions on Knowledge and Data Engineering, 2012, 24 (12): 2113-2126.

[46] KHALEFA M E, MOKBEL M F, LEVANDOSKI J J. Skyline query processing for incomplete data[C] // In Proceedings of the 24th International Conference

on Data Engi-neering, ICDE 2008, April 7-12, 2008. Cancún, México. 2008: 556-565.

[47] CHAN C Y, JAGADISH H V, TAN K, et al. Finding k-dominant skylines in high di-mensional space[C] // In Proceedings of the ACM SIGMOD International Confer-ence on Management of Data, Chicago, Illinois, USA, June 27-29, 2006. 2006: 503-514.

[48] LOFI C, MAARRY K E, BALKE W. Skyline queries in crowd-enabled databases[C] // In Joint 2013 EDBT/ICDT Conferences, EDBT'13 Proceedings, Genoa, Italy, March 18-22, 2013. 2013: 465-476.

[49] KAGITA V R, PUJARI A K, PADMANABHAN V, et al. Threshold-Based direct compu-tation of skyline objects for database with uncertain preferences [C] // In PRICAI 2016: Trends in Artificial Intelligence-14th Pacific Rim International Confer-ence on Artificial Intelligence, Phuket, Thailand, August 22-26, 2016, Proceed-ings. 2016: 193-205.

[50] LIN X, LU H, XU J, et al. Continuously maintaining quantile summaries of the most recent n elements over a data stream[C] // In Proceedings of the 20th Inter-national Conference on Data Engineering, ICDE 2004, 30 March-2 April 2004. Boston, MA, USA, 2004: 362-373.

[51] DE BERG M. Computational geometry: algorithms and applications[M]. 2nd Edi-tion. Springer, 2000.

[52] GOLAB L, ÖZSU M T. Processing sliding window multi-joins in continuous queries over data streams[C] // In VLDB 2003, Proceedings of 29th International Conference on Very Large Data Bases, September 9-12, 2003. Berlin, Germany, 2003: 500-511.

[53] MORSE M D, PATEL J M, GROSKY W I. Efficient continuous skyline computation[J]. Inf. Sci. 2007, 177 (17): 3411-3437.

[54] CHOI H, JUNG H, LEE K Y, et al. Skyline queries on keyword-matched data [J]. Inf. Sci. 2013, 232: 449-463.

[55] 李小勇. 不确定数据的分布并行 Skyline 查询技术研究[D]. 北京: 国防科学 技术大学, 2013.

[56] AFRATI F N, KOUTRIS P, SUCIU D, et al. Parallel skyline queries[J]. Theory Comput. Syst. 2015, 57 (4): 1008-1037.

[57] CHESTER S, SIDLAUSKAS D, ASSENT I, et al. Scalable parallelization of skyline computation for multi-core processors[C]//2015 IEEE 31st International Conference on Data Engineering, Seoul, South Korea, April 13-17, 2015: 1083-1094.

[58] PARK S, KIM T, PARK J, et al. Parallel skyline computation on multicore architec-tures[C] // In Proceedings of the 25th International Conference on Data Engineer-ing, ICDE 2009, March 29 2009-April 2 2009, Shanghai, China. 2009: 760-771.

[59] LIKNES S, VLACHOU A, DOULKERIDIS C, et al. AP skyline: improved skyline computation for multicore architectures[C] // In Database Systems for Advanced Ap-plications-19th International Conference, DASFAA 2014, Bali, Indonesia, April 21-24, 2014. Proceedings, Part I. 2014: 312-326.

[60] MATTEIS T D, GIROLAMO S D, MENCAGLI G. Continuous skyline queries on multicore architectures[J]. Concurrency and Computation: Practice and Experience, 2016, 28 (12): 3503-3522.

[61] MATTEIS T D, GIROLAMO S D, MENCAGLI G. A multicore parallelization of continu-ous skyline queries on data streams[C] // In Euro-Par 2015: Parallel Processing-21st International Conference on Parallel and Distributed Computing, Vienna, Austria, August 24-28, 2015, Proceedings. 2015: 402-413.

[62] BØGH K S, CHESTER S, ASSENT I. Work-Efficient parallel skyline computation for the GPU[J]. PVLDB. 2015, 8 (9): 962-973.

[63] MULLESGAARD K, PEDERSENY J L, LU H, et al. Efficient skyline computation in mapreduce[C]//In Proceedings of the 17th International Conference on Extend-ing Database Technology, EDBT 2014, Athens, Greece, March 24-28, 2014. 2014: 37-48.

[64] BALKE W, GüNTZER U, ZHENG J X. Efficient distributed skylining for web informa-tion systems[C] // In Advances in Database Technology-EDBT 2004, 9th Interna-tional Conference on Extending Database Technology, Heraklion,

Crete, Greece, March 14-18, 2004, Proceedings. 2004: 256-273.

[65] FAGIN R, LOTEM A, NAOR M. Optimal aggregation algorithms for middleware[J]. J. Comput. Syst. Sci. 2003, 66 (4): 614-656.

[66] LO E, YIP K Y, LIN K, et al. Progressive skylining over Web-accessible databas-es[J]. Data Knowl. Eng. 2006, 57 (2): 122-147.

[67] TRIMPONIAS G, BARTOLINI I, PAPADIAS D, et al. Skyline processing on distributed vertical decompositions[J]. IEEE Transactions on Knowledge and Data Engineering, 2013, 25 (4): 850-862.

[68] HUANG Z, JENSEN C S, LU H, et al. Skyline queries against mobile lightweight devices in MANETs[C] // In Proceedings of the 22nd International Conference on Data Engineering, ICDE 2006, 3-8 April 2006, Atlanta, GA, USA, 2006: 66.

[69] VLACHOU A, DOULKERIDIS C, KOTIDIS Y, et al. SKYPEER: Efficient subspace skyline computation over distributed data[C] // In Proceedings of the 23rd Interna-tional Conference on Data Engineering, ICDE 2007, The Marmara Hotel, Istanbul, Turkey, April 15-20, 2007. 2007: 416-425.

[70] VLACHOU A, DOULKERIDIS C, KOTIDIS Y, et al. Efficient routing of subspace skyline queries over highly distributed data[J]. IEEE Transactions on Knowledge and Data Engineering, 2010, 22 (12): 1694-1708.

[71] PARK Y, MIN J-K, SHIM K. Efficient Processing of Skyline Queries Using MapReduce[J]. IEEE Transactions on Knowledge and Data Engineerin, 2017, 29 (5): 1031-1044.

[72] CUI B, LU H, XU Q, et al. Parallel distributed processing of constrained skyline queries by filtering[C] // In Proceedings of the 24th International Conference on Data Engineering, ICDE 2008, April 7-12, 2008, Cancún, México. 2008: 546-555.

[73] CHEN L, CUI B, LU H. Constrained skyline query processing against distributed data sites[J]. IEEE Transactions on Knowledge and Data Engineering, 2011, 23 (2): 204-217.

[74] ZHU L, TAO Y, ZHOU S. Distributed skyline retrieval with low bandwidth

consumption[J]. IEEE Transactions on Knowledge and Data Engineering, 2009, 21 (3): 384-400.

[75] WU P, ZHANG C, FENG Y, et al. Parallelizing skyline queries for scalable distribution[C] // In Advances in Database Technology-EDBT 2006, 10th International Conference on Extending Database Technology, Munich, Germany, March 26-31, 2006, Proceedings. 2006: 112-130.

[76] WANG S, OOI B C, TUNG A K H, et al. Efficient skyline query processing on peer-to-peer networks[C] // In Proceedings of the 23rd International Conference on Data Engineering, ICDE 2007, The Marmara Hotel, Istanbul, Turkey, April 15-20, 2007. 2007: 1126-1135.

[77] JAGADISH H V, OOI B C, VU Q H. BATON: A balanced tree structure for peer-to-peer networks[C] // In Proceedings of the 31st International Conference on Very Large Data Bases, Trondheim, Norway, August 30-September 2, 2005. 2005: 661-672.

[78] RATNASAMY S, FRANCIS P, HANDLEY M, et al. A scalable content-addressable net-work[C]. In SIGCOMM, 2001: 161-172.

[79] VLACHOU A, DOULKERIDIS C, KOTIDIS Y. Angle-based space partitioning for efficien-t parallel skyline computation[C] // In Proceedings of the ACM SIGMOD Inter-national Conference on Management of Data, SIGMOD 2008, Vancouver, BC, Canada, June 10-12, 2008. 2008: 227-238.

[80] VALKANAS G, PAPADOPOULOS A N. Efficient and adaptive distributed skyline computation[C] // In Scientific and Statistical Database Management, 22nd Interna-tional Conference, SSDBM 2010, Heidelberg, Germany, June 30-July 2, 2010. Proceedings. 2010: 24-41.

[81] SU I, CHUNG Y, LEE C. Top-k combinatorial skyline queries[C] // In Database Sys-tems for Advanced Applications, 15th International Conference, DASFAA 2010, Tsukuba, Japan, April 1-4, 2010, Proceedings, Part II. 2010: 79-93.

[82] YIU M L, MAMOULIS N. Efficient processing of top-k dominating queries on multi-dimensional data[C] // In Proceedings of the 33rd International

Conference on Very Large Data Bases, University of Vienna, Austria, September 23-27, 2007. 2007: 483-494.

[83] YIU M L, MAMOULIS N. Multi-dimensional top-k dominating queries[J]. VLDB J. 2009, 18 (3): 695-718.

[84] LIN X, YUAN Y, ZHANG Q, et al. Selecting Stars: The k most representative skyline operator[C] // In Proceedings of the 23rd International Conference on Data Engi-neering, ICDE 2007, The Marmara Hotel, Istanbul, Turkey, April 15-20, 2007. 2007: 86-95.

[85] TIAKAS E, PAPADOPOULOS A N, MANOLOPOULOS Y. Progressive processing of subspace dominating queries[J]. VLDB J, 2011, 20 (6): 921-948.

[86] KONTAKI M, PAPADOPOULOS A N, MANOLOPOULOS Y. Continuous top-k dominating queries[J]. IEEE Transactions on Knowledge and Data Engineering, 2012, 24 (5): 840-853.

[87] SANTOSO B J, CHIU G. Close dominance graph: an efficient framework for an-swering continuous top-k dominating queries[J]. IEEE Transactions on Knowledge and Data Engineering, 2014, 26 (8): 1853-1865.

[88] HAN X, LI J, GAO H. TDEP: efficiently processing top-k dominating query on mas-sive data[J]. Knowl. Inf. Syst. 2015, 43 (3): 689-718.

[89] TIAKAS E, VALKANAS G, PAPADOPOULOS A N, et al. Metric-Based top-k dominating queries[C] // In Proceedings of the 17th International Conference on Extending Database Technology, EDBT 2014, Athens, Greece, March 24-28, 2014. 2014: 415-426.

[90] LIAN X, CHEN L. Top-k dominating queries in uncertain databases[C] // In EDBT 2009, 12th International Conference on Extending Database Technology, Saint Pe-tersburg, Russia, March 24-26, 2009, Proceedings. 2009: 660-671.

[91] ZHANG W, LIN X, ZHANG Y, et al. Threshold-based probabilistic top-k dominating queries[J]. VLDB J, 2010, 19 (2): 283-305.

[92] ZHAN L, ZHANG Y, ZHANG W, et al. Identifying top k dominating objects over uncertain data[C] // In Database Systems for Advanced Applications-19th

Inter-national Conference, DASFAA 2014, Bali, Indonesia, April 21-24, 2014. Proceed-ings, Part I. 2014: 388-405.

[93] MIAO X, GAO Y, ZHENG B, et al. Top-k dominating queries on incomplete data[J]. IEEE Transactions on Knowledge and Data Engineering, 2016, 28 (1): 252-266.

[94] DONG Y, CHEN H, YU J X, et al. Grid-Index algorithm for reverse rank queries [C]// In Proceedings of the 20th International Conference on Extend-ing Database Technology, EDBT 2017, Venice, Italy, March 21-24, 2017. 2017: 306-317.

[95] QIAN Y, LI H, MAMOULIS N, et al. Reverse k-ranks queries on large graphs [C] // In Proceedings of the 20th International Conference on Extending Database Tech-nology, EDBT 2017, Venice, Italy, March 21-24, 2017. 2017: 37-48.

[96] TANG B, HAN S, YIU M L, et al. Extracting top-k insights from multi-dimensional data[C]// In Proceedings of the 2017 ACM International Conference on Manage-ment of Data, SIGMOD Conference 2017, Chicago, IL, USA, May 14-19, 2017. 2017: 1509-1524.

[97] YANG G, CAI Y. Querying improvement strategies[C] // In Proceedings of the 20th International Conference on Extending Database Technology, EDBT 2017, Venice, Italy, March 21-24, 2017. 2017: 294-305.

[98] TAO Y, DING L, LIN X, et al. Distance-Based representative skyline[C] // In Pro-ceedings of the 25th International Conference on Data Engineering, ICDE 2009, March 29 2009-April 2 2009, Shanghai, China. 2009: 892-903.

[99] MAGNANI M, ASSENT I, MORTENSEN M L. Taking the big picture: representative sky-lines based on significance and diversity[J]. VLDB J. 2014, 23 (5): 795-815.

[100] NANONGKAI D, SARMA A D, LALL A, et al. Regret-Minimizing representative databases[J]. PVLDB. 2010, 3 (1): 1114-1124.

[101] ZHANG P, ZHOU C, WANG P, et al. E-Tree: An efficient indexing structure for en-semble models on data streams[J]. IEEE Transactions on

Knowledge and Data Engineering, 2015, 27 (2): 461-474.

[102] LI X, WANG Y, LI X, et al. GDPS: An efficient approach for skyline queries over distributed uncertain data[J]. Big Data Research. 2014, 1: 23-36.

[103] LI X, WANG Y, LI X, et al. Parallelizing skyline queries over uncertain data streams with sliding window partitioning and grid index[J]. Knowl. Inf. Syst. 2014, 41 (2): 277-309.

[104] LEE K C K, ZHENG B, LI H, et al. Approaching the skyline in z-order[C] // In Proceedings of the 33rd International Conference on Very Large Data Bases, Uni-versity of Vienna, Austria, September 23-27, 2007. 2007: 279-290.

[105] Ré C, DALVI N N, SUCIU D. Efficient top-k query evaluation on probabilistic data[C] // In Proceedings of the 23rd International Conference on Data Engineer-ing, ICDE 2007, The Marmara Hotel, Istanbul, Turkey, April 15-20, 2007. 2007: 886-895.

[106] TRAN T T L, SUTTON C A, COCCI R, et al. Probabilistic inference over RFID streams in mobile environments[C] // In Proceedings of the 25th International Conference on Data Engineering, ICDE 2009, March 29 2009-April 2 2009, Shanghai, China. 2009: 1096-1107.

[107] GUPTA R, SARAWAGI S. Creating probabilistic databases from information extraction models[C] // In Proceedings of the 32nd International Conference on Very Large Data Bases, Seoul, Korea, September 12-15, 2006. 2006: 965-976.

[108] ZHU H, ZHU P, LI X, et al. Top-k skyline groups queries[C] // In Proceedings of the 20th International Conference on Extending Database Technology, EDBT 2017, Venice, Italy, March 21-24, 2017. 2017: 442-445.

[109] ZHOU X, LI K, ZHOU Y, et al. Adaptive processing for distributed skyline queries over uncertain data[J]. IEEE Transactions on Knowledge and Data Engineering, 2016, 28 (2): 371-384.

[110] MITZENMACHER M, UPFAL E. Probability and computing-randomized algorithms and probabilistic analysis[M]. Cambridge University Press, 2005.

[111] BØGH K S, ASSENT I, MAGNANI M. Efficient GPU-based skyline computation[C] // In Proceedings of the Ninth International Workshop on Data Management on New Hardware, DaMoN 1013, New York, NY, USA, June 24, 2013. 2013: 5.

[112] CHOI W, LIU L, YU B. Multi-criteria decision making with skyline computation[C] // In IEEE 13th International Conference on Information Reuse & Integration, IRI 2012, Las Vegas, NV, USA, August 8-10, 2012. 2012: 316-323.

[113] PARK Y, MIN J, SHIM K. Parallel computation of skyline and reverse skyline queries using mapreduce[J]. PVLDB. 2013, 6 (14): 2002-2013.

[114] ZHANG B, ZHOU S, GUAN J. Adapting skyline computation to the mapreduce framework: algorithms and experiments[C] // In Database Systems for Adanced Applications-16th International Conference, DASFAA 2011, International Work-shops: GDB, SIM3, FlashDB, SNSMW, DaMEN, DQIS, Hong Kong, China, April 22-25, 2011. Proceedings, 2011: 403-414.

[115] CHO S, LEE J, HWANG S, et al. V-Skyline: vectorization for efficient skyline computation[J]. SIGMOD Record, 2010, 39 (2): 19-26.

[116] LU H, JENSEN C S, ZHANG Z. Flexible and efficient resolution of skyline query size constraints[J]. IEEE Transactions on Knowledge and Data Engineering, 2011, 23 (7): 991-1005.

[117] WU K, OTOO E J, SHOSHANI A. Compressing bitmap indexes for faster search operations[C] // In Proceedings of the 14th International Conference on Scientific and Statistical Database Management, July 24-26, 2002. Edinburgh, Scotland, UK, 2002: 99-108.

[118] HOSE K, LEMKE C, SATTLER K. Processing relaxed skylines in PDMS using distributed data summaries[C] // In Proceedings of the 2006 ACM

CIKM International Con-ference on Information and Knowledge Management, Arlington, Virginia, USA, November 6-11, 2006. 2006: 425-434.

[119] KÖHLER H, YANG J, ZHOU X. Efficient parallel skyline processing using hyperplane projections[C]. In Proceedings of the ACM International Conference on Management of Data (SIGMOD), 2011: 85-96.

[120] DEAN J, GHEMAWAT S. MapReduce: Simplified data processing on large clusters[C]. In Proceedings of the USENIX Symposium on Operating System Design and Implementation (OSDI), 2004: 137-150.

[121] AGGARWAL C C, YU P S. LOCUST: An online analytical processing framework for high dimensional classification of data streams[J]. IEEE, 2008.

[122] KOUTRIS P, SUCIU D. Parallel evaluation of conjunctive queries[C]. In proceedings of the ACM symposium on principles of database systems (PODS), 2011: 223-234.

[123] AFRATI F N, ULLMAN J D. Optimizing joins in a map-reduce environment [C]. In proceedings of the ACM international conference on extending database technology (EDBT), 2010: 99-110.

[124] ZHANG B, ZHOU S, GUAN J. Adapting skyline computation to the mapreduce framework: algorithms and experiments[C]. In proceedings of the international conference on database systems for advanced applications (DASFAA), 2011: 403-414.

[125] PARK Y, MIN J, SHIM K. Parallel computation of skyline and reverse skyline queries using mapreduce[J]. Very Large Data Bases, 2013, 6 (14): 2002-2013.

[126] AFRATI F N, KOUTRIS P, SUCIU D, et al. Parallel skyline queries[C]. In proceedings of the international conference on data theory (ICDT), 2012.

[127] LI X, WANG Y, LI X, et al. Parallelizing probabilistic streaming skyline operator in cloud computing environments[J]. IEEE, 2013: 84-89.

[128] LI X, WANG Y, LI X, et al. Parallel skyline queries over uncertain data streams in cloud computing environments[J]. International journal of web

and grid services, 2014, 10 (1): 24-53.

[129] LIN M Y, YANG C W, HSUEH S C. Efficient computation of group skyline queries on mapreduce[J]. GSTF Journal on Computing (JoC). 2016, 5 (1): 69.

[130] ZHANG J, JIANG X, KU W, et al. Efficient Parallel Skyline Evaluation Using MapReduce [J]. IEEE Transactions on Parallel and Distributed Systems. 2016, 27 (7): 1996-2009.

[131] VLACHOU A, DOULKERIDIS C, KOTIDIS Y. Angle-based space partitioning for efficient parallel skyline computation[C]. In Proceedings of the ACM International Conference on Management of Data (SIGMOD), 2008: 227-238.

[132] ZHANG K, YANG D, GAO H, et al. VMPSP: Efficient skyline computation using VMP-Based space partitioning[C]. In Database Systems for Advanced Applications. Cham, 2016: 179-193.

[133] TAO Y, PAPADIAS D. Maintaining sliding window skylines on data streams [J]. Knowledge and Data Engineering, IEEE Transactions on, 2006, 18 (3): 377-391.

[134] MORSE M, PATEL J, GROSKY W. Efficient continuous skyline computation [J]. Information Sciences, 2007, 177 (17): 3411-3437.

[135] DEZMATTEIS T, DIZGIROLAMO S, MENCAGLI G. Continuous skyline queries on multicore architectures[J]. Concurrency and Computation: Practice and Experience, 2016, 28 (12): 3503-3522.

[136] GUO X, LI H, WULAMU A, et al. Efficient processing of skyline group queries over a data stream[J]. Tsinghua Science and Technology, 2016, 21 (1): 29-39.

[137] PEI J, JIANG B, LIN X, et al. Probabilistic skylines on uncertain data[C]. In Proceedings of the International Conference on Very Large Data Bases (VLDB), 2007: 15-26.

[138] YANG Z, YANG X, ZHOU X. Uncertain dynamic skyline queries for uncertain databases[C]. In Fuzzy Systems and Knowledge Discovery, 2015:

1797-1802.

[139] HE G, CHEN L, ZENG C, et al. Probabilistic skyline queries on uncertain time series[J]. Neurocomputing, 2016, 191: 224-237.

[140] SAAD N H M, IBRAHIM H, ALWAN A A, et al. A framework for evaluating skyline query over uncertain autonomous databases[J]. International Conference on Conceptual Structures, 2014, 29: 1546-1556.

[141] PAN S L, DONG Y H, CAO J F, et al. Continuous probabilistic skyline queries for uncertain moving objects in road network[J]. International Journal of Distributed Sensor Networks, 2014, 10 (3): 1-13.

[142] ZHENG J, WANG Y, WANG H, et al. Asymptotic-Efficient algorithms for skyline query processing over uncertain contexts[C]. In International Database Engineering and Applications Symposium, 2015: 106-115.

[143] WANG Z Q, XIN J CH, WANG P. Alternative tuples based probabilistic skyline query processing in wireless sensor networks[J]. Mathematical Problems in Engineering, 2015: 1-10.

[144] LIU C M, TANG S W. An effective probabilistic skyline query process on uncertain data streams[J]. Procedia Computer Science, 2015, 63: 40-47.

[145] LI X Y, REN K J, LI X L, et al. Efficient skyline computation over distributed interval data[J/OL]. Concurrency and Computation: Practice and Experience, 2015, 29(10): e4075. https://onlinelibrary.wiley.com/doi/abs/10.1002/cpe.4075.

[146] LIN X, YUAN Y, WANG W, et al. Stabbing the sky: Efficient skyline computation over sliding windows[C]. In Proceedings of the IEEE International Conference on Data Engineering (ICDE), 2005: 502-513.

[147] 杨永滔, 王意洁. n-of-N 数据流模型上高效概率 Skyline 计算 [J]. 软件学报, 2012, 23 (3): 550-564.

[148] ZHANG W, LI A, CHEEMA M A, et al. Probabilistic n-of-N skyline computation over uncertain data streams[J]. World Wide Web, 2015, 18 (5): 1331-1350.

[149] CHAN C, JAGADISH H, TAN K, et al. Finding k-dominant skylines in high

dimensional space[C]. In Proceedings of the ACM International Conference on Management of Data (SIGMOD), 2006: 503-514.

[150] 印鉴, 姚树宇, 薛少锷, 等. 一种基于索引的高效 k-支配 Skyline 算法[J]. 计算机学报, 2010, 33 (7): 1236-1245.

[151] SIDDIQUE M, MORIMOTO Y. K-dominant skyline computation by using sort-filtering method[J]. Advances in Knowledge Discovery and Data Mining, 2009: 839-848.

[152] 廖再飞, 罗雄飞, 吕新杰, 等. 一种面向不完整数据流上的 k-支配 Skyline 查询算法[J]. 计算机研究与发展, 2009 (z2): 629-637.

[153] MA Z, ZHANG K, WANG S, et al. A double-index-based k-dominant skyline algorithm for incomplete data stream[C]. In Proceedings of the IEEE International Conference on Software Engineering and Service Sciences, ICSESS, 2013: 750-753.

[154] WANG S, VU Q, OOI B, et al. Skyframe: a framework for skyline query processing in peer-to-peer systems[J]. The VLDB Journal—The International Journal on Very Large Data Bases (VLDBJ), 2009, 18 (1): 345-362.

[155] LI X, WANG Y, LI X, et al. Parallelizing skyline queries over uncertain data streams with sliding window partitioning and grid index[J]. Knowledge and Information Systems, 2014, 41 (2): 277-309.

[156] ZHENG J, MA W, WANG Y, et al. Continuous k-regret minimization queries: A dynamic coreset approach[J]. IEEE Transactions on Knowledge and Data Engineering, 2023, 35(6): 5680-5694.

[157] KHAMES W, HADJALI A, LAGHA M. Parallel continuous skyline query over high-dimensional data stream windows[J]. Distributed and Parallel Databases, 2024, 42: 469-524.

[158] ZEIGHAMI S, GHINITA G, SHAHABI C. Secure dynamic skyline queries using result materialization[C]. The IEEE 37th International Conference on Data Engineering (ICDE), 2021: 157-168.

[159] SHU Y, ZHANG J, ZHANG W E, et al. IQSrec: An efficient and diversified skyline services recommendation on incomplete QoS[J]. IEEE Transactions on Services Computing, 2022, 16(3): 1934-1948.

[160] LIU Z, LI L, ZHANG M, et al. Approximate skyline index for constrained shortest pathfinding with theoretical guarantee[C]. The IEEE 40th International Conference on Data Engineering (ICDE), 2024: 4222-4235.

[161] CHEN Y, LIU L, CHEN R, et al. Honest-majority maliciously secure skyline queries on outsourced data[C]. Proceedings of the 33rd ACM International Conference on Information and Knowledge Management (CIKM), 2024: 344-353.

[162] DAS D, KAZI, MORIMOTO Y. An anonymity retaining framework for multi-party skyline queries based on unique tags[J]. IEEE Transactions on Dependable and Secure Computing, 2023: 1-12.

[163] GAVAGSAZ E. Weighted spatial skyline queries with distributed dominance tests [J]. Cluster Computing, 2022, 25: 3249-3264.

[164] ZENG S, HSU C, HARN L, et al. Efficient and privacy-preserving skyline queries over encrypted data under a blockchain-based audit architecture[J]. IEEE Transactions on Knowledge and Data Engineering, 2024, 36(9): 4603-4617.

[165] YUAN D, ZHANG L, LI S, et al. Skyline query under multidimensional incomplete data based on classification tree[J]. Journal of Big Data, 2024, 11(72).

[166] HUANG L, ZHAO Y, MESTRE P, et al. Research on reverse skyline query algorithm based on decision set[J]. Journal of Database Management, 2022, 33(1): 1-28.

[167] SUN M, TENG Y, ZHAO F, et al. Spatio-textual group skyline query[C]. International Conference on Database Systems for Advanced Applications (DAFSAA), 2023: 34-50.

[168] BAI M, WANG Q, CHANG S, et al. Location-based skyline query processing technology in road networks[J]. The Journal of Supercomputing, 2023, 80: 3183-3211.

[169] CAI Z, CUI X, SU X, et al. Speed and direction aware skyline query for moving objects[J]. IEEE Transactions on Intelligent Transportation Systems, 2020, 23(4): 3000-3011.

[170] LOH C H, CHEN Y C, SU C T, et al. Multi-Objective decision support for irrigation systems based on skyline query[J]. Applied Sciences, 2024, 14(3): 1189-1189.

[171] LAWAL M M, IBRAHIM H, MOHD SANI N F, et al. CSQUiD: an index and non-probability framework for constrained skyline query processing over uncertain data[J]. PeerJ Computer Science, 2024, 10: e2225.

[172] HAO W, LIU S, CHUNYANG LV, et al. Efficient and privacy-preserving multi-party skyline queries in online medical primary diagnosis[J]. Journal of King Saud University-Computer and Information Sciences, 2023, 35(8): 101637.

[173] YIN B, ZENG W, WEI X. Efficient crowdsourced best objects finding via superiority probability based ordering for decision support systems[J]. Expert Systems with Applications, 2023, 223: 119893.

[174] PUROHIT L, RATHORE S S, KUMAR S. A QoS-Aware clustering based multi-layer model for web service selection[J]. IEEE Transactions on Services Computing, 2023, 16(5): 3154.

[175] CAI Z, LIU F, QI Q, et al. Skyline-Based sorting approach for rail transit stations visualization[J]. ISPRS International Journal of Geo-Information, 2023, 12(3): 110.

[176] MA W, XU H. Skyline-Enhanced deep reinforcement learning approach for energy-efficient and QoS-Guaranteed multi-cloud service composition[J]. Applied sciences, 2023, 13(11): 6826.

[177] FURKAN GOZ, MUTLU A. SkyWords: An automatic keyword extraction system based on the skyline operator and semantic similarity[J]. Engineering Applications of Artificial Intelligence, 2023, 123: 106338.

[178] LIU Y, HAO T, GONG X, et al. Skyline-like query in three-dimensional obstacle space[J]. Scientific Programming, 2022, 2022: 1-13.

[179] BAI M, JIANG S, ZHANG X, et al. An efficient skyline query algorithm in the distributed environment[J]. Journal of Computational Science, 2022, 58: 101524.